시험 전에
꼭 풀어봐야 할 문제

기술직 공무원

기계설계

PREFACE

'정보사회', '제3의 물결'이라는 단어가 낯설지 않은 오늘날, 과학기술의 중요성이 날로 증대되고 있음은 더 이상 말할 것도 없습니다. 이러한 사회적 분위기는 기업뿐만 아니라 정부에서도 나타났습니다.

기술직공무원의 수요가 점점 늘어나고 그들의 활동영역이 확대되면서 기술직에 대한 관심이 높아져 기술직공무원 임용시험은 일반직 못지않게 높은 경쟁률을 보이고 있습니다. 시험 전에 꼭 풀어봐야 할 문제 기술직공무원 시리즈는 기술직공무원 임용시험에 도전하려는 수험생들에게 도움이 되고자 발행되었습니다.

본서는 그동안 치러진 기출문제를 분석하여 출제가 예상되는 문제만을 엄선하여 단원별로 수록하였으며, 자신의 실력을 최종적으로 평가해 볼 수 있는 실력평가모의고사, 최신 출제경향을 파악할 수 있는 최근기출문제로 구성되어 있습니다.

신념을 가지고 도전하는 사람은 반드시 그 꿈을 이룰 수 있습니다. 서원각이 수험생 여러분의 꿈을 응원합니다.

STRUCTURE

출제예상문제

기계설계 전반에 대해 체계적으로 편장을 구분한 후 단원별로 핵심적인 내용을 문제로 구성하여 이론 정리가 가능하도록 하였습니다. 매 문제 상세한 해설을 달아 문제풀이만으로도 개념학습을 할 수 있습니다.

실력평가모의고사

자신의 실력을 최종적으로 평가해 볼 수 있도록 실제 시험 유형과 유사한 실력평가모의고사 5회를 수록하였습니다. 모의고사 풀이 후 부족한 부분을 집중적으로 공부하시기 바랍니다.

최신기출문제분석

최근 시행된 기출문제를 상세한 해설과 함께 수록하여 최신 시험 출제 경향을 파악할 수 있도록 하였습니다.

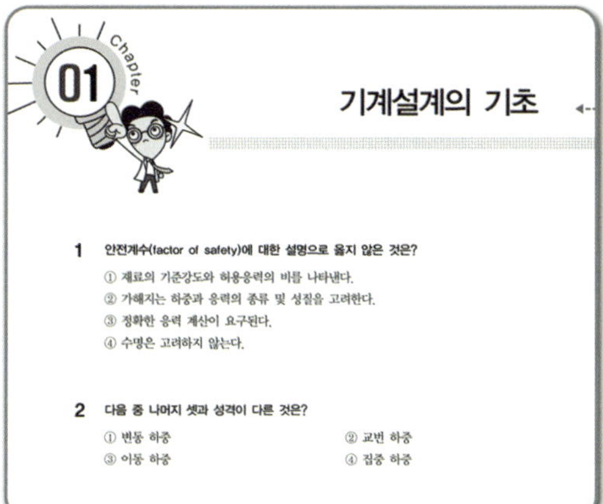

출제예상문제

각 단원별로 출제가 예상되는 문제와 함께 상세한 해설을 수록하여 핵심 내용을 점검할 수 있도록 하였습니다.

실력평가모의고사

실제 시험과 유사한 모의고사를 총 5회분 수록하여 최종적으로 실력을 점검할 수 있도록 하였습니다.

최신기출문제분석

최신기출문제를 상세한 해설과 함께 수록하여 최신 시험 경향을 파악할 수 있도록 하였습니다.

기계설계의 기초이론

기계설계의 기초

1 안전계수(factor of safety)에 대한 설명으로 옳지 않은 것은?

① 재료의 기준강도와 허용응력의 비를 나타낸다.

② 가해지는 하중과 응력의 종류 및 성질을 고려한다.

③ 정확한 응력 계산이 요구된다.

④ 수명은 고려하지 않는다.

2 다음 중 나머지 셋과 성격이 다른 것은?

① 변동 하중 ② 교번 하중

③ 이동 하중 ④ 집중 하중

Answer

1 ④ 안전계수는 수명을 고려한다.
  ※ 안전계수 결정 시 고려사항
    ㉠ 재질의 균질성
    ㉡ 응력계산의 정확성
    ㉢ 하중계산의 정확성
    ㉣ 공작 및 조립의 정밀도
    ㉤ 공작 및 조립의 잔류능력
    ㉥ 수명

2 하중의 분류
  ㉠ 동 하중의 분류 : 변동 하중, 반복 하중, 교번 하중, 충격 하중, 이동 하중
  ㉡ 하중의 분포에 따른 하중의 분류 : 집중 하중, 분포 하중

답—1.④ 2.④

3 기준치수에 대한 구멍의 공차가 $\phi 160_{0}^{+0.04}$ mm, 축의 공차가 $\phi 160_{-0.08}^{+0.03}$ mm일 때 최대틈새와 최대죔새는?

최대틈새	최대죔새
① 0.07 mm	0.03 mm
② 0.07 mm	0.04 mm
③ 0.12 mm	0.03 mm
④ 0.12 mm	0.04 mm

4 다음 중 지그의 종류에 해당하지 않는 것은?

① 볼지그   ② 채널지그

③ 리프지그   ④ 평판지그

Answer

3 ㉠ 최대틈새 = 구멍의 최대치수 − 폭의 최소치수
$$= 0.04 - (-0.08)$$
$$= 0.12$$
  ㉡ 최대죔새 = 축의 최대치수 − 구멍의 최소치수
$$= 0.03 - 0$$
$$= 0.03$$

4 지그
  ㉠ 개념 : 기계의 부품을 가공할 때에 그 부품을 일정한 자리에 고정하여 칼날이 닿을 위치를 쉽고 정확하게 정하는 데 쓰는 보조용 기구이다.
  ㉡ 지그의 종류
  • 형판지그(Template jig) : 일감의 특정한 부분의 모양을 맞추어 작업할 수 있는 지그이다.
  • 평판지그(Plate jig) : 일감의 크기가 작고 단순한 경우에 사용하며, 지그 본체가 평판형태로 평판 위에 위치 결정구, 고정장치, 부시 같은 요소가 있다.
  • 앵글판지그 : 일감을 위치 결정면에서 직각인 구멍을 가공할 수 있는 지그로 풀리, 칼라, 기어 등을 가공하는 데 사용한다.
  • 리프지그(Leaf jig) : 힌지로 고정된 리프를 열거나 닫을 수 있게 하여 일감을 넣고 빼는 일이 쉽도록 만들어진 지그이다.
  • 채널지그 : 일감의 두 면 사이에 고정시키고 제3표면을 가공할 때 사용한다. 지그 다리를 설치하면 'ㄷ'자 모양의 연속된 세 개의 면을 가공할 수 있다.
  • 분할지그(Indexing jig) : 일감의 원주면이나 평면에 정확한 간격으로 구멍을 뚫는 데 사용하는 지그로, 원주분할과 직선분할이 모두 가능하다.
  • 다단지그 : 다축 드릴작업에 사용하는 지그로, 일감을 몇 개의 단으로 된 지그에 설치하여 제조공정에 따라 연속적인 작업을 할 수 있다.

답 3.③ 4.①

5 기계요소 중 결합요소인 것은?

① 축 ② 리벳

③ 클러치 ④ 체인

6 1PS는 750N · m/s이다. 이를 시간에 따른 일의 양으로 환산한 것으로 옳은 것은?

① 73.5W ② 735.5W

③ 0.7355W ④ 7.35W

7 규격화의 장점으로 옳지 않은 것은?

① 호환성의 증가

② 생산의 합리화

③ 부품의 다양성 증가

④ 생산성의 향상

8 국가별 공업규격으로 잘못 짝지어진 것은?

① 영국 − BS

② 독일 − ANSI

③ 한국 − KS

④ 일본 − JIS

Answer

5 ①④ 동력전달요소 ③ 동력제어요소

6 1PS = 750N · m/s = 75kgf · m/s = 735.5W

7 ③ 일정한 표준으로 정했기 때문에 부품도 일정 규격을 따른다.

8 ② 독일의 공업규격은 DIN이다.

답 — 5.② 6.② 7.③ 8.②

9 다음 중 동력을 전달하는 요소가 아닌 것은?

① 축   ② 축 이음

③ 미끄럼 베어링   ④ 브레이크

10 강체로 구성되어 있으며 운동을 원하는 형태로 변환이 가능하고 동력전달이 없는 것은?

① 기구   ② 기계

③ 짝   ④ 기소

11 CAD를 이용한 설계정보로부터 컴퓨터를 이용한 다양한 기술적 해석작업을 일컫는 말은?

① CAE   ② CAM

③ CAT   ④ CIM

12 다음 중 조립 단위가 잘못 짝지어진 것은?

① 면적 − m^2 ② 표면장력 − N/m

③ 모멘트 − N   ④ 압력 − Pa

Answer

9 기계요소
ㄱ **결합요소** : 볼트, 너트, 나사, 리벳, 용접, 키 등
ㄴ **동력전달요소** : 축, 축 이음, 미끄럼 · 구름 베어링, 벨트, 체인, 로프, 기어 등
ㄷ **동력제어요소** : 클러치, 브레이크, 스프링 등
ㄹ **유체용요소** : 관, 관 이음, 밸브 등

10 ② 기계는 동력을 전달하도록 설계되어 있으며, 모든 기구를 포함한다.
③ 기계를 구성하는 두 부품이 접촉하여 서로 움직일 수 있는 한쌍의 조합부분을 일컫는다.
④ 기계를 구성하는 두 부품이 서로 접촉하면서 일정한 상호운동을 할 때 각각의 두 부품을 일컫는다.

11 ② 제품의 생산과정에서 컴퓨터를 이용하는 것이다(Computer Aided Manufacturing).
③ 컴퓨터를 이용한 제품의 시험을 말한다(Computer Aided Testing).
④ 제품의 초기 설계부터 최종 생산까지의 전과정을 통합된 컴퓨터 시스템을 이용하여 관리 · 제어하는 것이다
(Computer Intergrated Manufacturing).

12 ③ 모멘트의 단위는 N · m이다.

답 — 9.④   10.①   11.①   12.③

13 기계설계시 유의사항으로 옳지 않은 것은?

① 제품이 표준화되어야 한다.

② 수리가 쉽고 운반이 용이해야 한다.

③ 외관과 디자인은 중요하지 않다.

④ 기계의 효율이 좋아야 한다.

14 50N의 힘으로 5초 동안 5m 이동했다면 이때의 동력은?

① 0.5W ② 5W

③ 50W ④ 500W

15 입체각을 나타내는 단위는?

① sr ② rad

③ rad/s ④ rad/s^2

Answer

13 기계설계시 유의사항

㉠ 기계의 기구는 사용목적에 맞게 간단하고 동작이 명확해야 한다.

㉡ 기계의 구조와 외형은 조정과 수리가 쉽고, 운반이 편리해야 한다.

㉢ 기계의 각 부는 될수록 경량, 소형이어야 하고 수명이 길어야 한다.

㉣ 유지비와 제작비가 저렴하고, 기계의 효율이 좋아야 한다.

㉤ 외관 및 디자인이 양호하고 상품가치가 있어야 한다.

㉥ 제품이 표준화되어야 한다.

14 동력

$$P = \frac{W}{t} = \frac{F \cdot d}{t} 이므로$$

$$= \frac{50 \times 5}{5} = 50W$$

15 ② 평면각 ③ 각속도 ④ 각가속도

답 — 13.③ 14.③ 15.①

02

재료의 기계적 성질

1 다음 중 기계재료 특성에 관련된 설명으로 옳지 않은 것은?

① 양진 형태로 반복되는 응력의 진폭이 극한강도 이하인 경우 이 응력이 무한히 반복되어도 파괴에 이르지 않는다.

② 취성재료는 비교적 작은 변형률 상태에서 파괴되는 경향이 있으며 고강도 및 저인성의 특성을 가진다.

③ 최대전단 응력설, 전단변형 에너지설 등은 복합적 응력상태에서 재료의 손상을 예측하게 해주는 식들이다.

④ 단면이 급격히 변화하는 노치(notch) 부위에서 힘의 흐름이 급격히 변화하고 국부적인 큰 응력이 발생하는 현상을 응력집중이라고 한다.

2 금속재료는 반복하중을 받으면 정적하중을 받는 경우보다 낮은 하중으로 파괴된다. 하지만 반복하중에 의해 발생되는 반복응력이 어느 한도 이하일 경우에는 피로에 의한 파괴는 일어나지 않는다. 이 경우 측정된 편진응력의 최대값이 의미하는 것은?

① 극한강도   ② 피로한도

③ 탄성한도   ④ 크리이프한도

Answer

1 ① 양진응력의 진폭이 피로한도 이하인 경우 이 응력이 무한히 반복되어도 피로파괴에 이르지 않는다.

2 피로한도(Fatigue Limit)…재료에 반복 동하중(인장, 압축)이 장시간 작용하게 되면 재료의 극한 강도보다 작은 값에서도 파괴가 시작된다. 이러한 현상은 요소의 재료에 피로가 발생했기 때문이며 이러한 파괴를 피로파괴라 한다. 하지만 반복되는 하중이 어느 한계치 이하에서는 파괴되지 않는데 이 한계치를 피로한도라고 한다.

답─1.① 2.②

3 어떤 부품에 힘이 가해졌을 때 균일한 단면형상을 갖는 부분보다 키 홈, 구멍, 단(step), 또는 노치(notch) 등과 같이 단면형상이 급격히 변화하는 부분에서 쉽게 파손되는 이유를 가장 잘 설명하는 것은?

① 응력집중
② 좌굴현상
③ 피로파괴
④ 잔류응력

4 지름이 10mm인 축에 인장력 100N이 작용할 때 인장 응력은?

① 10N/mm^2
② $\dfrac{4}{\pi}\text{N/mm}^2$
③ $\dfrac{\pi}{4}\text{N/mm}^2$
④ 100N/mm^2

5 후크의 법칙이란?

① 비례 한도 내에서 응력과 변형률은 비례한다.
② 비례 한도 내에서 응력과 변형률은 반비례한다.
③ 비례 한도 내에서 응력은 변형률의 제곱에 비례한다.
④ 비례 한도 내에서 응력은 변형률의 제곱에 반비례한다.
⑤ 비례 한도 내에서 응력과 변형률은 동일하다.

Answer

3 ② 기둥의 길이가 그 횡단면의 치수에 비해서 클 때 기둥의 양단에 압축하중이 가해졌을 경우 하중이 어느 한계에 이르면 갑자기 기둥이 휘는 현상을 말한다.
③ 기계구조물에 반복적으로 하중이 가해지고 그 반복횟수가 많아져 시간이 경과된 후 재료가 파괴되는 현상을 말한다.
④ 처음에 무응력 상태로 있던 물체에 하중을 가하여 응력과 변형을 준 후 하중을 제거해도 응력이 물체 내에 잔존하는 것을 말하며 균열의 원인이 된다.

4 인장 응력 $(\sigma) = \dfrac{P}{A}$

$$= \frac{4 \times 100}{\pi \times 10^2} = \frac{4}{\pi}\text{N/mm}^2$$

5 후크의 법칙 … 응력 – 변형률 선도의 비례 한도 내에서 응력과 변형률이 비례하는 법칙이다.

답 – 3.① 4.② 5.①

6 다음 중 하중의 크기가 순서대로 바르게 나열된 것은?

① 비례 한도 < 탄성 한도 < 항복점 < 극한 강도
② 비례 한도 < 항복점 < 탄성 한도 < 극한 강도
③ 탄성 한도<비례 한도<항복점 < 극한 강도
④ 항복점 < 비례 한도 < 극한 강도 < 탄성 한도

7 응력에 대한 설명으로 옳은 것은?

① 하중에 대한 길이변형량의 비이다.
② 단위면적에 작용하는 하중이다.
③ 재료에 작용하는 하중과 평행한 하중이다.
④ 진폭과 주기가 일정한 하중이다.
⑤ 크기가 같고 방향이 반대되는 힘이 작용하는 하중이다.

8 재질이 동일하고 기하학적으로 닮은 기계요소에서 치수의 대소에는 무관하게 일정한 값을 가지는 형상계수가 아닌 것은?

① 응력집중계수　　　　　　　② 노치계수
③ Whal의 응력수정계수　　　 ④ 치형계수

Answer

6 응력－변형률 선도
　㉠ A : 비례 한도
　㉡ B : 탄성 한도
　㉢ C : 상항복점
　㉣ D : 하항복점
　㉤ E : 극한 강도
　㉥ F : 파괴 강도

7 응력(Stress) ⋯ 물체에 하중이 작용하면 그 물체의 내부에는 하중에 대항하는 힘이 생겨 균형을 이루게 되는데 이 저항력을 의미하며, 재료의 단면적과 작용 하중의 비로 나타낸다.

8 치형계수는 기어 이의 형상에 따라 값이 달라진다.

답 － 6.① 7.② 8.④

9 다음 중 안전율을 결정하는 선정요소에 해당하지 않는 것은?

① 제품의 형상 및 기능

② 응력계산 정확도의 대소

③ 재료의 수명

④ 재질 및 그 균질성에 대한 신뢰도

10 원통형 용기에서 원주방향의 인장 응력 σ_1을 구하는 식은?

① $\sigma_1 = \dfrac{D \cdot p}{2t \times 100}$

② $\sigma_1 = \dfrac{D \cdot p}{4t \times 100}$

③ $\sigma_1 = \dfrac{D \cdot p}{4t}$

④ $\sigma_1 = \dfrac{D \cdot p}{2t}$

11 직경이 5cm인 단면에 35kN의 힘이 작용할 때 발생하는 응력은?

① $3,150\text{N/cm}^2$

② $2,600\text{N/cm}^2$

③ $1,950\text{N/cm}^2$

④ $1,783\text{N/cm}^2$

Answer

9 안전계수(또는 안전율) 결정시 고려할 사항

㉠ 하중, 응력의 종류 및 성질

㉡ 재질의 균일성에 대한 신뢰도

㉢ 하중계산의 정확도

㉣ 응력계산의 정확도

㉤ 작동조건(온도, 습도, 마찰, 침식, 부식, 마모 등)의 영향

㉥ 공작, 조립의 정밀도와 잔류응력

㉦ 재료의 수명

10 응력을 구하는 식

㉠ 축방향 인장 응력$(\sigma_2) = \dfrac{D \cdot p}{4t \times 100}$

㉡ 원통 원주방향의 응력$(\sigma_t) = \dfrac{D \cdot p}{200t}$

㉢ 원통 축방향의 응력$(\sigma_1) = \dfrac{D \cdot p}{400t}$

11 수직 응력$(\sigma) = \dfrac{P}{A}$ 이므로 식에 값을 대입하면

$$= \dfrac{4 \times 35,000}{\pi \times 5^2} = 1,783.43\text{N/cm}^2 ≒ 17.8\text{MPa}$$

답 9.① 10.① 11.②

12 응력 - 변형률 선도에서 후크의 법칙(Hook's Law)은 어느 범위 내에서 성립하는가?

① 사용 응력　　　　　　　　　　② 허용 응력

③ 비례 한도　　　　　　　　　　④ 탄성 한도

13 다음의 그래프에서 응력은 조금 변하지만 변형률이 급격히 변하는 구간은?

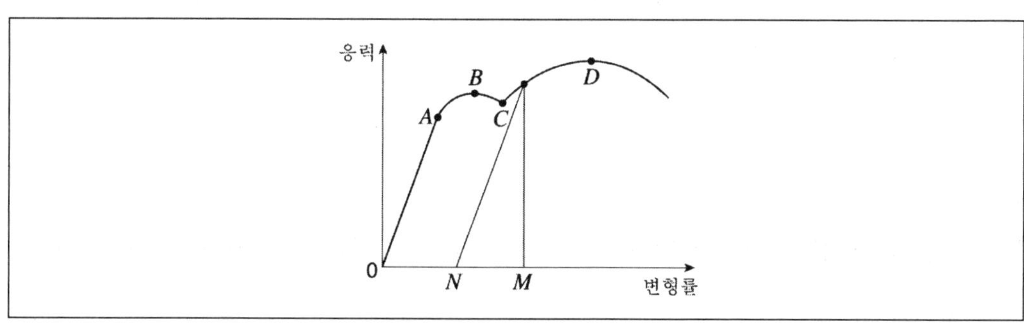

① A　　　　　　　　　　② B

③ C　　　　　　　　　　④ D

14 직경이 1cm, 길이가 1m인 원형봉에 하중 W 가 작용하여 1mm가 늘어났다. 이때의 인장 응력은?　(단, $E = 2.1 \times 10^7 \text{N/cm}^2$)

① 2.1kN/cm^2　　　　　　　　② 3.1kN/cm^2

③ 10kN/cm^2　　　　　　　　④ 21kN/cm^2

Answer

12 후크의 법칙(Hook's law) … 응력 - 변형률 선도의 비례 한도 이내에서 응력과 변형률이 비례하는 법칙을 말한다.

13 • A점 : 비례 한도구간(응력과 변형률이 비례)
　• B점 : 상항복점(응력은 약간 증가하는 데 비해 변형률은 급격히 증가하는 구간)
　• C점 : 하항복점(재료의 내부가 불안정한 상태로 되는 구간)
　• D점 : 극한 강도(재료의 응력이 최대값을 갖는 구간)

14 $\epsilon = \dfrac{\Delta l}{l}$ 이므로 $\dfrac{0.1}{100} = 0.001$

$\sigma_t = \epsilon \cdot E$ 이므로 $0.001 \times 2.1 \times 10^7 = 21,000\text{N/cm}^2 = 21\text{kN/cm}^2$

답 — 12.③　13.②　14.④

15 단면적 225cm^{2}의 재료를 단면방향으로 40.5kN의 전단력을 가했더니 전단변형률이 0.9×10^{-2} 되었다. 가로 탄성계수의 값을 구하면?

  ① 15kN/cm^2 ② 20kN/cm^2

  ③ 25kN/cm^2 ④ 30kN/cm^2

16 탄성 한도 내에서 응력값이 가장 작은 것은?

  ① 사용 응력   ② 탄성 한도

  ③ 허용 응력   ④ 극한 강도

17 다음 중 피스톤 로드와 같이 인장과 압축을 번갈아가며 반복해서 작용하는 하중으로 옳은 것은?

  ① 정 하중   ② 인장 하중

  ③ 교번 하중   ④ 충격 하중

Answer

15 가로 탄성계수(G)는 $\tau = G \cdot \gamma$, $\tau = \dfrac{P_s}{A}$ 이므로

$$G = \frac{\dfrac{P_s}{A}}{\gamma} = \frac{\dfrac{40,500}{225}}{0.9 \times 10^{-2}} = 20,000\text{N/cm}^2 = 20\text{kN/cm}^2$$

16 탄성 한도 내에서 응력값의 크기 … 탄성 한도 > 허용 응력 > 사용 응력

   ※ 극한 강도 … 소성영역의 응력

17 교번 하중은 하중의 크기와 방향이 충격 없이 주기적으로 변하는 하중으로 피스톤 로드와 같이 인장과 압축을 교대로 반복하여 작용하는 하중이다.

답— 15.②   16.①   17.③

18 길이가 70cm인 막대에 힘을 가하여 70.05cm가 되었을 때 변형률은?

① $\dfrac{5}{700}$

② $\dfrac{5}{70}$

③ $\dfrac{5}{7,000}$

④ $\dfrac{5}{70,000}$

19 굽힘 응력 σ_b, 단면계수 Z, 굽힘 모멘트 M이라 할 때 휨 작용만 있는 둥근 실제축의 M을 구하는 식은?

① $M = \dfrac{\sigma_b}{Z}$

② $M = \sigma_b Z$

③ $M = Z\sigma_b{}^2$

④ $M = \dfrac{1}{3}\sigma_b Z$

20 다음 중 재료의 단위면적에 작용하는 힘은?

① 변형률

② 응력

③ 전단력

④ 피로

Answer

18 종 변형률$(\epsilon) = \dfrac{l - l_o}{l_o} = \dfrac{70.05 - 70}{70} = \dfrac{0.05}{70} = \dfrac{5}{7,000}$

19 재료 횡단면에 발생하는 응력으로 굽힘 하중에 의해 생기며 인장 및 압축의 수직 응력이 같이 존재한다.

$\sigma_b = \dfrac{M}{Z}$

$\therefore M = \sigma_b Z$

20 응력(Stress) … 어떤 물체에 하중이 작용할 때 그 물체 내부에 생기는 하중에 대항하는 저항력을 응력이라 한다. 재료에 발생하는 응력은 재료의 단면적과 작용 하중의 비로서 나타낸다.

답 – 18.③ 19.② 20.②

21 다음 중 고무의 푸아송 비의 근사값은?

① 0.2　　　　　　　　　　　② 0.3

③ 0.4　　　　　　　　　　　④ 0.5

22 직경이 10mm, 인장 강도가 40kN/cm²인 연강 봉에 6,280N의 하중이 작용할 때 안전율은?

① 3　　　　　　　　　　　② 4

③ 5　　　　　　　　　　　④ 6

23 재료의 단면적이 1.08cm², 인장 강도가 20kN/cm²인 연강 봉에 6,000N의 하중이 작용할 때 안전율에 가장 가까운 값은?

① 3　　　　　　　　　　　② 4

③ 5　　　　　　　　　　　④ 6

24 횡 변형률을 ϵ', 종 변형률을 ϵ 라고 할 때 푸아송 비(Poisson's ratio)를 μ 라고 하면 μ로 알맞은 것은?

① $\mu = \dfrac{\epsilon'}{\epsilon}$　　　　　　　　　② $\mu = \dfrac{\epsilon}{\epsilon'}$

③ $\mu = \epsilon \cdot \epsilon'$　　　　　　　　　④ $\mu = \dfrac{\epsilon'}{\epsilon + 1}$

 **Answer**

21 고무와 같은 재료는 0.5에 가까운데 길이가 늘어나도 그 체적은 거의 변하지 않는다.

22 사용 응력$(\sigma) = \dfrac{4P}{\pi d^2}$ 이므로 $\dfrac{4 \times 6,280}{\pi \times 1^2} = 7,995.94 \text{N/cm}^2$

$\therefore S = \dfrac{인장\ 강도}{사용\ 응력} = \dfrac{40 \times 10^3}{7,995.94} = 5$

23 $\sigma = \dfrac{P}{A}$ 이므로 $\dfrac{6,000}{1.08} = 5,555.6 \text{N/cm}^2$

$\therefore S = \dfrac{20,000}{5,555.6} = 3.6 ≒ 4$

24 푸아송 비(Poisson's ratio)는 종 변형률에 대한 횡 변형률을 의미한다.

답 — 21.④　22.③　23.②　24.①

25 다음 중 재료의 선팽창계수가 가장 큰 것은?

① 에보나이트
③ 백금

② 니켈
④ 도자기

26 재료에 인장 응력과 압축 응력이 동시에 발생하면 이때에 나타나는 조합 응력은?

① 굽힘 응력
③ 허용 응력

② 전단 응력
④ 잔류 응력

27 극한 강도(기준 강도)를 선택하는 방법에 대한 설명으로 옳지 않은 것은?

① 정 하중이 연성재료에 작용하는 경우에는 항복점을 기준 강도로 한다.
② 정 하중이 취성재료에 작용하는 경우에는 좌굴 응력을 기준 강도로 한다.
③ 반복 하중, 교번 하중이 작용하는 경우에는 피로 한도를 기준 강도로 한다.
④ 고온에서 정 하중이 작용하는 경우에는 크리프 한도를 기준 강도로 한다.

28 응력 30MPa인 재료의 변형률이 0.5일 때 탄성계수의 값은?

① 50MPa
③ 70MPa

② 60MPa
④ 80Mpa

Answer

25 에보나이트의 선팽창계수는 0.00077로 보기 중 가장 크다.

26 굽힘 응력 … 재료에 인장 응력과 압축 응력이 동시에 발생할 때 생긴다.

27 재료의 극한 강도(기준 강도) 선정법
- ㉠ 정 하중이 연성재료에 작용하는 경우 : 항복점이 기준 강도
- ㉡ 정 하중이 취성재료에 작용하는 경우 : 극한 강도가 기준 강도
- ㉢ 반복 하중, 교번 하중이 작용하는 경우 : 피로 한도가 기준 강도
- ㉣ 고온에서 정 하중이 작용하는 경우 : 크리프 한도가 기준 강도
- ㉤ 긴 기둥이나 편심 하중이 작용하는 경우 : 좌굴 응력이 기준 강도
- ㉥ 소성설계나 극한설계의 경우 : 붕괴하지 않는 최대 하중이 기준 강도

28 $\sigma = E \cdot \epsilon$ 에서 탄성계수 $E = \dfrac{\sigma}{\epsilon}$ 이므로 $\dfrac{30}{0.5} = 60\text{MPa}$

답 — 25.① 26.① 27.② 28.②

29 다음 중 연강의 피로 실험 결과를 응력(σ)과 하중의 반복횟수(N)로 나타낸 그래프로 옳은 것은?

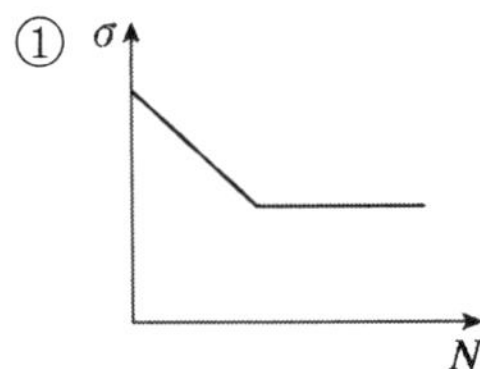

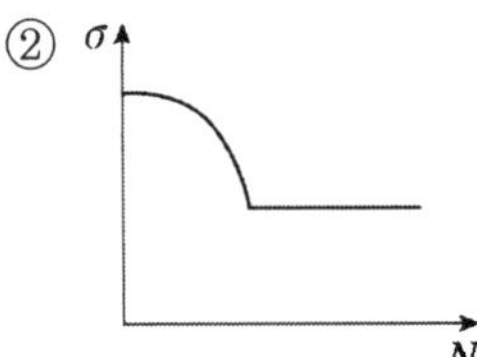

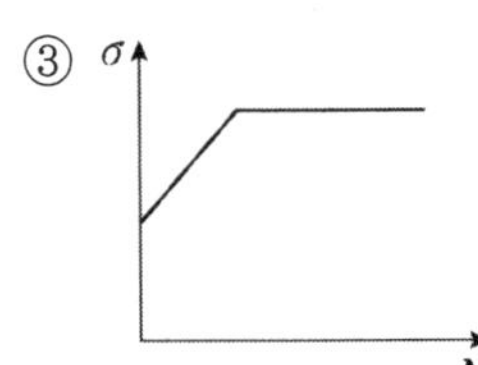

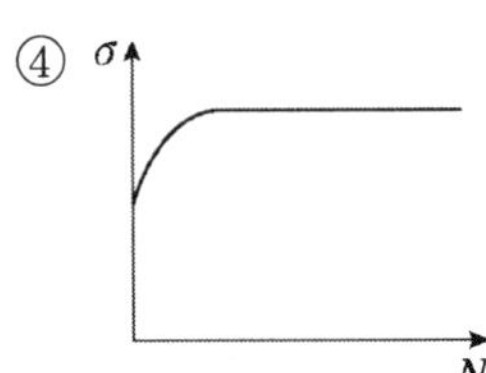

30 나사의 외경이 20mm, 골 직경이 16mm이고, 인장 응력의 한도가 50N/mm^{2}라 하면 나사에 작용하는 인장 하중은 얼마인가?

① 10,000N

② 10,048N

③ 11,000N

④ 11,500N

31 둥근 봉에 인장 하중 20kN 작용하고 재료의 허용 인장 응력이 30N/mm^{2}일 경우 둥근 봉의 지름은 얼마인가?

① 28.15mm

② 29.13mm

③ 30.16mm

④ 31.15mm

Answer

29 연강의 $\sigma - N$ 그래프는 ①의 형태와 같으며 응력이 특정한 값에 도달하게 되면 반복횟수가 증가하여도 재료는 파괴되지 않는다.

30 $P = A \cdot \sigma$이므로 $\dfrac{\pi}{4} \times 16^2 \times 50 = 10{,}048\text{N}$

31 $\sigma = \dfrac{W}{A} = \dfrac{4W}{\pi d^2}$에서 $d = \sqrt{\dfrac{4W}{\pi\sigma}}$ 이 된다.

$W = 20\text{kN}, \ \sigma = 30\text{N/mm}^2$을 대입하면

$d = \sqrt{\dfrac{4 \times 20{,}000}{\pi \times 30}} = 29.13\text{mm}$

답 — 29.① 30.② 31.②

32 임의의 재료에 축방향의 하중이 작용한다고 가정할 때, 하중의 작용으로 인해 축 방향으로 재료의 길이가 변화했다면 이 값은?

① 종 변형률

② 횡 변형률

③ 체적 변형률

④ 전단 변형률

33 두께 2mm인 연강판에 지름 70mm의 구멍을 뚫으려 한다. 펀칭할 때 필요한 하중은? (단, 연강판의 전단강도＝400N/mm²)

① 152.3kN

② 165.5kN

③ 175.9kN

④ 185.7kN

34 응력 집중을 완화시키는 방법으로 옳지 않은 것은?

① 단면이 변화하는 부분에 보강재를 결합한다.

② 재료에 여러 개의 단면변화형상을 설치한다.

③ 테이퍼를 생성하여 단면변화를 완화시킨다.

④ 필렛의 반지름을 작게 한다.

 **Answer**

32 종 변형률은 재료에 하중 작용시 본래 길이에 대한 변형량의 비를 의미한다.

33 $\tau = \dfrac{W}{A}$, $W = \tau A = \tau \pi d t$이므로 $\tau = 400$, $d = 70$, $t = 2$를 대입하면

$W = 400 \times \pi \times 70 \times 2 = 175,929.2\text{N} = 175.93\text{kN}$

34 응력 집중의 완화대책

㉠ 필렛 반지름을 크게 한다. 필렛의 반지름을 작게 하면 응력 집중이 증가하게 된다.

㉡ 테이퍼 부분을 설치하여 단면변화를 완화시킨다.

㉢ 재료에 여러 개의 단면변화형상을 설치한다.

㉣ 단면변화 부분에 보강재를 결합한다.

답 — 32.① 33.③ 34.④

35 지름 2cm이고 길이가 300cm인 둥근 연강막대에 40kN의 하중이 걸릴 경우 신장량은?

① 1.7cm
② 0.18cm
③ 0.9cm
④ 9cm

36 탄성계수(Modulus of elasticity)에 대한 설명으로 옳은 것은?

① 재료가 받는 응력에 따라 변한다.
② 재료가 갖고 있는 고유의 값이다.
③ 재료의 형상에 따라 값이 변한다.
④ 재료의 크기에 따라 값이 변한다.

37 재료의 길이(l)가 2.8m인 물체가 하중을 받아 0.15cm 늘어났다고 하면 인장 변형량은 얼마인가?

① 5.357×10^{-4}
② 5.357×10^{-5}
③ 4.357×10^{-4}
④ 4.357×10^{-5}

38 길이 3.5m인 재료가 인장 하중을 받아 길이가 0.3cm 늘어났을 경우 인장 변형도를 구하면?

① 9.5×10^{-3}
② 8.6×10^{-4}
③ 8.7×10^{-4}
④ 9.6×10^{-5}

**Answer**

35 신장량$(\sigma) = E\epsilon = \dfrac{\dfrac{W}{A}}{\dfrac{\delta}{l}} \cdot \epsilon$ 이므로 $\delta = \dfrac{W}{AE}$ 이 된다. 연강의 세로탄성계수$(E) = 2.1 \times 10^7$ 이므로

$$\delta = \frac{40 \times 1,000 \times 300}{\dfrac{\pi}{4} \times (2)^2 \times 2.1 \times 10^7} = 0.18\text{cm}$$

36 연강의 탄성계수$(E) = 2.1 \times 10^7 \text{N/cm}^2 \rightarrow$ 탄성계수는 재료가 가지고 있는 고유의 값이다.

37 $\epsilon = \dfrac{\Delta l}{l_0} = \dfrac{0.15}{280} = 5.357 \times 10^{-4}$

38 인장 변형도$(\epsilon) = \dfrac{\delta}{l}$ 이므로 $\dfrac{0.3}{350} = 8.6 \times 10^{-4}$

답 — 35.② 36.② 37.① 38.②

39 한 변의 길이가 20mm인 주철각재에 80kN의 압력이 작용한다면 이때 발생하는 수직 응력은?

① 160N/mm^2　　　　　② 200N/mm^2

③ 240N/mm^2　　　　　④ 300N/mm^2

40 단면이 정사각형인 봉에 25kN의 인장 하중이 작용하여 $4,000\text{N/cm}^2$의 응력을 발생시키려면 봉의 한 변의 길이는?

① 25mm　　　　　② 30mm

③ 35mm　　　　　④ 40mm

41 수직 하중을 P, 재료의 길이를 l 이라 하고, 단면적을 A, 탄성계수를 E 라 하면 재료의 변형량 δ 는 얼마인가?

① $\delta = \dfrac{Pl}{AE}$　　　　　② $\delta = \dfrac{PA}{El}$

③ $\delta = \dfrac{El}{AP}$　　　　　④ $\delta = \dfrac{Al}{PE}$

Answer

39 $\sigma = \dfrac{P}{A} = \dfrac{80 \times 10^3}{(20)^2} = \dfrac{80,000}{400} = 200\text{N/mm}^2$

40 $\sigma = \dfrac{P}{A} = \dfrac{P}{d^2}, \quad d = \sqrt{\dfrac{P}{\sigma}}$ 이므로

$d = \sqrt{\dfrac{25 \times 1,000}{4,000}} = 2.5\text{cm}$

41 $E = \dfrac{\sigma}{\epsilon} = \dfrac{\sigma l}{\delta} = \dfrac{Pl}{A\delta}$ 이므로

$\therefore \delta = \dfrac{Pl}{AE}$

답 39.② 40.① 41.①

42 길이 20cm, 지름 2cm의 원형 단면의 단순보 중앙에 300N의 집중 하중이 작용한다면 최대 굽힘 응력은?

① 16MPa

② 18MPa

③ 19MPa

④ 29MPa

43 두 가지 재료의 직경비가 $d_1 : d_2 = 3 : 2$라고 하면, 두 재료의 응력비는?

① 4 : 9

② 9 : 4

③ 2 : 3

④ 3 : 2

44 지름 8mm인 원형단면의 극단면 계수를 구하면?

① 92.54mm^3

② 95.32mm^3

③ 100.53mm^3

④ 105.48mm^3

Answer

42 굽힘 응력$(\sigma) = \dfrac{M}{Z}$, $M = \dfrac{Wl}{4}$, 단면계수$(I) = \dfrac{\pi}{32}d^3$ 값을 대입해 구하면

$$\sigma = \frac{\dfrac{W}{4}}{\dfrac{\pi d^3}{32}} = \frac{\dfrac{300 \times 20}{4}}{\dfrac{\pi \times (2)^3}{32}} = 1{,}909.8\text{N/cm}^2 = 19\text{MPa}$$

43 $d_2 = \dfrac{2}{3}d_1$

$$\therefore \sigma_1 : \sigma_2 = \frac{4P}{\pi d_1{}^2} : \frac{4P}{\pi \left(\dfrac{2}{3}d_1\right)^2} = 4 : 9$$

44 $Z_p = \dfrac{\pi d^3}{16}$ 이므로 식에 값을 대입하면

$$\frac{\pi \cdot (8)^3}{16} = 100.53\text{mm}^3$$

답— 42.③ 43.① 44.③

45 바깥지름 300mm, 안지름 200mm의 짧은 주철제 원통에 400kN의 중량물을 넣었을 때 생기는 압축 응력은?

① 10N/mm^2 ② 12N/mm^2

③ 15N/mm^2 ④ 16N/mm^2

46 밑변 25mm, 높이 5mm인 장방향 단면의 단면계수는?

① 100mm^3 ② 104mm^3

③ 109mm^3 ④ 112mm^3

47 응력 – 변형률 선도에서 가장 큰 값을 고르면?

① 비례 한도 ② 극한 강도

③ 탄성 한도 ④ 인장 강도

48 지름이 5cm, 길이가 150cm인 축에 $G=8,300,000$, $T=3,000\text{N/cm}^2$가 작용한다면 다음 중 비틀림각은?

① $0.03°$ ② $0.04°$

③ $0.05°$ ④ $0.06°$

Answer

45 $\sigma = \dfrac{P}{A} = \dfrac{P}{\dfrac{\pi}{4}(D^2 - d^2)}$ 이므로 값을 식에 대입하면

$$\dfrac{400 \times 10^3}{\dfrac{\pi}{4}\{(300)^2 - (200)^2\}} = 10.18 \fallingdotseq 10\text{N/mm}^2$$

46 장방형이므로

$$단면계수(Z) = \dfrac{밑변 \times (높이)^2}{6} = \dfrac{25 \times (5)^2}{6} = 104\text{mm}^3$$

47 크기의 순서는 극한 강도 > 탄성 한도 > 비례 한도이므로 극한 강도가 가장 크다.

48 $\theta = \dfrac{583.6\,Tl}{Gd^4} = \dfrac{586.6 \times 3,000 \times 150}{8,300,000 \times 5^4} = 0.050 = 0.05°$

답— 45.① 46.② 47.② 48.③

49 응력 – 변형률 선도에 관한 설명으로 옳지 않은 것은?

① 공칭 응력은 재료가 늘어남에 따라 변하는 단면적으로 계산한다.

② 탄성 한계에서 하중을 제거하면 재료의 변형량은 없다.

③ 항복점에서는 하중을 증가시키지 않아도 변형이 갑자기 커진다.

④ 비례 한도는 응력과 변형률이 비례관계를 가지는 최대 응력이다.

50 볼트에 30kN의 인장력이 작용한다고 가정할 때, 볼트의 직경은 30mm, 볼트 머리의 높이는 18mm라고 하면 볼트의 머리부분에서 발생하는 전단 응력은?

① 1.7N/mm^2 ② 177N/mm^2

③ 17.7N/mm^2 ④ $1,770\text{N/mm}^2$

Answer

49 공칭 응력 … 재료 내부의 응력분포를 고려하지 않고 단순하게 계산된 응력값이다.

50 $\tau = \dfrac{P}{A} = \dfrac{P}{\pi d h}$

$\therefore \tau = \dfrac{30,000}{\pi \times 30 \times 18} = 17.7\text{N/mm}^2$

답— 49.① 50.③

51 단면의 형상이 사각형인 빔에 100kN의 인장력이 작용하고 있을 때 이 부재에 걸리는 응력은?
(단, 사각형 빔의 밑변＝20mm, 높이＝50mm)

① 100MPa

② 100kPa

③ 100Pa

④ 10Pa

Answer

51 $\sigma = \dfrac{P}{bh} = \dfrac{100}{0.02 \times 0.05} = 100,000 \text{kN/m}^2$

$\therefore \sigma = 100\text{MN/m}^2 = 100\text{MPa}$

답— 51.①

체결용 기계요소

나사

1 다음은 여러 종류의 특수너트에 관한 사항들이다. 이 중 바르지 않은 것은?

① 사각너트는 외형이 4각으로서 주로 목재에 사용된다.

② 둥근너트는 육각너트를 사용하지 못하는 경우나 너트의 높이를 작게 했을 때 사용된다.

③ 모따기너트는 중심위치를 정하기 쉽게 축선이 조절되어 있다.

④ 플랜지너트는 볼트구멍이 큰 경우에 사용할 수 있으나 접촉면이 거칠면 사용할 수 없다.

Answer

1 플랜지너트는 볼트 구멍이 클 때, 접촉면이 거칠거나 큰 면압을 피하려 할 때 사용된다.

※ 너트의 종류

　㉠ **사각너트** : 외형이 4각으로서 주로 목재에 사용되며 기계에서는 간단하고 조잡한 것에 사용된다.

　㉡ **둥근너트** : 육각너트를 사용하지 못하는 경우나 너트의 높이를 작게 했을 때 사용된다.

　㉢ **모따기너트** : 중심위치를 정하기 쉽게 축선이 조절되어 있으며 밑면인 경우에는 볼트에 휨 작용을 주지 않는다.

　㉣ **캡너트** : 유체의 누설을 막기 위해 위쪽이 막힌 너트이다.

　㉤ **아이너트** : 물건을 들어올리는 고리가 달려있는 너트이다.

　㉥ **홈붙이너트** : 너트의 풀림을 막기 위해 분할핀을 꽂을 수 있게 홈이 6개, 또는 10개 정도가 있는 너트이다.

　㉦ **T-너트** : 공작 기계 테이블의 T홈에 끼워지도록 모양이 T형이며 공작물의 고정에 사용된다.

　㉧ **나비너트** : 손으로 돌릴 수 있는 손잡이가 있다.

　㉨ **턴버클** : 오른나사와 왼나사가 양 끝에 달려 있어서 막대나 로프를 당겨서 조이는데 사용된다.

　㉩ **플랜지너트** : 볼트 구멍이 클 때 접촉면이 거칠거나 큰 면압을 피하려 할 때 사용된다.

　㉪ **슬리브너트** : 머리 밑에 슬리브가 달린 너트로서 수나사의 편심을 방지하는데 사용된다.

　㉫ **플레이트너트** : 암나사를 깎을 수 없는 얇은 판에 리벳으로 설치하여 사용한다.

답—1.④

2 나사의 피치가 4mm인 2줄 나사를 1.5회전시켰을 때 축 방향의 이동거리는?

① 8mm

② 12mm

③ 16mm

④ 20mm

3 다음 중 나사에 대한 설명으로 옳지 않은 것은?

① M4 × 0.5는 호칭지름이 4mm이고, 피치가 0.5mm인 미터 가는 나사이다.

② 나사를 1회전 했을 때에 축 방향으로 이동하는 거리를 리드(lead)라고 한다.

③ 암나사의 호칭지름은 결합되는 수나사의 바깥지름으로 나타낸다.

④ UNC $\dfrac{7}{8}$ − 9는 유니파이 보통나사이며, 피치는 9mm이다.

4 두 줄 나사에서 피치 p, 유효지름 d, 나선각(리드각)을 α라 하면 $\tan\alpha$의 값은?

① $\dfrac{p}{2\pi d}$

② $\dfrac{p}{3\pi d}$

③ $\dfrac{p}{\pi d}$

④ $\dfrac{2p}{\pi d}$

Answer

2 이동거리$(L) = l \times$ 회전

$L = l \cdot n \cdot p \quad (\because l = n \cdot p)$

    $= 2 \cdot 4 \cdot 1.5$

    $= 12$

3 유니파이 나사의 표시는 [나사의 호칭기회] [나사의 지름] − [나사산의 수]로 한다.

4 리드와 피치의 관계는 $l = np$에서 $l = 2p$이므로

나선각 $\tan\alpha = \dfrac{l}{\pi d} = \dfrac{2p}{\pi d}$ 가 된다.

답── 2.② 3.④ 4.④

5 다음 중 너트의 풀림방지방법으로 볼 수 없는 것은?

① 스프링 와셔의 사용 ② 로크 너트의 사용
③ 세트 나사의 사용 ④ 스프링판 너트의 사용

6 M16 나사에 대한 설명으로 옳은 것은?

① 나사산각이 30°이고, 수나사의 바깥지름이 1mm, 피치가 6mm인 미터 가는 나사이다.
② 나사산각이 60°이고, 수나사의 바깥지름이 16mm인 미터 보통 나사이다.
③ 나사산각이 60°이고, 수나사의 바깥지름이 16mm, 피치가 0인 미터 사다리꼴 나사이다.
④ 나사산각이 30°이고, 수나사의 바깥지름이 16mm인 30°사다리꼴 나사이다.

7 두 개의 물체 사이를 일정하게 유지시키면서 체결하는 데 사용하는 볼트는?

① 아이 볼트 ② 스테이 볼트
③ 나비 볼트 ④ 기초 볼트

Answer

5 너트의 풀림방지방법
ㄱ 스프링 와셔, 쇠붙이 와셔, 고무판 사용
ㄴ 로크 너트 사용
ㄷ 분할 핀 및 세트 나사 사용

6 M16 나사
ㄱ M : 미터 보통 나사, 미터 가는 나사의 기호
ㄴ 16 : 호칭지름, 즉 수나사의 바깥지름을 나타내는 수
ㄷ 미터나사의 나사산각은 60°

7 ① 무거운 물체를 들어올릴 때 사용한다.
③ 손으로 가볍게 조일 수 있는 볼트이다.
④ 기계나 구조물의 기초에 사용한다.

답 — 5.④ 6.② 7.②

8 산의 각도가 30°이고 모래 등의 이물질이 들어가도 지장이 없는 경우 사용하는 나사는?

① 둥근 나사　　　　　　　　　　② 미터 나사

③ 사다리꼴 나사　　　　　　　　④ 톱니 나사

9 관용 나사의 나사각으로 옳은 것은?

① 40°　　　　　　　　　　　　② 45°

③ 50°　　　　　　　　　　　　④ 55°

⑤ 60°

10 나사의 볼트에 축 하중 300N이 작용하는 경우, 축의 지름은 몇 mm인가?　(단, 나사축의 허용 인장 응력＝12N/mm²)

① 4.07　　　　　　　　　　　② 5.27

③ 6.5　　　　　　　　　　　　④ 7.07

Answer

8　둥근 나사
　　㉠ 산의 각도가 30°이고 큰 힘에 견딜 수 있다.
　　㉡ 플랭크 사이에 모래 등의 이물질이 혼입되어도 지장이 없는 경우에 사용한다.
　　㉢ 나사산과 골 반경은 동일하다.

9　관용 나사 … 파이프와 같이 두께가 얇은 곳의 누설방지 및 기밀유지에 사용하며 나사산의 각은 55°인 인치계 나사로 관용 평행 나사와 관용 테이퍼 나사로 분류할 수 있다.

10　볼트에 축방향 힘만 받는 경우는
$$d = \sqrt{\frac{2W}{\sigma_a}} \text{ 이므로 } \sqrt{\frac{2 \times 300}{12}} = 7.07\text{mm}$$

답　8.①　9.④　10.④

11 M20×1.5가 나타내는 것은 무엇인가?

① 나사의 지름이 20mm, 피치가 1.5mm인 미터 가는 나사이다.

② 나사의 지름이 20mm, 피치가 1.5mm인 미터 보통 나사이다.

③ 나사의 지름이 20mm, 산의 높이가 1.5mm인 미터 가는 나사이다.

④ 나사의 지름이 20mm, 산의 높이가 1.5mm인 미터 보통 나사이다.

12 바깥지름 30mm, 골지름 24mm, 피치 2mm, 너트의 높이 10mm에 하중 900N이 작용하는 너트의 접촉 압력은?

① 0.1N/mm^2

② 0.14N/mm^2

③ 0.7N/mm^2

④ 0.2N/mm^2

13 나사의 리드각을 α, 마찰각을 ρ 라 할 때 나사의 최대효율 $\eta_{\max}$로 옳은 것은?

① $\eta_{\max} = \tan^2\left(\dfrac{\pi}{2} - \dfrac{\rho}{4}\right)$

② $\eta_{\max} = \tan^2\left(\dfrac{\pi}{2} + \dfrac{\rho}{4}\right)$

③ $\eta_{\max} = \tan^2\left(\dfrac{\pi}{4} - \dfrac{\rho}{2}\right)$

④ $\eta_{\max} = \tan^2\left(\dfrac{\pi}{4} + \dfrac{\rho}{2}\right)$

 **Answer**

11 M20 × 1.5

㉠ 미터 나사

㉡ 나사의 외경이 20mm

㉢ 나사의 피치가 1.5mm

㉣ 가는 나사

12 너트의 접촉 압력

$$p_m = \frac{W}{\pi d_2 h Z} = \frac{900}{\pi \times \dfrac{30+24}{2} \times \dfrac{30-24}{2} \times \dfrac{10}{2}} = 0.7073 \fallingdotseq 0.7\text{N/mm}^2$$

13 나사의 최대효율

$$\eta_{\max} = \tan^2\left(\frac{\pi}{4} - \frac{\rho}{2}\right)$$

답— 11.① 12.③ 13.③

14 나사 잭에 1,500N의 하중이 작용할 때 나사의 바깥지름은 몇 mm로 해야 하는가? (단, 허용 응력 = 40N/mm²)

① 10mm

② 9mm

③ 8mm

④ 7mm

15 다음 보기에서 설명하고 있는 나사는 무엇인가?

> 나사의 끝을 이용하여 축에 바퀴를 고정시키거나 위치를 조정할 때 쓰이는 작은 나사로서 홈형, 6각 구멍형, 머리형 등이 있다. 키(key)의 대용으로도 사용되며 끝의 마찰, 걸림 등에 의하여 정지작용을 한다.

① 머신스크류

② 세트스크류

③ 토션스크류

④ 크로스스크류

16 나사의 호칭 3/8-4 UNC에서 피치는?

① 3mm

② 4mm

③ 6.35mm

④ 8.47mm

 **Answer**

14 $d = \sqrt{\dfrac{8W}{3\sigma_a}} = \sqrt{\dfrac{8 \times 1,500}{3 \times 40}} = 10\text{mm}$

15 세트스크류(set screw, 멈춤나사) … 나사의 끝을 이용하여 축에 바퀴를 고정시키거나 위치를 조정할 때 쓰이는 작은 나사로서 홈형, 6각 구멍형, 머리형 등이 있다. 키(key)의 대용으로도 사용되며 끝의 마찰, 걸림 등에 의하여 정지작용을 한다.
※ 머신스크류 … 태핑나사라고도 하며 호칭지름 8mm이하에서 사용된다. 머리부의 형상에 따라 다르게도 불린다.

16 3 / 8 - 4 UNC
ㄱ 유니파이 보통나사
ㄴ 나사의 외경 : $\dfrac{3}{8} = 0.375$인치
ㄷ 나사산의 수 : 4개
ㄹ 피치 : $\dfrac{25.4}{4} = 6.35$

답 — 14.① 15.② 16.③

17 연강제 볼트에 하중 3,000N이 작용할 때 이 하중을 견딜 수 있는 가장 작은 볼트는? (단, 볼트의 인장 응력＝60N/mm^2)

① M8　　　　　　　　　　　② M10

③ M15　　　　　　　　　　　④ M20

18 다음 나사에 대한 설명 중 옳지 않은 것은? (단, Q : 축 하중, p : 피치, T : 토크, ρ : 마찰각, λ : 리드각)

① 1회전 동안 나사가 한 일량은 pQ이다.

② 1회전 동안 나사가 실제로 한 일량은 $2\pi T$이다.

③ 나사의 효율은 $\dfrac{pQ}{2\pi T}$이다.

④ 나사의 효율은 $\dfrac{\tan\lambda}{\tan(\lambda-\rho)}$이다.

19 다음 중 나사의 리드가 가장 큰 것은?

① $d=20$mm, $p=2.7$mm, 한 줄 나사

② $d=40$mm, $p=3.5$mm, 두 줄 나사

③ $d=45$mm, $p=5$mm, 한 줄 나사

④ $d=15$mm, $p=1.5$mm, 두 줄 나사

Answer

17 나사부에 인장력이 작용할 경우 $d=\sqrt{\dfrac{2W}{\sigma_a}}=\sqrt{\dfrac{2\times3,000}{60}}=10$mm

18 나사의 효율

$$\eta=\frac{\tan\lambda}{\tan(\lambda+\rho)}$$

19 리드＝줄수×피치

답— 17.② 18.④ 19.②

20 사각 나사보다 공작이 용이하며, 선반의 이송 나사 등에 사용되는 것은?

① 톱니 나사   ② T 볼트

③ 사다리꼴 나사   ④ 볼 나사

21 왼 나사를 반드시 사용해야 하는 것은?

① 프레스   ② 나사 잭

③ 턴 버클   ④ 바이스

22 나사에 대한 설명 중 옳지 않은 것은?

① 한줄 나사에서 피치와 리드는 같다.

② 미터 나사에서 프랭크각은 60°이다.

③ 비틀림각은 직각에서 리드각을 뺀 나머지 값이다.

④ 나사의 홈과 산의 폭이 같아지는 가상적인 원기둥의 지름을 유효지름이라 한다.

23 계측용 나사에는 정밀가공이 쉬운 삼각 나사가 주로 이용되는데, 마이크로미터용 나사의 경우 리드는 보통 몇 mm인가?

① 0.1   ② 0.5

③ 1.0   ④ 1.5

Answer

20 사다리꼴 나사 ··· 미터계와 인치계가 있으며, 주로 선반의 축방향으로 힘을 전달하는 운동용으로 사용한다.

21 턴 버클 ··· 턴 버클의 양단에 왼 나사와 오른 나사가 있다.

22 ② 미터 나사의 나사산 각은 60°이다.

23 마이크로미터용 3각 나사의 리드는 0.5mm이다.

답— 20.③ 21.③ 22.② 23.②

24 다음 중 사각 나사를 죌 때 필요한 토크를 구하는 식으로 옳은 것은? (단, T : 토크, r : 유효 반지름, Q : 축 하중, p : 피치, μ : 마찰계수)

① $Qr\dfrac{P + 2\pi r\mu}{2\pi r - P\mu}$

② $Qr\dfrac{P + 2\pi r\mu}{\pi r - P\mu}$

③ $Qr\dfrac{P + 2\pi r\mu}{2\pi r + P\mu}$

④ $Qr\dfrac{P + 2\pi r\mu}{\pi r + P\mu}$

25 나사를 조이는 데 요하는 토크를 T, 축 하중을 Q, 마찰각을 ρ, 리드각을 α, 유효지름을 d_2 라 할 때 토크를 구하는 식은?

① $T = \dfrac{d_2}{2}Q\tan(\rho + \alpha)$

② $T = d_2 Q\tan(\rho + \alpha)$

③ $T = 2d_2 Q\tan(\rho + \alpha)$

④ $T = \dfrac{d_2}{2}Q\tan(\rho - \alpha)$

26 암나사의 호칭지름을 나타내는 방법은?

① 안지름

② 골지름

③ 상대 수나사의 바깥지름

④ 유효지름

Answer

24 d_2를 유효지름, λ는 비틀림각, ρ는 마찰각이라 하면,

$$T = Q\frac{d_2}{2}tan(\lambda + \rho) = Qr\tan(\lambda + \rho) = Qr \times \frac{\tan\lambda + \tan\rho}{1 - \tan\lambda \cdot \tan\rho}$$

$\tan\lambda = \dfrac{p}{\pi d_2} = \dfrac{p}{2\pi r}$, $\tan\rho = \mu$이므로 식에 대입하면

$$T = Qr\frac{\dfrac{p}{2\pi r} + \mu}{1 - \dfrac{p}{2\pi r} \cdot \mu} = Qr\frac{p + 2\pi r\mu}{2\pi r - p\mu}$$ 가 된다.

25 나사의 토크

$$T = \frac{d_2}{2}Q\tan(\alpha + \rho)$$

26 수나사의 호칭지름은 바깥지름이며 암나사의 호칭지름은 상대 수나사의 바깥지름으로 나타낸다.

정답 24.① 25.① 26.③

27 다음 중 나사와 용도가 연결된 것으로 옳지 않은 것은?

① 삼각 나사 – 너트, 볼트
② 사각 나사 – 잭(jack), 나사 프레스
③ 톱니 나사 – 바이스, 프레스
④ 둥근 나사 – 마이크로미터

28 다음 중 나사에 대한 설명으로 옳지 않은 것은?

① 왼 나사의 종류에는 턴 버클, 제도기의 중형 컴퍼스, 죔용 나사 등이 있다.
② 한줄 나사는 나사산이 1개인 나사이다.
③ 다중 나사는 나사산이 2 ~ 3줄이며 회전수를 적게하여 빨리 풀거나 죌 수 있으며 잘 풀어지지 않는다.
④ 오른 나사는 나사의 축을 수직으로 세웠을 때 나사산이 오른쪽으로 올라가는 나사이다.

29 다음 중 수나사 중심선의 편심을 방지하는 데 사용하는 너트는?

① 아이 너트
② 슬리브 너트
③ T홈 너트
④ 와셔 너트

30 정밀 가공이 쉽고 마이크로미터 등의 계측기에 쓰이는 나사는?

① 삼각 나사
② 사각 나사
③ 사다리꼴 나사
④ 톱니 나사

Answer

27 둥근 나사 … 큰 힘에도 견디므로 격렬하게 움직이는 부분에 사용한다.

28 ③ 다중 나사는 풀어지기 쉽다.

29 ① 너트에 고리가 달려있어 물건을 들어올릴 때 편하다.
③ 공작기계 테이블의 T홈에 끼워 적당한 위치에 일감이나 기계 바이스 등을 고정시킬 때 사용한다.
④ 접촉 압력을 작게 하고자 할 때 와셔의 역할을 겸한다.

30 삼각 나사 … 직선변위를 회전변위로 변환하고 확대시키는 데 사용하며 정밀가공이 쉽고 계측용 기구에 쓰인다.

답 — 27.④ 28.③ 29.② 30.①

31 관용 나사의 테이퍼 수치는?

① $\dfrac{1}{5}$　　　　　　　　② $\dfrac{1}{12}$

③ $\dfrac{1}{16}$　　　　　　　　④ $\dfrac{1}{20}$

32 다음 중 나사산의 각도가 60°인 나사는?

① 둥근 나사　　　　　　　② 톱니 나사

③ 유니파이 보통나사　　　　④ 사다리꼴 나사

33 유체가 나사의 접촉면 사이의 틈새나 볼트의 구멍으로 흘러 나오는 것을 방지하기 위해 사용하는 너트는?

① 캡 너트　　　　　　　　② 플랜지 너트

③ 6각 너트　　　　　　　④ 플레이트 너트

34 서로 인접한 나사산과 나사산 사이의 축방향 거리를 무엇이라 하는가?

① 골　　　　　　　　　　② 리드

③ 피치　　　　　　　　　④ 산마루

Answer

31 테이퍼 나사는 나사부의 기밀을 작게 하기 위해 나사산을 나사의 축선에 직각으로 $\dfrac{1}{16}$의 테이퍼를 준다.

32 나사산의 각도
　㉠ 톱니 나사 : 30°, 45°
　㉡ 사다리꼴 나사 : 29°, 30°

33 캡 너트는 유체의 누수를 방지하기 위해 사용한다.

34 ① 나사의 낮은 홈 부분을 말한다.
　② 나사의 축을 중심으로 한바퀴 회전할 때 나사가 축방향으로 이동한 거리를 말한다.
　④ 나사의 뾰족한 부분을 말한다.

답— 31.③　32.③　33.①　34.③

35 바깥지름 20mm, 피치 2.5mm인 사각 나사에 축 하중 10,000N이 작용한다. 너트의 높이가 15mm라 하면 나사면에 생기는 허용 접촉면의 압력은?

① 12N/mm^2

② 15N/mm^2

③ 17N/mm^2

④ 20N/mm^2

36 다음 중 볼트, 너트, 와셔의 재료로 사용되지 않는 것은?

① 연강

② 스테인리스강

③ 청동

④ 납

37 리드각이 α, 마찰각 ρ인 나사의 자립조건은?

① $\alpha > \rho$

② $\alpha < \rho$

③ $2\alpha > \rho$

④ $2\alpha < \rho$

**Answer**

35 너트의 높이 H, 나사의 바깥지름 d, 축방향에 걸리는 하중 W, 나사의 피치 p라고 하면

$H = 3.6\dfrac{Wp}{d^2 q_a}$ 이므로

$$q_a = \frac{3.6\,Wp}{d^2 H} = \frac{3.6 \times 10,000 \times 2.5}{(20)^2 \times (15)} = 15\text{N/mm}^2$$

36 볼트, 너트, 와셔의 재료 … 주로 연강이 사용되며 고온, 부식에 강하고 고강도 등이 요구될 때는 스테인리스강, 청동, 황동 등이 사용된다.

37 나사의 자립조건 … $\rho \geqq \alpha$

답— 35.② 36.④ 37.②

38 다음 중 축 방향으로 15,000N의 인장 하중과 동시에 비틀림 하중을 받는 볼트를 설계한 것으로 옳은 것은? (단, 볼트의 허용 응력 $\sigma_a = 45\text{N/mm}^2$)

① M24 ② M28

③ M30 ④ M32

39 톱니 나사에 대한 설명으로 옳지 않은 것은?

① 결합용 나사이다. ② 나사산의 각도가 30°이다.

③ 주로 바이스에 사용한다. ④ 나사산이 직각 삼각형이다.

40 다음 중 바깥지름이 24mm, 유효지름이 22.052mm, 피치 3mm인 미터 3각 나사의 효율은? (단, 마찰계수 = 0.1)

① 27% ② 37%

③ 47% ④ 57%

Answer

38 $d = \sqrt{\dfrac{8W}{3\sigma_a}} = \sqrt{\dfrac{8 \times 15,000}{3 \times 45}} = \sqrt{\dfrac{120,000}{135}} = 29.8\text{mm}$

∴ 호칭지름이 약 30mm이므로 M30이다.

39 운동용 나사 … 사각 나사, 사다리꼴 나사, 톱니 나사, 볼 나사, 둥근 나사 등이 있다.

40 3각 나사의 효율

$$\eta = \frac{\tan\lambda}{\tan(\lambda + \rho')} = \frac{\tan\lambda(1 - \tan\lambda\tan\rho')}{\tan\lambda + \tan\rho'}$$

$$\tan\lambda = \frac{p}{\pi d_2} = \frac{3}{\pi \times 22.052} = 0.0433$$

$$\tan\rho' = \mu' = \mu/\cos\frac{\alpha}{2} = \frac{0.1}{\cos 30°} = 0.1155$$

$$\eta = \frac{0.0433(1 - 0.0433 \times 0.1155)}{0.0433 + 0.1155} = 0.2713$$

답— 38.③ 39.① 40.①

41 너트의 설계시 나사부의 전단 강도를 고려한다면 너트의 높이 h와 나사의 호칭 지름 d의 관계로 옳은 것은? (단, 볼트의 재료가 너트의 재료보다 강하다)

① $h = 0.3d$ ② $h = 0.5d$

③ $h = 0.7d$ ④ $h = 0.8d$

42 다음 중 다른 나사에 비해 가공은 어렵지만 효율이 가장 좋은 것은?

① 사각 나사   ② 사다리꼴 나사

③ 볼 나사   ④ 둥근 나사

43 '1/2-16 UNC'로 표시된 나사에 대한 설명으로 옳지 않은 것은?

① 유니파이 보통나사이다.   ② 미터 보통나사이다.

③ 나사의 외경이 0.5인치이다.   ④ 나사산의 각은 60°이다.

44 너트의 설계시, 나사부에 힘이 가해지면 나사산은 탄성변형을 일으키게 되는데 이때 나사산에 발생하는 응력으로 옳은 것은?

① 압축 응력   ② 비틀림 응력

③ 전단 응력, 굽힘 응력   ④ 압축 응력, 굽힘 응력

Answer

41 너트의 높이
㉠ 너트의 재료가 볼트의 재료보다 강한 경우 : $h = 0.5d$
㉡ 볼트의 재료가 너트의 재료보다 강한 경우 : $h = 0.8d$

42 사각 나사
㉠ 잭(Jack), 나사 프레스 등에 사용한다.
㉡ 나사산의 단면이 정방형에 가깝다.
㉢ 가공은 어렵지만 효율은 가장 좋다.

43 미터 나사 표기법의 예 … M20×1.5

44 나사에 힘이 가해지면 나사산이 탄성변형을 일으키는데 탄성변형에 의하여 나사산에는 전단 응력과 굽힘 응력이 발생한다.

답 — 41.④ 42.① 43.② 44.③

45 볼트의 바깥지름 d, 골지름 $0.6\,d$, 볼트에 작용하는 인장 하중이 20kN일 때 미터 보통 나사 호칭지름은? (단, 허용 응력 $= 50\text{N/mm}^2$)

① 35.7mm
② 36.7mm
③ 37.7mm
④ 38.7mm

46 볼 나사의 장점이 아닌 것은?

① 나사의 효율이 매우 높다.
② 소음이 적다.
③ 윤활이 필요하지 않다.
④ 기계의 정밀도가 오래 유지된다.

47 300kN이 작용하는 나사 프레스에서 나사의 외경이 100mm, 골지름이 80mm, 피치가 12.7mm, 나사부의 접촉압력이 10N/mm^2일 때 필요한 너트의 높이는?

① 13.5mm
② 135mm
③ 23.5mm
④ 235mm

Answer

45 골지름$(d_1) = \sqrt{\dfrac{4Q}{\pi\sigma}} = \sqrt{\dfrac{4 \times 20,000}{\pi \times 50}} = 22.6\text{mm}$

바깥지름$(d) = \dfrac{22.6}{0.6} = 37.7\text{mm}$

46 볼 나사의 단점
㉠ 자동 결합이 곤란하다.
㉡ 상대적으로 가격이 비싸다.
㉢ 피치를 작게 할 수 없다.
㉣ 너트의 크기가 크게 된다.
㉤ 고속회전시 소음이 크다.

47 높이$(H) = Z \cdot p$

나사산수$(Z) = \dfrac{4W}{\pi(d^2 - d_1{}^2)q_a} = \dfrac{4 \times 300,000}{\pi(100^2 - 80^2) \times 10} = 10.61$

$H = Z \cdot p = 10.61 \times 12.7 = 135\text{mm}$

답— 45.③ 46.② 47.②

48 안지름이 30cm, 내부압력이 20N/cm²의 실린더 커버를 15개의 볼트로 조인다면 이때 볼트의 지름으로 옳은 것은? (단, 허용 인장 응력은 48N/cm²이고, 인장과 비틀림을 동시에 받는다)

① 20.8mm ② 22.8mm

③ 25.8mm ④ 27.8mm

49 다음 중 나머지 셋과 성격이 다른 것은?

① 4각 나사 ② 톱니 나사

③ 볼 나사 ④ 관용 나사

50 수나사의 바깥지름이 35mm이고 암나사의 안지름이 32.195mm인 삼각 나사의 나사산의 접촉 높이는?

① 1.3mm ② 1.4mm

③ 1.5mm ④ 1.6mm

 Answer

48 뚜껑의 압력$(P) = \dfrac{\pi}{4}d^2q = \dfrac{\pi}{4} \times (30)^2 \times 2 = 1,413.7\text{N/mm}^2$

볼트 하나에 걸리는 하중$(W) = \dfrac{P}{15} = \dfrac{1,413.7}{15} = 94.2\text{N/mm}^2$

볼트의 지름$(d) = \sqrt{\dfrac{8W}{3\sigma_a}}$ 의 값이므로 $\sqrt{\dfrac{8 \times 94.2}{3 \times 48}} = 2.28\text{cm} = 22.8\text{mm}$

49 나사의 종류
　㉠ 체결용(결합용) 나사 : 미터 나사, 유니파이 나사, 관용 나사, 둥근 나사
　㉡ 운동용 나사 : 사각 나사, 사다리꼴 나사, 톱니 나사, 볼 나사, 둥근 나사

50 $h = \dfrac{\text{바깥지름} - \text{안지름}}{2} = \dfrac{35 - 32.195}{2} = 1.4025 \fallingdotseq 1.4\text{mm}$

답 — 48.② 49.④ 50.②

51 와셔의 사용에 대한 설명으로 옳지 않은 것은?

① 볼트구멍이 볼트머리의 지름보다 작을 경우에 사용한다.

② 고무나 나무같이 내압력이 작은 경우에 사용한다.

③ 볼트머리 접촉부분이 거칠 경우에 사용한다.

④ 자리면이 기울어져 있을 경우에 사용한다.

52 M12 볼트를 조여 축 방향 하중이 3kN일 때 토크의 크기는? (단, $d_2 = 10.9$mm, $\mu = 0.1$, $p = 1.75$mm)

① 2,425N · mm

② 2,469N · mm

③ 2,473N · mm

④ 2,525N · mm

53 너트의 양 끝 부분에 오른 나사와 왼 나사가 깎여 있는 것으로서 막대나 로프 등을 당길 때 사용하는 것은?

① 홈 붙이 너트

② 플랜지 너트

③ 턴 버클

④ 슬리브 너트

**Answer**

51 ① 와셔는 볼트의 구멍이 볼트머리의 지름보다 클 경우에 사용한다.

52 토크(T) = 회전력 × 반지름이므로

$$T = Q\tan(\lambda + \rho) \times \frac{d_2}{2}, \quad \tan\lambda = \frac{p}{\pi d_2} = \frac{1.75}{\pi \times (10.9)} = 0.05 \quad \therefore \lambda = 2.9°$$

$$\mu = \tan\rho = 0.1 \quad \therefore \rho = 5.7°$$

$$\text{토크}(T) = 3,000 \times \tan(2.9° + 5.7°) \times \frac{10.9}{2} = 2,472.7 ≒ 2,473\text{N} \cdot \text{mm}$$

53 너트의 종류

㉠ 홈 붙이 너트 : 너트 윗부분에 홈이 있어 너트의 풀림을 방지할 때 사용한다.

㉡ 플랜지 너트 : 볼트의 구멍이 클 때 사용한다.

㉢ 슬리브 너트 : 수나사의 편심을 방지하는 데 사용한다.

답 — 51.① 52.③ 53.③

54 특수 와셔 중 너트의 풀림방지에 사용하지 않는 것은?

① 둥근 와셔　　　　　　　　② 스프링 와셔

③ 혀붙이 와셔　　　　　　　④ 갈퀴붙이 와셔

55 피치가 5mm인 3줄 나사를 1회전 시켰을 때 축방향으로 이동한 거리는?

① 7mm　　　　　　　　　② 10mm

③ 15mm　　　　　　　　　④ 20mm

56 볼트 설계시 나사가 충격 하중을 받는다면 이에 대한 대책은?

① 볼트의 지름을 작게 한다.

② 볼트의 지름을 크게 한다.

③ 볼트의 재질을 취성이 강한 것으로 선택한다.

④ 볼트의 길이를 짧게 한다.

Answer

54 ① 일반 기계용
　　②③④ 이완방지용

55 리드 = 줄수 × 피치 = 5 × 3 = 15mm

56 볼트 설계

ㄱ 볼트의 충격 하중$(F) = \sqrt{\dfrac{2AEU}{l}} = \sqrt{2kU}$

ㄴ 충격 하중을 줄이는 방법
- 볼트의 단면적을 작게 한다.
- 볼트의 지름을 작게 한다.
- 재료의 탄성계수가 작은 것을 사용한다.
- 재료의 스프링 상수가 작은 것을 사용한다.

답 54.① 55.③ 56.①

57 너트의 풀림방지법이 아닌 것은?

① 와셔에 의한 방법
② 록 너트에 의한 방법
③ 핀이나 작은 나사에 의한 방법
④ 부시를 사용하는 방법

58 나사가 자립상태를 유지한다고 할 때 나사의 효율은?

① 45%
② 50%
③ 55%
④ 60%

59 바이스, 압착기 등의 이송 나사로 사용되는 것은?

① 사각 나사
② 사다리꼴 나사
③ 둥근 나사
④ 톱니 나사

Answer

57 너트의 풀림방지법
　ⓐ 와셔에 의한 방법
　ⓑ 록 너트에 의한 방법
　ⓒ 핀이나 작은 나사에 의한 방법
　ⓓ 자동 조임 너트의 회전방향에 의한 방법
　ⓔ 너트를 철사로 감는 방법

58 나사
　ⓐ 나사의 자립상태 유지조건 : $\alpha = \rho$인 경우
　ⓑ 나사의 효율$(\eta) = \dfrac{\tan\alpha}{\tan(\alpha+\rho)} = \dfrac{\tan\rho(1-\tan^2\rho)}{2\tan\rho} = \dfrac{1}{2} - \dfrac{1}{2}\cdot\tan^2\rho \leqq 0.5$

59 ① 교번 하중을 받거나 추력을 전달할 때 효과적으로 이용된다.
　② 추력이 전달되는 부품에 사용되고, 맞물림 상태가 좋으며 마멸이 되어도 어느 정도 조정이 가능하다.
　③ 큰 힘을 견딜 수 있어 진동부분에 사용되고 너클 나사라고 불린다.

답 — 57.④　58.②　59.④

60 다음 중 2개의 부품 간격을 유지할 수 있도록 원통부를 나사부보다 크게 하고 양 끝에 나사를 만든 볼트는?

① 리머 볼트　　　　　　　　　　② 테이퍼 볼트
③ 스테이 볼트　　　　　　　　　　④ 연신 볼트

61 아이 볼트에 3,000N의 하중이 작용한다면 이 하중에 적당한 나사는? (단, 허용 인장 응력 = 60N/mm^2)

① M10　　　　　　　　　　② M20
③ M30　　　　　　　　　　④ M40

62 어떤 임의의 볼트에 전단하중이 1,000N 작용하고 허용 전단 응력이 100N/mm^{2}일 때 볼트에 필요한 직경은?

① 3.4mm　　　　　　　　　　② 3.5mm
③ 3.6mm　　　　　　　　　　④ 3.7mm

Answer

60 ① 리머로 다듬질한 구멍에 정확히 결합시키기 위한 볼트
② 원통부에 미끄럼을 방지하기 위해 약간의 테이퍼를 주고 머리를 없앤 볼트
④ 충격적인 인장력이 작용하는 곳에 사용하며 원통부의 지름을 가늘게 하여 죄는 힘에 의해 늘어나기 쉽게 한 볼트

61 축방향 하중만을 받는 경우 볼트의 직경

$$d = \sqrt{\frac{2W}{\sigma_a}} = \sqrt{\frac{2 \times 3,000}{60}} = 10\text{mm}$$

62 볼트가 전단하중을 받을 때 볼트의 직경(d)

$$d = \sqrt{\frac{4W}{\pi \tau_a}} = \sqrt{\frac{4 \times 1,000}{\pi \times 100}} = 3.6\text{mm}$$

답— 60.③　61.①　62.③

63 너트의 밑면에 육각보다 큰 지름의 와셔가 있고 볼트의 구멍이 클 때 사용하는 너트는?

① 육각 너트

② 사각 너트

③ 플렌지 너트

④ 캡 너트

64 볼트에 축 방향 하중 W 와 비틀림 하중을 동시에 받는다고 하면 이때 볼트의 직경을 구하는 식으로 옳은 것은? (단, 재료의 허용 응력은 σ_a 로 한다)

① $d = \sqrt{\dfrac{W}{3\sigma_a}}$

② $d = \sqrt{\dfrac{8W}{\sigma_a}}$

③ $d = \sqrt{\dfrac{8W}{3\sigma_a}}$

④ $d = \sqrt{\dfrac{4W}{3\sigma_a}}$

65 볼트에 충격 하중이 3,300N이 가해져 볼트의 변형량이 0.45mm 발생했다면 이때 볼트가 갖게 되는 충격 에너지는?

① $732.5\text{N} \cdot \text{mm}$

② $742.5\text{N} \cdot \text{mm}$

③ $752.5\text{N} \cdot \text{mm}$

④ $762.5\text{N} \cdot \text{mm}$

Answer

63 ① 육각으로 되어 있으며 가장 많이 사용한다.

② 사각으로 되어 있으며 주로 목재에 사용한다.

④ 유체가 새는 것을 방지하는 데 사용한다.

64 볼트에 축 방향 하중과 비틀림 하중을 동시에 받는 경우 볼트의 직경 ⋯ 재료에 축 방향 하중과 비틀림 하중이 동시에 작용하면, 볼트에 작용하는 비틀림 응력은 수직 응력의 $\dfrac{1}{3}$ 이 되고, 축 방향 하중(W)은 축 방향 하중만을 받을 때보다 $\dfrac{4}{3}$ 가 커지게 된다.

65 볼트의 충격 에너지

$$U = \frac{1}{2}F\delta = \frac{1}{2}(3,300 \times 0.45) = 742.5\text{N} \cdot \text{mm}$$

답 63.③ 64.③ 65.②

66 다음 중 전동용 나사를 고르면?

    ① 미터 나사   ② 유니파이 나사

    ③ 볼 나사   ④ 관용 평행나사

67 지름이 암나사에서 최대이고 수나사에서는 최소가 되는 것은?

    ① 골지름   ② 안지름

    ③ 유효지름   ④ 나사산

68 다음 중 작은 나사의 호칭지름으로 옳은 것은?

    ① $1 \sim 8mm$ ② $1 \sim 15mm$

    ③ $5 \sim 15mm$ ④ $10 \sim 15mm$

69 나사의 등급에 따른 정밀도에 대한 설명으로 옳지 않은 것은?

    ① 유니파이 나사의 경우 2A가 3A보다 정밀도가 높다.

    ② 나사의 정밀도는 보통 3등급으로 나뉜다.

    ③ 나사의 등급은 암나사와 수나사의 끼워맞춤 정도에 따라 다르다.

    ④ 등급이 고급일수록 치수 공차도 적다.

Answer

66 ①②④ 체결용 나사이다.

67 ② 암나사에서 지름이 최소이다.

    ③ 골지름과 바깥지름의 합을 $\frac{1}{2}$ 한 것이다.

    ④ 홈과 홈사이의 높은 부분이다.

68 작은 나사의 호칭지름은 8mm 이하이다.

69 나사의 등급에 따른 정밀도

    ㉠ 미터 나사 : 1급 > 2급 > 3급

    ㉡ 유니파이 나사 : 3A > 2A > 1A, 3B > 2B > 1B

    ㉢ 휘트워드 나사 : 2급 > 3급 > 4급

답— 66.③ 67.① 68.① 69.①

70 다음 중 나사의 비틀림 모멘트(T), 바깥지름(d), 볼트에 작용하는 인장력(Q)의 관계식으로 옳은 것은?

① $T = 0.1\,Qd$

② $T = 0.13\,Qd$

③ $T = 0.2\,Qd$

④ $T = 0.23\,Qd$

71 다음 중 충격에 의하여 생기는 힘에 대한 설명으로 옳은 것은?

① 세로 탄성계수의 값이 작을수록 크다.

② 볼트 길이가 짧을수록 작다.

③ 볼트의 단면적이 클수록 크다.

④ 볼트에 흡수되는 충격 에너지와 반비례한다.

72 허용 응력(σ_a)이 80N/mm^{2}일 때 30,000N의 하중을 올리는 스크류 잭의 나사지름을 구하면?

① 30.6mm

② 31.6mm

③ 32.6mm

④ 33.6mm

**Answer**

70 비틀림 모멘트는 바깥지름과 인장력의 곱에 비례하며 $T = 0.1Qd$의 관계식이 된다.

71 $F = \sqrt{\dfrac{2AE}{l} \cdot U} = \sqrt{2kU}\left(k = \dfrac{AE}{l}\right)$

(F : 충격에 의하여 생기는 힘, U : 볼트에 흡수되는 충격 에너지, E : 세로 탄성계수, l : 볼트의 길이, A : 볼트의 단면적)

72 축 방향 하중과 비틀림 하중을 동시에 받을 경우

지름$(d) = \sqrt{\dfrac{8W}{3\sigma_a}}$ 이므로 식에 값을 대입하면

$d = \sqrt{\dfrac{8 \times 30,000}{3 \times 80}} = 31.6\text{mm}$

답— 70.① 71.③ 72.②

73 다음 중 유니파이 나사에 대한 설명으로 옳지 않은 것은?

① 피치를 1인치(25.4mm)에 대한 나사산의 수로 나타낸 것이다.

② 보통 나사와 가는 나사가 있다.

③ 나사산을 나사의 축선에 직각으로 1/16의 테이퍼를 준다.

④ 나사산 각은 60°이다.

74 피치를 산수로 표시할 때 TM10×산7의 의미로 옳은 것은?

① 30° 사다리꼴 나사, 호칭지름 10mm, 피치 7산/inch

② 29° 사다리꼴 나사, 호칭지름 10mm, 피치 7산/inch

③ 미터 사다리꼴 나사, 호칭지름 10cm, 피치 7산/inch

④ 미터 보통 나사, 호칭지름 10cm, 피치 7산/inch

75 다음 중 관통 볼트를 사용하기 어려울 때 체결하려는 상대편에 암나사를 내고 머리붙이 볼트를 나사박음하여 부품을 조일 때 사용하는 것은?

① 스터드 볼트   ② 리머 볼트

③ 탭 볼트   ④ 나비 볼트

Answer

73 ③ 관용 나사 중 테이퍼 나사에 대한 설명이다.

74 TM은 나사의 종류를 표시하는 기호로 30° 사다리꼴 나사를 의미하며, 10은 수나사의 지름, 산 7은 산수를 나타낸다.

75 ① 관통 볼트의 구멍을 뚫을 수 없을 때, 둥근 봉의 양단에 나사를 낸 머리없는 볼트를 한 끝은 상대편의 암나사에 반영구적으로 나사박음하고 다른 끝에 너트를 끼워서 조인다.
② 특수 볼트로 전단력이 작용하는 곳에 많이 사용되며 볼트와 너트 구멍의 끼워맞춤이 중간 또는 억지 끼워맞춤이 되도록 볼트 구멍을 리머로 다듬질하고 때려서 끼운다.
④ 머리부를 나비모양으로 만들어 스패너 없이 손으로 조일 수 있다.

답— 73.③ 74.① 75.③

키, 코터, 핀

1 축과 키의 재료가 동일한 허용전단응력을 가진다고 할 때, 축의 지름이 40mm이고 묻힘키(sunk key)의 폭이 10mm라면 필요한 키의 최소 길이는?

① 50mm

② 56mm

③ 63mm

④ 70mm

2 묻힘키가 받을 수 있는 토크와 축이 받을 수 있는 토크가 같다면, 축과 보스 경계면에서 키가 전단되는 경우 축지름 d, 키의 유효길이 l, 폭 b 사이의 관계식은? (단, 축과 키 재료는 동일하다)

① $l = \dfrac{\pi d^2}{32b}$

② $l = \dfrac{\pi d^2}{16b}$

③ $l = \dfrac{\pi d^2}{12b}$

④ $l = \dfrac{\pi d^2}{8b}$

Answer

1 축과 키의 토크는 같아야 하므로

$$T = \frac{\pi d^3}{16}\tau = \frac{bdl\tau_k}{2} \rightarrow l = \frac{\pi d^2}{8b}$$

$$l = \frac{3.14 \times 40^2}{8 \times 10} = \frac{5024}{80} = 62.8$$

$\therefore l \fallingdotseq 63$ mm을 선정한다.

2 키에 생기는 전단응력 $\tau_s = \dfrac{2T}{bdl}$, 축에 생기는 전단응력 τ라 하면 $T = \left(\dfrac{\pi}{16}\right)d^3\tau$이다.

축과 키의 재료가 동일할 경우 $\tau = \tau_s$가 되므로 $\dfrac{2T}{bdl} = \dfrac{16T}{\pi d^3}$가 된다.

$\therefore l = \dfrac{\pi d^2}{8b}$

답 1.③ 2.④

3 지름(d)이 40mm인 축에 보스의 길이(l)가 50mm인 기어를 고정시킬 때 기어에 걸리는 회전력(W)이 600N이다. 여기에 b × h = 12 × 6인 키를 고정시킬 경우 키에 발생하는 전단응력(τ)은? (단, 기어 피치원의 지름(D) = 100mm)

① 1.5N/mm^2
② 2N/mm^2
③ 2.5N/mm^2
④ 3N/mm^2

4 키와 보스가 결합할 때 자동적으로 자리조정이 되는 장점을 가진 키는?

① 반달 키
② 세트 키
③ 둥근 키
④ 묻힘 키
⑤ 접선 키

5 원통과 축 사이의 접촉압력을 p(N · mm^2), 원통의 길이를 L(mm), 원통과 축 사이의 마찰계수를 μ라 할 때, 전달토크 T(N · mm)를 나타낸 식은?

① $T = \dfrac{\mu\pi pdL}{4}$
② $T = \dfrac{\mu\pi pd^2 L^2}{4}$
③ $T = \dfrac{\mu pd^2 L}{4}$
④ $T = \dfrac{\mu\pi pd^2 L}{4}$

 **Answer**

3 전달토크$(T) = 600 \times \dfrac{100}{2} = 30,000\text{N} \cdot \text{mm}$

전단응력$(\tau) = \dfrac{2\tau}{bdl} = \dfrac{2 \times 30,000}{12 \times 40 \times 50} = 2.5\text{N/mm}^2$

4 반달 키
㉠ 반달 모양의 키로 축의 강도가 약하다.
㉡ 가공이 용이하며 키와 보스 결합시 자동적으로 키가 자리를 잡을 수 있다.
㉢ ϕ60mm 이하의 축에 주로 사용하며 자동차, 공작기계 등에 이용된다.

5 원통 커플링의 전달토크
$T = \dfrac{d^2 Lp\mu}{8} \cdot 2\pi = \dfrac{\mu\pi pd^2 L}{4}(\text{N} \cdot \text{mm})$

답— 3.③ 4.① 5.④

6 다음 중 묻힘 키의 기울기는 얼마인가?

① 1/20　　　　　　　　② 1/40
③ 1/50　　　　　　　　④ 1/100

7 전달할 수 있는 토크의 크기가 순서대로 바르게 나열된 것은?

① 묻힘 키 > 평 키 > 안장 키 > 접선 키
② 평 키 > 묻힘 키 > 접선 키 > 안장 키
③ 접선 키 > 묻힘 키 > 평 키 > 안장 키
④ 접선 키 > 평 키 > 묻힘 키 > 안장 키
⑤ 안장 키 > 평 키 > 묻힘 키 > 접선 키

8 지름(d) $=30\text{mm}$인 축에 묻힘 키를 끼웠을 때 묻힘 키의 허용 전단 응력을 τ_1, 축의 허용 전단 응력을 τ_2라 하면 $\dfrac{\tau_1}{\tau_2}$은 약 얼마인가? (단, 축에 작용하는 토크$=T$, 키의 폭 $b=8\text{mm}$, 키의 길이 $l=1.5d$)

① 1　　　　　　　　② 2
③ 3　　　　　　　　④ 4

Answer

6 묻힘 키(Sunk key)
　㉠ 일반적으로 가장 많이 사용하는 키이다.
　㉡ 단면의 형상은 정사각형과 직사각형이 있다.
　㉢ 축과 보스 양쪽에 키 홈이 있고 보스의 기울기는 1/100이다.

7 토크의 크기 … 접선 키 > 묻힘 키 > 평 키 > 안장 키

8 $T = \dfrac{\pi d^3}{16} \cdot \tau_s = \dfrac{bdl\tau}{2}$ 에서

$\dfrac{\tau}{\tau_s} = \dfrac{\pi d^2}{8bl} = \dfrac{\pi d^2}{8 \times 8 \times 1.5d}$

$= \dfrac{\pi \times 30}{8 \times 8 \times 1.5} = 0.98 ≒ 1.0$

답 ― 6.④　7.③　8.①

9 축에는 키 홈을 파지 않고 보스에만 기울기를 주어 홈을 파고 이 속에 키를 박은 것으로써, 축의 강도를 감소시키지 않고 회전체를 축의 임의의 위치에 고정할 수 있는 키는?

① 새들 키   ② 납작 키

③ 묻힘 키   ④ 접선 키

10 코터 이음에서 코터의 두께를 t, 코터의 폭을 b라 할 때 인장 하중(W)이 작용하면 코터에 발생하는 전단 응력은?

① $\tau = \dfrac{W}{tb}$ ② $\tau = \dfrac{W}{2tb}$

③ $\tau = \dfrac{2W}{tb}$ ④ $\tau = \dfrac{4W}{tb}$

11 묻힘 키에서 축의 지름과 길이를 같게 하고 키의 전단 저항과 축의 회전력을 같게 할 경우 축의 지름 d를 키의 폭 b로 나타낸 것은? (단, 축의 전단 응력은 키의 전단 응력의 0.5이다)

① $d = \dfrac{4}{\pi}b$ ② $d = \dfrac{16}{\pi}b$

③ $d = \dfrac{32}{\pi}b$ ④ $d = \dfrac{64}{\pi}b$

Answer

9 안장 키 또는 새들 키(Saddle Key)

㉠ 축에 홈을 파지 않고 보스에 1/100 기울기의 홈을 파서 홈 속에 키를 박는다.

㉡ 접촉면의 접촉압력으로 힘을 전달한다.

㉢ 축을 가공하지 않으므로 축의 강도를 유지시킬 수 있다.

㉣ 마찰력에 의해서만 힘을 전달하므로 큰 동력을 전달할 수 없다.

10 코터의 전단 응력

$$\tau = \frac{W}{A} = \frac{W}{2tb}$$

11 $T = \dfrac{\pi d^3}{16} \cdot \tau_s = \dfrac{bdl\tau}{2}$ 에서 $\tau_s = 0.5\tau$, $d = l$이므로 $d = \dfrac{16}{\pi}b$

답 9.① 10.② 11.②

12 축과 보스에 요철을 만들어 보스가 축 방향으로 이동할 수 있으며, 큰 회전력을 전달하는 것은?

① 접선 키   ② 스플라인

③ 새들 키   ④ 케네디 키

13 새들 키의 특징에 대한 설명으로 옳은 것은?

① 큰 동력을 전달할 수 있다.

② 축의 강도를 감소시키지 않는다.

③ 축이 편심되지 않아 정속회전이 가능하다.

④ 축의 회전방향이 교대로 변화하는 곳에 사용이 가능하다.

14 안장 키라고도 하며, 축에 홈을 파지 않고 보스에만 1/100 정도 기울기의 홈을 파고 홈 속에 박는 키는?

① 둥근 키   ② 성크 키

③ 새들 키   ④ 드라이빙 키

15 축 강도에 미치는 영향이 가장 작은 것은?

① 반달 키   ② 페더 키

③ 성크 키   ④ 새들 키

Answer

12 스플라인의 특징
ㄱ 축과 보스에 홈을 깎아서 제작한다.
ㄴ 큰 회전력을 전달할 수 있지만 축의 단면적 감소로 강도가 저하된다.

13 안장 키(Saddle Key)는 축을 가공하지 않기 때문에 축의 강도가 저하되지 않는다.

14 안장 키(Saddle Key)의 특징
ㄱ 보스에 1/100의 기울기를 파서 홈 속에 박는다.
ㄴ 접촉면의 접촉압력으로 힘을 전달한다.
ㄷ 축을 가공하지 않기 때문에 축의 강도를 유지할 수 있다.

15 새들 키 … 축에 홈을 파지 않고 보스에만 홈을 파 고정시키는 것으로 축의 강도를 감소시키지 않는다.

답 — 12.②   13.②   14.③   15.④

16 축에 풀리, 기어, 플라이, 커플링 등의 회전체를 고정시켜서 원주 방향의 상대적인 운동을 방지하면서 회전력을 전달시키는 기계요소는?

① 키   ② 코터

③ 리벳   ④ 스테이 볼트

17 묻힘 키 10 × 6 × 80에서 10은 무엇인가?

① 키의 너비   ② 키의 높이

③ 키의 길이   ④ 키의 기울기

18 다음 중 키에 생기는 압축 응력(σ_c)을 구하는 식으로 옳은 것은? (단, T : 회전토크, b : 키의 너비, h : 키의 높이, l : 키의 길이, t : 키 홈의 깊이, d : 축의 지름)

① $\dfrac{4T}{ldt}$ ② $\dfrac{4T}{ldh}$

③ $\dfrac{W}{lh}$ ④ $\dfrac{2T}{ldh}$

19 다음 중 토크의 전달이 확실하고, 일반적으로 널리 쓰이는 키는?

① 새들 키   ② 성크 키

③ 평키   ④ 둥근 키

Answer

16 키의 정의

 ㉠ 축에 기어, 커플링, 클러치 등을 고정시켜 상대운동을 방지한다.

 ㉡ 키 자체의 강도에 의해 토크를 전달하는 체결용 기계요소이다.

17 10 × 6 × 80 ⋯ 키의 폭 10mm, 키의 높이 6mm, 키의 길이 80mm

18 $\sigma_c = \dfrac{W}{A} = \dfrac{W}{l \cdot t} = \dfrac{2W}{lh} = \dfrac{2T}{l \cdot dt} = \dfrac{4T}{l \cdot dh}$ 이므로 키에 생기는 압축 응력은 $\dfrac{4T}{ldh}$ 가 된다.

19 ①③④ 작은 회전력의 전달에 사용된다.

답 ― 16.①   17.①   18.②   19.②

20 키에 대한 설명으로 옳지 않은 것은?

① 패더 키는 안내 키라고도 한다.
② 둥근 키는 축의 홈이 깊어 축의 강도가 약하다.
③ 스플라인은 큰 토크를 전달할 수 있다.
④ 새들 키는 보스에만 홈이 파져 있다.

21 다음 키 중에서 가장 큰 토크를 전달할 수 있는 것은?

① 접선 키 ② 새들 키
③ 성크 키 ④ 반달 키

22 다음 중 회전력이 클 때 사용하며 4각 키 2개를 90°간격으로 설치한 키는?

① 접선 키 ② 성크 키
③ 둥근 키 ④ 케네디 키

Answer

20 둥근 키
　㉠ 단면의 형상이 원형이고 축이 손상될 우려가 없다.
　㉡ 핸들과 같이 토크가 작은 것의 고정에 사용한다.

21 접선 키
　㉠ 작용하는 힘의 방향이 변하거나 매우 큰 회전력을 전달할 때 사용한다.
　㉡ 키의 기울기는 $\frac{1}{40} \sim \frac{1}{45}$ 이다.
　㉢ 묻힘 키보다 큰 토크를 전달할 수 있다.

22 ① 축의 방향에 설치하는 키로 $\frac{1}{40} \sim \frac{1}{45}$ 의 기울기를 가진 2개의 키를 한쌍으로 한다.
　② 가장 널리 사용되는 일반적 키이며 묻힘 키라고도 한다.
　③ 단면은 원형이고 토크가 작은 것의 고정에 사용된다.

답— 20.② 21.① 22.④

23 핀의 용도로 맞지 않는 것은?

① 분해할 필요가 없는 부품의 영구적 이음이다.

② 너트의 풀림방지용으로 사용한다.

③ 분해 · 조립하는 부품의 위치를 결정하는 데 사용한다.

④ 힘이 많이 걸리지 않는 부품의 설치에 사용한다.

24 다음 중 테이퍼 핀의 호칭지름을 결정하는 방법으로 옳은 것은?

① 핀의 중간 부분 지름

② 핀의 굵은 부분의 지름

③ 핀의 가는 부분의 지름

④ 핀의 가는 쪽에서 $\dfrac{1}{3}$ 부분의 지름

25 d 를 호칭지름, l을 길이라 할 때 평행 핀의 호칭법으로 사용되는 것을 모두 고른 것은?

① 명칭, 등급, $d \times l$

② 명칭, 등급, $d \times l$, 재료

③ 명칭, 종류, 형식, $d \times l$, 재료

④ 명칭, $d \times l$, 재료

Answer

23 핀의 용도 … 핸들, 축 고정, 너트의 풀림방지 등을 위해서 키 대신 사용하는 체결용 요소이다.

24 테이퍼 핀의 호칭지름은 핀의 가는 부분의 지름을 말한다.

25 핀의 호칭법

핀의 명칭	호칭법
평행 핀	명칭, 종류, 형식, 호칭지름 × 길이, 재료
테이퍼 핀	명칭, 등급, 호칭지름 × 길이, 재료
슬롯 테이퍼 핀	명칭, 호칭지름 × 길이, 재료, 지정사항
분할 핀	명칭, 호칭지름 × 길이, 재료

답— 23.① 24.③ 25.③

26 다음 중 자동차의 동력전달기구, 구조물의 인장 막대에 널리 쓰이는 핀의 종류는?

① 테이퍼 핀   ② 너클 핀

③ 안전 핀   ④ 노치 핀

27 다음 중 세레이션의 특성에 대한 설명으로 옳지 않은 것은?

① 스플라인 축보다 큰 회전력을 전달할 수 있다.

② 높이가 낮고 잇수가 많아서 축압강도가 작다.

③ 자동차 핸들을 고정시킬 때 사용한다.

④ 축과 보스의 상대각 위치를 되도록 가늘게 조절하여 고정할 때 사용한다.

28 너클 이음에서 인장 하중이 12kN이고 허용 응력이 35kN/cm^2, 안전율이 7이라면 핀의 크기는?

① 1.24mm   ② 12.4mm

③ 124mm   ④ 1,240mm

Answer

26 ① 일반적으로 $\dfrac{1}{50}$ 의 테이퍼를 갖는다.

③ 기계의 주요부 손상을 막는다.
④ 탄성 변형에 의해 고정하고 항상 중심은 일치하며 외력이 작용하는 곳에 사용한다.

27 ② 세레이션은 축압강도가 매우 크다.

28 사용 응력$(\sigma) = \dfrac{\sigma_a}{S} = \dfrac{35,000}{7} = 5,000\text{N/cm}^2$

핀의 직경$(d) = \sqrt{\dfrac{2Q}{\pi\sigma}} = \sqrt{\dfrac{2 \times 12,000}{\pi \times 5,000}} = 1.24\text{cm} = 12.4\text{mm}$

답— 26.② 27.② 28.②

29 인벌루트 스플라인에 대한 설명 중 옳지 않은 것은?

① 축의 잇면이 인벌루트 치형이다.

② 각형 스플라인보다 정밀도가 낮고 강도가 작다.

③ 인벌루트 치형의 압력각은 $30°$이다.

④ 이의 높이는 표준기어의 0.5배이다.

30 다음 중 코터 이음에서 자주 분해하는 경우에 해당하는 코터의 기울기는?

① $\dfrac{1}{5} \sim \dfrac{1}{10}$　　　　　　② $\dfrac{1}{20} \sim \dfrac{1}{40}$

③ $\dfrac{1}{50}$　　　　　　　　　④ $\dfrac{1}{50} \sim \dfrac{1}{60}$

31 한쪽 기울기만을 갖는 코터의 자립조건으로 옳은 것은?

① $\alpha \leq \rho$　　　　　　② $\alpha \leq 2\rho$

③ $\alpha \geq \rho$　　　　　　④ $\alpha \geq 2\rho$

Answer

29 인벌루트 스플라인 … 인벌루트 스플라인은 각형 스플라인보다 정밀도가 높고 치형의 이뿌리가 넓기 때문에 상대적으로 강도가 크다. 인벌루트 스플라인의 압력각은 $30°$, 이의 높이는 표준기어의 0.5배이다.

30 코터의 기울기
　㉠ 일반적인 경우 : $\dfrac{1}{20}$
　㉡ 자주 분해하는 경우 : $\dfrac{1}{5} \sim \dfrac{1}{10}$
　㉢ 영구적인 결합의 경우 : $\dfrac{1}{50}$

31 코터의 자립조건
　㉠ 양쪽 기울기를 갖는 코터의 자립조건 : $\alpha \leq \rho$
　㉡ 한쪽 기울기를 갖는 코터의 자립조건 : $\alpha \leq 2\rho$

답 — 29.② 30.① 31.②

32 다음 중 사각형 스플라인에 대한 설명으로 옳지 않은 것은?

① 홈의 수가 6, 8, 10개이다.

② 고정용, 축방향으로 미끄러지면서 움직이는 것이 있다.

③ 큰 동력을 전달한다.

④ 경하중용, 중하중용의 두 종류가 있다.

33 다음 중 분할 핀의 호칭길이를 결정하는 방법으로 옳은 것은?

① 핀의 전체길이

② 핀 구멍의 크기

③ 짧은 부분에서 둥근 부분의 중심까지의 길이

④ 긴 부분에서 둥근 부분의 중심까지의 길이

34 다음 중 핀 이음시 면압력에 의한 핀의 직경을 구하는 식으로 옳은 것은? (단, $m = 1.0 \sim 1.5$, $W =$ 하중, $p_m =$ 면압력)

① $d = \sqrt{\dfrac{W}{m \cdot p_m}}$

② $d = \sqrt{\dfrac{2W}{m \cdot p_m}}$

③ $d = \sqrt{\dfrac{W}{2m \cdot p_m}}$

④ $d = \dfrac{\sqrt{m \cdot p_m}}{W}$

Answer

32 ③ 인벌루트 스플라인에 대한 설명이다.

33 분할 핀의 호칭길이는 짧은 부분에서 둥근 부분의 중심까지의 길이를 말한다.

34 면압력에 의한 면의 직경

$$d = \sqrt{\dfrac{W}{m \cdot p_m}}$$

답— 32.③ 33.③ 34.①

35 코터의 이음에서 소켓 내의 로드의 지름이 60mm, 코터의 폭이 70mm, 두께 20mm일 때 인장 하중이 30kN이라면 코터구멍이 있는 로드부의 인장 응력은?

① 17.5N/mm^2 ② 18.4N/mm^2

③ 19.2N/mm^2 ④ 21.5N/mm^2

36 묻힘 키의 기울기는 얼마인가?

① 1/10   ② 1/20

③ 1/100   ④ 1/200

37 다음 중 구멍의 크기가 정확하지 않아도 해머로 때려 박아서 기계부품을 결합하는 데 사용할 수 있는 것은?

① 스프링 핀   ② 평행 핀

③ 분할 핀   ④ 너클 핀

**Answer**

35 인장 하중을 W, 지름을 d, 폭을 h, 두께를 t 라 하면

인장 응력$(\sigma_t) = \dfrac{W}{\dfrac{\pi}{4}d^2 - td}$ 이므로 식에 대입하면

$$\dfrac{30,000}{\dfrac{\pi}{4} \times (60)^2 - (20 \times 60)} = 18.43\text{N/mm}^2$$

36 묻힘 키의 기울기는 $\dfrac{1}{100}$ 이다.

37 스프링 핀 … 세로 방향이 갈라져 있어서 바깥지름보다 작은 구멍에도 끼워 넣고 스프링 작용을 할 수 있도록 만들어졌다.

답 — 35.②   36.③   37.①

38 너비가 3cm, 높이가 5cm, 코터의 전단 허용 응력이 1,200N/cm^2 라면 코터에 가할 수 있는 최대 하중은?

① 36N

② 360N

③ 3,600N

④ 36,000N

39 허용 전단 응력이 50N/mm^{2}이고 길이가 500mm인 성크 키에 90kN의 하중이 작용한다면 이 키의 폭은 얼마로 해야 하는가?

① 2.6mm

② 3.2mm

③ 3.6mm

④ 4.2mm

40 핀에 작용하는 전단 하중을 W, 직경을 d라고 하면 핀의 전단 하중을 구하는 식으로 옳은 것은?

① $W = \dfrac{\pi d^2}{4} \cdot \tau$

② $W = 2 \cdot \dfrac{\pi d^2}{4} \cdot \tau$

③ $W = 4 \cdot \dfrac{\pi d^2}{4} \cdot \tau$

④ $W = 2 \cdot \dfrac{\pi d^2}{8} \cdot \tau$

 **Answer**

38 $\tau = \dfrac{W}{2bh}$ 에서 $W = 2bh\tau = 2 \times 3 \times 5 \times 1,200 = 36,000$N

39 $\tau = \dfrac{W}{bl}$ (τ : 키의 전단 응력, b : 키의 너비, l : 키의 길이)이므로

$b = \dfrac{W}{\tau \cdot l}$, 식에 값을 대입하면 $\dfrac{90,000}{50 \times 500} = 3.6$mm

40 핀의 전단 하중

$W = 2 \cdot \dfrac{\pi d^2}{4} \cdot \tau$

답— 38.④ 39.③ 40.②

41 다음은 접선 키에 대한 설명이다. 접선 키에서 120°로 두 곳에 키를 끼우는 이유는?

① 역회전이 가능하게 하기 위해서이다.

② 축압을 막기 위해서이다.

③ 큰 동력을 전달하기 위해서이다.

④ 축을 강하게 하기 위해서이다.

42 핸들, 축 고정, 너트의 풀림방지 등을 위해서 키 대신 사용하는 체결용 요소는?

① 스플라인   ② 핀

③ 코터   ④ 기어

43 맞대기 세레이션(Serration)에 대한 설명으로 옳은 것은?

① 맞대기 세레이션의 압력각은 45°이다.

② 축의 단면과 플랜지 면을 결합하는 데 사용한다.

③ 맞대기 세레이션은 용접 이음의 일종이다.

④ 맞대기 세레이션은 축을 이어 맺는 기계요소이다.

Answer

41 접선 키는 축과 보스에 삼각형의 홈을 파서 두 홈을 합하면 사각형의 형상이 되어 역회전이 가능해진다.

42 ①③ 체결용 기계요소   ④ 전동용 기계요소

43 세레이션(Serration)
  ㉠ 세레이션의 특징
   • 축 원주상의 많은 작은 3각형의 스플라인을 세레이션이라 한다.
   • 축과 보스의 상대각 위치를 가늘게 조절해서 고정할 때 사용한다.
   • 이의 높이가 낮고 잇수가 많아 축압강도가 크다.
   • 동일한 바깥지름의 스플라인 축보다 큰 회전력을 전달할 수 있다.
  ㉡ 세레이션의 종류
   • 삼각 세레이션 : 끼워 맞춤의 정밀도가 나쁘다.
   • 인벌루드 세레이션 : 세레이션의 치형은 압력각이 45°이고, 이의 높이는 표준기어의 1/2 정도이다.
   • 맞대기 세레이션 : 축의 단면과 플랜지면을 결합하는 데 사용한다.

답 41.①   42.②   43.②

 리벳 

1 리벳이음 시공을 하지 않은 강판을 무지강판이라 한다. 단위 피치폭 무지강판의 인장강도를 A라 하고 리벳이음 시공을 한 강판에서 단위 피치폭 강판의 인장강도를 B라 할 때 $\dfrac{B}{A} \times 100\,(\%)$를 강판의 효율로 정의한다. 2줄 맞대기 리벳이음에서 리벳의 피치가 100mm, 리벳지름이 20mm, 판두께가 10mm 일 때 강판의 효율은?

① 60%   ② 70%

③ 80%   ④ 90%

2 리벳작업에서 가열된 리벳의 생크 끝에 머리를 만들고 스냅을 대고 두드려서 제2의 리벳머리를 만드는 작업은?

① 리벳팅   ② 스냅링

③ 코킹   ④ 플러링

Answer

1
$$\eta = 1 - \frac{d}{P}$$
$$= 1 - \frac{20}{100} = 1 - 0.2$$
$$= 0.8 \quad \therefore 80\%$$

2 리벳팅 … 리벳작업시 리벳의 생크 끝에 머리를 만들고 스냅을 대고 두드려 제2의 리벳머리를 성형하여 접합판재와 체결하는 것을 말한다.

답 — 1.③ 2.①

3 두 판재가 양쪽 덮개판 한 줄 맞대기 이음으로 리벳 결합되어 있다. 리벳 한 개에 작용하는 전단하중을 W, 리벳의 지름을 d라고 할 때, 설계시 리벳에 작용하는 전단응력 중 가장 적당한 것은?

① $\dfrac{W}{\dfrac{\pi}{4}d^2}$

② $\dfrac{W}{2\left(\dfrac{\pi}{4}d^2\right)}$

③ $\dfrac{W}{1.8\left(\dfrac{\pi}{4}d^2\right)}$

④ $\dfrac{W}{2(1.8)\left(\dfrac{\pi}{4}d^2\right)}$

4 강판의 효율이 75 %인 리벳 이음에서 피치가 20 mm이면 리벳 구멍의 지름은?

① 4 mm

② 5 mm

③ 6 mm

④ 7 mm

5 리벳 이음에서 원주방향 응력은 길이방향 응력의 몇 배인가?

① 0.5배

② 1배

③ 1.5배

④ 2배

Answer

3 양쪽 덮개판 한 줄 맞대기 이음이므로 $W = 1.8\dfrac{\pi}{4}d^2\tau$에서

전단응력에 대해 정리하면 $\tau = \dfrac{W}{1.8 \times \dfrac{\pi}{4} \times d^2}$ 가 된다.

4 판의 효율$(\eta_p) = \dfrac{p-d}{p}$ 이므로

$0.75 = \dfrac{20-d}{20}$

$15 = 20 - d$

$\therefore d = 5$

5 원주방향 응력과 길이방향 응력

㉠ 원주방향 응력$(\sigma_t) = \dfrac{pd}{2t}$

㉡ 길이방향 응력$(\sigma_t) = \dfrac{pd}{4t}$

답 3.③ 4.② 5.④

6 리벳 이음에서 코킹이나 플러링을 하는 이유로 옳은 것은?

① 강도를 강하게 하기 위해서이다.

② 연성을 크게 하기 위해서이다.

③ 기밀을 좋게 하기 위해서이다.

④ 부식에 유리한 효과를 얻기 위해서이다.

⑤ 보다 정밀한 구멍을 뚫기 위해서이다.

7 리벳 이음에서의 판 효율을 구하는 공식으로 옳은 것은?

① $1 - \dfrac{d}{p}$

② $1 + \dfrac{d}{p}$

③ $\dfrac{p + d}{p}$

④ $1 \times \dfrac{d}{p}$

⑤ $1 - \dfrac{p - d}{p}$

8 리벳의 지름이 15m라면 리벳구멍의 지름은 얼마로 뚫어야 적당하겠는가?

① 13mm

② 16mm

③ 10mm

④ 30mm

Answer

6 코킹과 플러링

　㉠ **코킹**(Caulking) : 보일러와 같이 기밀을 필요로 할 때 리벳작업이 끝난 뒤에 리벳머리의 주위와 강판의 가장자리를 정과 같은 공구로 때리는 작업

　㉡ **플러링**(Fullering) : 기밀을 좋게 하기 위해 리벳작업이 끝난 후 판재의 끝부분을 때리는 작업

7 판 효율 $= \dfrac{1\text{피치 내 구멍이있는 경우의 강판의 인장강도}}{1\text{피치 내 구멍이없는 경우의 강판의 인장강도}} = \dfrac{p - d}{p} = 1 - \dfrac{d}{p}$

8 리벳의 구멍은 리벳의 지름보다 1~1.5mm 정도 크게 뚫어야 한다.

답— 6.③ 7.① 8.②

9 보일러용 리벳 이음에서 세로 이음과 원주 이음을 비교하면 인장 응력은 어떤 관계가 있는가?

① 세로 이음과 원주 이음이 서로 동일하다.
② 세로 이음이 원주 이음에 비해 값이 2배이다.
③ 세로 이음과 원주 이음은 관계가 없다.
④ 세로 이음이 원주 이음에 비해 값이 1/2이다.

10 다음 중 리벳작업의 코킹을 설명한 것으로 옳은 것은?

① 보일러용 리벳 이음의 맞대기 이음에서 시행하는 작업이다.
② 열간 리벳작업에서 이음 강도를 높이기 위하여 시행하는 작업이다.
③ 리벳작업에서 기밀유지를 위하여 리벳의 머리주변을 쳐주는 작업이다.
④ 겹치기 리벳 이음에서 이음 강도를 증가시키기 위하여 시행하는 작업이다.

11 리벳의 구성에 대한 설명으로 옳지 않은 것은?

① 리벳은 리벳 머리와 자루로 구성되어 있다.
② 리벳의 크기는 자루의 지름으로 표시한다.
③ 자루의 길이는 지름의 5배 이하로 한다.
④ 머리의 형상에 따라 분류하지는 않는다.

Answer

9 보일러용 리벳 이음

㉠ 원주 이음시 : $\sigma_1 = \dfrac{pd}{4t}$

㉡ 세로 이음시 : $\sigma_1 = \dfrac{pd}{2t}$

10 코킹 … 보일러와 같이 기밀을 필요로 할 때 리벳작업이 끝난 뒤에 리벳머리의 주위와 강판의 가장자리를 정과 같은 공구로 때리는 작업을 의미한다.

11 리벳의 구성
㉠ 리벳은 리벳 머리와 자루로 구성되어 있다.
㉡ 머리의 형상에 따라 리벳을 분류한다.
㉢ 리벳의 크기는 자루의 지름으로 표시한다.
㉣ 자루의 길이는 지름의 5배 이하로 한다.
㉤ 자루는 끝부분을 약간 가늘게 한다.

답 9.② 10.③ 11.④

12 다음은 리벳이음의 특징에 관한 사항들이다. 이 중 바르지 않은 것은?

① 용접이음에 비해 잔류변형이 매우 적다.

② 용접이음보다 조립이 용이하다.

③ 용접이음보다 이음효율이 높다.

④ 접합시킬 수 있는 강판의 두께에 한계가 있다.

13 리벳 이음의 종류에 해당하지 않는 것은?

① 겹치기 이음

② 맞대기 이음

③ 평행형 리벳 이음과 지그재그형 리벳 이음

④ 플러링 이음

14 다음 중 리벳의 구멍뚫기에 대한 설명으로 옳지 않은 것은?

① 구멍은 지름 30mm까지는 펀칭(punching)을 사용한다.

② 중요한 이음은 드릴링을 사용한다.

③ 연성이 없는 강판은 드릴링 혹은 리머 다듬질을 한다.

④ 구멍은 리벳의 지름보다 $1 \sim 1.5mm$ 정도 크게 뚫는다.

15 코킹할 때 판재의 각도는?

① $20 \sim 30°$ ② $30 \sim 45°$

③ $75 \sim 85°$ ④ $65 \sim 75°$

Answer

12 리벳은 용접이음보다 이음효율이 낮다.

13 ④ 플러링은 리벳 이음 작업이 끝나고 행해진다.

14 ① 구멍은 지름 20mm까지는 펀칭을 사용한다.

15 코킹시 판재의 각도는 $75 \sim 85°$로 한다.

답— 12.③ 13.④ 14.① 15.③

16 리벳 이음의 분류에 속하지 않는 것은?

① 판의 이음 형태에 의한 분류
② 리벳 배열 방법에 의한 분류
③ 이음 방향에 의한 분류
④ 감겨지는 방향에 의한 분류

17 다음 중 리벳팅시 주의사항이 아닌 것은?

① 지름이 25mm 이상일 경우 압축공기 또는 유압 등의 기계력을 사용한다.
② 가공한 다음 냉각에 의해 수축되므로 리벳팅 후 냉각될 때까지 눌러야 한다.
③ 코킹 작업시 강판의 가장자리는 90˚ 이상 기울어지게 절단한다.
④ 기밀을 더욱 완전하게 하기 위하여 플러링 작업을 한다.

18 리벳 이음의 장점을 바르게 설명한 것은?

① 설계를 자유롭게 할 수 있다.
② 제작비가 싸다.
③ 초대형 제품도 제작할 수 있다.
④ 경합금 이음에 신뢰성이 있다.

Answer

16 ④ 감겨지는 방향에 의한 분류는 나사의 종류에 속한다.
　※ 리벳 이음의 종류
　　㉠ 판이음 형태에 의한 분류 : 겹치기 이음, 맞대기 이음
　　㉡ 리벳 배열 방법에 의한 분류 : 평행형 리벳 이음, 지그재그형 리벳 이음
　　㉢ 이음 방향에 의한 분류 : 세로 이음, 원주 이음
　　㉣ 리벳 줄 수에 의한 분류 : 한 줄 리벳 이음, 두 줄 리벳 이음, 여러 줄 리벳 이음

17 코킹 … 고압탱크, 보일러 등과 같이 기밀을 요할 때 하는 작업을 뜻한다.
　※ 코킹 작업
　　㉠ 리벳작업 후 리벳머리 주위나 강판의 가장 자리를 끌(chisel)로 때리는 작업이다.
　　㉡ 강판의 가장자리는 75 ~ 85˚ 기울어지게 절단한다.

18 리벳 이음의 장점
　㉠ 잔류 변형률이 생기지 않고 취약 파괴가 일어나지 않는다.
　㉡ 구조물 등에서 현장 조립할 때에는 용접 이음보다 쉽다.
　㉢ 경합금과 같이 용접이 곤란한 재료에 신뢰성이 있다.

답 — 16.④ 17.③ 18.④

19 지름 30mm, 압력 4atm인 보일러의 두께는 얼마로 해야 하는가? (단, 강판의 허용 인장 응력＝90N/cm², 이음 효율＝50%, 부식여유＝0.1cm)

① 11mm

② 12.4mm

③ 13.6mm

④ 14.3mm

20 다음 리벳의 분류 중 나머지 셋과 다른 것은?

① 겹치기 이음

② 보일러용 이음

③ 용기용 이음

④ 구조용 이음

21 리벳 이음에서 피치는 무엇을 의미하는가?

① 동일 중심선 위에 있는 인접한 이웃 리벳 사이의 거리

② 리벳 열에서 이웃하고 있는 리벳의 중심선 거리

③ 판의 끝과 바깥쪽 리벳 열의 중심선 사이의 거리

④ 맞대기 이음에서 덮개판과 덮개판 사이의 거리

Answer

19 압력(P)＝1atm＝1kgf/cm²＝10N/cm², 4atm＝40N/cm²＝0.4N/mm²

판두께$(t)=\dfrac{P \cdot D}{2\sigma_a \eta}+C=\dfrac{0.4 \times 30}{2 \times 0.9 \times 0.5}+1 ≒ 14.3\text{mm}$

20 리벳의 분류

　㉠ 사용용도에 따른 분류 : 보일러용 이음, 용기용 이음, 구조용 이음

　㉡ 접합하는 방법에 따른 분류 : 겹치기 이음, 맞대기 이음

21 동일 중심선 위에 있는 인접한 이웃 리벳 사이의 거리는 피치이다.

답— 19.④ 20.① 21.①

22 다음 중 리벳의 크기를 표시할 때 머리부분을 포함한 전체길이로 표시하는 리벳은?

① 둥근머리 리벳   ② 납작머리 리벳

③ 냄비머리 리벳   ④ 접시머리 리벳

23 다음 중 기밀성을 요하는 저압 탱크에 사용 가능한 리벳은?

① 보일러용 리벳   ② 열간용 리벳

③ 냉간용 리벳   ④ 저압용 리벳

24 150kN의 인장 하중을 받는 리벳의 양쪽 덮개판 맞대기 이음에서 리벳의 지름을 13mm로 하면 리벳의 수는 몇 개를 사용해야 되는가? (단, 허용 전단 응력 = 60N/mm^2)

① 10개   ② 11개

③ 13개   ④ 14개

25 다음 중 리벳 이음 효율에 해당하지 않는 것은?

① 강판 효율   ② 리벳 효율

③ 나사 효율   ④ 연합 효율

 **Answer**

22 리벳의 크기표시
- ㉠ 머리부분을 제외한 길이 : 둥근머리 리벳, 납작머리 리벳, 냄비머리 리벳
- ㉡ 머리부분을 포함한 전체 길이 : 접시머리 리벳
- ㉢ 리벳의 길이 : 리벳을 끼운 후 머리 부분을 만들기 위한 리벳의 길이는 리벳 지름의 1.3~1.6배 정도로 한다.

23 리벳의 종류
- ㉠ 구조용 리벳 : 철교와 같은 강도를 요하는 곳에 사용한다.
- ㉡ 저압용 리벳 : 저압용 탱크 등과 같이 기밀성을 요하는 곳에 사용한다.
- ㉢ 보일러용 리벳 : 일반 압력용기와 같이 강도와 기밀을 요하는 곳에 사용한다.

24 $\tau = \dfrac{W}{1.8n\frac{\pi}{4}d^2}$ 에서 $n = \dfrac{W}{1.8 \times \frac{\pi}{4}d^2\tau} = \dfrac{150,000}{1.8 \times \frac{\pi}{4} \times 13^2 \times 60} = 10.4 ≒ 10$

25 ③ 나사 효율은 나사의 1회전 동안에 행한 일량과 유효한 일과의 비율로서 나사의 효율이므로 리벳 이음 효율에 해당하지 않는다.

답 — 22.④   23.④   24.①   25.③

26 보일러용 리벳 이음에 대한 설명 중 옳은 것은?

① 피치는 대략 리벳팅하는 길이에 의해 결정된다.

② 원통을 반지름 방향의 내압으로 위아래로 분리하려고 하는 힘은 강판의 저항력과 같아야 한다.

③ 원주방향의 응력은 축방향 응력의 $\frac{1}{2}$ 이다.

④ 리벳 이음의 세로 이음은 원주 이음보다 약한 것을 써도 좋다.

27 리벳이 사용되는 강판의 효율로 옳은 것은?

① $\eta_s = \dfrac{1피치\ 내에\ 있는\ 리벳의\ 전단\ 강도}{1피치\ 내의\ 구멍이\ 없는\ 경우의\ 강판의\ 인장\ 강도}$

② $\eta_s = \dfrac{1피치\ 내에\ 있는\ 리벳의\ 인장\ 강도}{1피치\ 내의\ 구멍이\ 없는\ 경우의\ 강판의\ 인장\ 강도}$

③ $\eta_s = \dfrac{2피치\ 내에\ 있는\ 리벳의\ 전단\ 강도}{1피치\ 내의\ 구멍이\ 없는\ 경우의\ 강판의\ 인장\ 강도}$

④ $\eta_s = \dfrac{1피치\ 내의\ 구멍이\ 없는\ 경우의\ 강판의\ 인장\ 강도}{1피치\ 내에\ 있는\ 리벳의\ 전단\ 강도}$

28 리벳에 작용하는 하중이 5,000N이고 직경이 19mm라면, 이때 발생하는 전단 응력은?

① 14.6N/mm^2

② 15.6N/mm^2

③ 16.6N/mm^2

④ 17.6N/mm^2

Answer

26 보일러용 리벳 이음…축 방향의 단면은 원주방향의 단면에 비해 $\frac{1}{2}$ 배의 강도를 갖게 되며, 내압에 의한 원통의 파괴는 원주방향으로 일어난다.

27 리벳이 사용되는 강판의 효율은 1피치 내에 구멍이 없는 경우 강판의 인장 강도에 대한 1피치 내에 있는 리벳의 전단 강도 비를 의미한다.

28 $\tau = \dfrac{4W}{\pi d^2} = \dfrac{4 \times 5,000}{\pi \times 19^2} = 17.6\text{N/mm}^2$

답— 26.② 27.① 28.④

29 플러링(Fullering)에 대한 설명으로 옳지 않은 것은?

① 기밀을 더욱 좋게 하기 위해 하는 작업이다.

② 강판의 두께가 5mm 이하인 경우 코킹 작업을 한다.

③ 얇은 강판의 경우 기름종이를 강판 사이에 집어 넣는다.

④ 강판과 같은 너비의 플러링 공구로 때려 붙인다.

30 리벳 이음의 장점을 설명한 것으로 옳지 않은 것은?

① 최초 응력에 의한 잔류 변형률이 생기지 않으므로 파괴가 일어나지 않는다.

② 구조물 등에서 현지 조립할 때에는 용접 이음보다 작업이 쉽다.

③ 리벳의 재료는 가능한 여러가지를 사용한다.

④ 경합금과 같이 용접이 곤란한 재료를 체결할 수 있다.

31 리벳 이음 효율에 대한 설명으로 옳지 않은 것은?

① 구멍이 없는 판의 강도에 대한 리벳 이음 강도의 비를 나타낸다.

② 1피치 너비를 기준으로 리벳 구멍이 있는 판과 없는 판의 강도비를 판 효율이라 한다.

③ 효율 중 가장 큰 것을 리벳 이음 효율이라 한다.

④ 구멍이 없는 판의 강도에 대한 리벳의 전단강도의 비를 리벳 효율이라 한다.

Answer

29 ② 강판의 두께가 5mm 이하인 경우 코킹 작업은 아무 효과도 없다.

30 ③ 리벳의 재료는 강도, 팽창, 수축, 전기력 부식 등에 유리한 효과를 얻기 위해 동일 재료를 사용한다.

31 ③ 판 효율, 리벳 효율, 조합 효율 중 효율이 가장 작은 것을 리벳 이음 효율이라 한다.

답 29.② 30.③ 31.③

32 다음 공식에서 C가 나타내는 것은?

$$t = \frac{pDs}{2\sigma\eta} + C$$

① 안전율 ② 리벳 이음 효율
③ 부식 상수 ④ 허용 인장 응력

33 다음 중 종류가 다른 하나는?

① 소형 둥근머리 리벳 ② 얇은 납작머리 리벳
③ 냄비머리 리벳 ④ 보일러용 둥근머리 리벳

34 다음 설명 중 옳지 않은 것은?

① 복수 전단면 리벳 이음의 경우 전단면적은 2배가 된다.
② 여러 개의 리벳으로 2개의 전단면을 가지는 경우 단면적은 2배로 한다.
③ 판재는 리벳 구멍 사이의 단면적이 가장 작은 곳에서 인장 파괴된다.
④ 판재의 인장 응력 공식에서 n은 리벳의 수, d는 리벳 구멍의 지름을 나타낸다.

**Answer**

32 C는 부식에 대한 상수를 나타낸다.
※ 육상 보일러는 1m, 선박용 보일러는 1.5mm, 화학 약품용기는 1 ∼ 7mm를 사용한다.

33 ①②③ 냉간 성형 리벳에 해당하는 것이다.
④ 열간 성형 리벳에 해당한다.
※ 리벳의 분류

분류	열간 성형 리벳	냉간 성형 리벳
지름	10 ∼ 44mm	1 ∼ 13mm
재료	압연철재	연강선재, 비철선재
종류	둥근머리, 접시머리, 둥근접시머리, 납작머리, 보일러용 둥근머리, 보일러용 둥근접시머리, 선박용 둥근접시머리	둥근머리, 작은둥근머리, 접시머리, 얇은 납작머리, 냄비머리

34 ② 양쪽 덮개판 맞대기 이음처럼 여러 개의 리벳으로 2개의 전단면을 가지는 경우 단면적은 2배로 하지 않는다. 안전율을 고려하여 1.8로 계산한다.

답 32.③ 33.④ 34.②

35 판재에 인장 하중이 작용할 경우 리벳구멍의 지름을 d, 판의 두께를 t 라 하면 파괴 응력은?

① $\sigma = \dfrac{2W}{(p-d)t}$　　　　② $\sigma = \dfrac{W}{(p-d)t}$

③ $\sigma = \dfrac{W}{(p+d)t}$　　　　④ $\sigma = \dfrac{W}{2(p-d)t}$

36 겹치기 리벳 이음에서 8,000N의 인장 하중이 작용하고, 리벳 구멍의 직경은 10mm, 리벳의 중심에서 강판의 가장자리까지의 거리는 20mm, 그리고 강판의 허용 전단 응력이 50N/mm^2 이라고 하면 필요한 강판의 두께는?

① 0.4mm　　　　② 4mm

③ 40mm　　　　④ 400mm

37 리벳팅 작업시 열간 작업이 필요한 리벳의 직경은?

① 4mm　　　　② 6mm

③ 8mm　　　　④ 10mm

Answer

35 인장 하중 작용시 리벳의 파괴 응력

$$\sigma = \dfrac{W}{(p-d)t}$$

36 $\tau = \dfrac{W}{2et}$ 에서 $t = \dfrac{W}{2e\tau} = \dfrac{8,000}{2 \times 20 \times 50} = 4\text{mm}$

37 리벳팅 작업

　㉠ 냉간 작업 : 리벳의 직경이 8mm 이하일 때
　㉡ 열간 작업 : 리벳의 직경이 10mm 이상일 때

답— 35.② 36.② 37.④

38 다음 중 냉간 리벳 작업에 대한 설명으로 옳은 것은?

① 고온에서 시행한다.
② 작업 후 수축이 생기므로 판을 죄는 힘이 세다.
③ 마찰 저항이 없다.
④ 비철재 리벳이나 지름이 8mm 이상의 강리벳에 사용한다.

39 강판에 5,000N의 압축 하중이 작용하여 리벳의 구멍이 파손되었다. 리벳의 직경이 20mm이고 강판의 두께가 5mm라면, 이때 발생한 응력은?

① 50N/mm^2
② 70N/mm^2
③ 90N/mm^2
④ 110N/mm^2

40 사용되는 리벳의 효율을 η_s, 강판의 효율을 η_t 라 하면, 리벳의 효율과 강판의 연합효율의 관계로 옳은 것은?

① $\eta_{st} = \dfrac{\eta_s}{\eta_t}$
② $\eta_{st} = \eta_t - \eta_s$
③ $\eta_{st} = \dfrac{\eta_t}{\eta_s}$
④ $\eta_{st} = \eta_t + \eta_s$

Answer

38 ① 상온에서 시행한다.
　　② 작업 후 수축이 없으므로 판을 죄는 힘도 없다.
　　④ 비철재 리벳이나 지름 8mm 이하의 강리벳에 사용한다.

39 $\sigma = \dfrac{W}{dt} = \dfrac{5,000}{20 \times 5} = 50\text{N/mm}^2$

40 리벳의 연합효율$(\eta_{st}) = \eta_t + \eta_s$

답— 38.③　39.①　40.④

41 두께 15mm인 강판을 1열 겹치기 리벳 이음으로 저압 탱크를 만들 때, 리벳의 호칭지름과 피치는? (단, 강판의 인장 강도 = 370N/mm^2, 리벳의 전단 강도 = 300N/mm^2)

① $d = 12$mm, $p = 45.5$mm   ② $d = 23$mm, $p = 45.5$mm

③ $d = 12$mm, $p = 22.7$mm   ④ $d = 23$mm, $p = 22.7$mm

42 리벳 이음의 파괴에 대한 설명 중 파괴되는 경우가 아닌 것은?

① 리벳이 굽혀져서 파괴된다.

② 리벳이 전단 하중을 받아 파괴된다.

③ 리벳구멍 사이의 강판이 파괴된다.

④ 강판의 가장자리가 파괴된다.

43 겹치기 리벳 이음에서 강판의 두께가 14mm, 리벳을 체결한 후 리벳의 직경이 17mm, 리벳의 피치가 48mm라고 할 때 10kN의 하중이 작용한다면 강판의 효율은?

① 60%   ② 62%

③ 65%   ④ 68%

Answer

41 바하의 식에 의하여 1열 겹치기 리벳 이음의 경우

$$d = \sqrt{50t} - 4 = \sqrt{50 \times 15} - 4 \fallingdotseq 23.3 \fallingdotseq 23\text{mm}$$

$$\text{피치}(p) = d + \frac{\pi d^2 \tau}{4 \cdot t\sigma} = 23 + \frac{\pi \times 23^2 \times 300}{4 \times 15 \times 370} = 45.46 \fallingdotseq 45.5\text{mm}$$

42 리벳 이음의 파괴

　㉠ 리벳에 전단 하중이 작용하여 파괴되는 경우

　㉡ 리벳구멍 사이의 강판이 파괴되는 경우

　㉢ 강판이 압축되어 파괴되는 경우

43 $\eta_t = \left(1 - \dfrac{d}{p}\right) \times 100 = \left(1 - \dfrac{17}{48}\right) \times 100 = 0.645 \times 100 = 64.5 \fallingdotseq 65\%$

답 — 41.② 42.① 43.③

44 내경이 110cm인 보일러에 내압이 $1N/cm^2$이 작용하고 있다. 강판의 허용 인장 응력이 $60N/cm^2$이고 리벳 이음 효율을 70%로 할 때 강판의 두께는 몇 mm인가? (단, $C=1mm$)

① 8　　　　　　　　　　　　② 11

③ 14　　　　　　　　　　　④ 16

45 판의 두께 16mm, 리벳의 지름 24mm, 피치 56mm인 1줄 겹치기 이음에서 판에 생기는 인장 응력은? (단, 1피치당 하중 = 15,500N)

① $10.3N/mm^2$　　　　　　② $20.3N/mm^2$

③ $30.3N/mm^2$　　　　　　④ $40.3N/mm^2$

46 리벳 이음에서 판에 가해지는 인장 하중을 16,000N, 리벳의 지름을 24mm로 하면 리벳에 생기는 전단 응력은?

① $35.4N/mm^2$　　　　　　② $45.6N/mm^2$

③ $27.4N/mm^2$　　　　　　④ $49.6N/mm^2$

**Answer**

44 직경$(D) = 110cm = 1,100mm$
내압$(p) = 1N/cm^2 = 0.01N/mm^2$
허용 인장 응력$(\sigma) = 60N/cm^2 = 0.6N/mm^2$
$$\therefore t = \frac{p \cdot D}{2\sigma\eta} + C = \frac{0.01 \times 1,100}{2 \times 0.6 \times 0.7} + 1 = 14mm$$

45 $\sigma = \dfrac{P}{(p-d)t} = \dfrac{15,500}{(56-24) \times 16} = 30.27 \fallingdotseq 30.3N/mm^2$

46 $\tau = \dfrac{4P}{\pi d^2} = \dfrac{4 \times 16,000}{\pi \times 24^2} \fallingdotseq 35.4N/mm^2$

답 — 44.③ 45.③ 46.①

47 판의 두께 12mm, 리벳의 지름 18mm, 피치 85mm의 1열 겹치기 리벳 이음에서 1피치마다의 인장 하중은?   (단, 판재의 인장강도＝430N/mm^2, 안전율＝5)

① 34kN/mm^2

② 69kN/mm^2

③ 17kN/mm^2

④ 34kN/mm^2

48 강판의 두께 16mm, 리벳의 지름 24mm, 리벳 구멍의 지름 25.2mm, 피치 50mm의 1열 겹치기 리벳 이음이 있다. 1피치마다의 하중이 16,000N라 할 때, 강판에 생기는 인장 응력과 리벳의 전단 응력은?

① $\sigma_t = 40.3\text{N/mm}^2$, $\tau = 40.3\text{N/mm}^2$

② $\sigma_t = 40.3\text{N/mm}^2$, $\tau = 35.4\text{N/mm}^2$

③ $\sigma_t = 35.4\text{N/mm}^2$, $\tau = 17.7\text{N/mm}^2$

④ $\sigma_t = 17.7\text{N/mm}^2$, $\tau = 20.2\text{N/mm}^2$

49 다음 중 리벳의 재료에 대한 설명으로 옳지 않은 것은?

① 리벳 체결시 큰 하중을 받으므로 연성이 큰 재료를 사용한다.

② 동일 재료를 사용하지 않는다.

③ 냉간 성형 리벳에는 MSWR 3, BsW, CuW, Al 등을 사용한다.

④ 열간 성형 리벳에는 SBV 34, 보일러에는 SBV 34B를 사용한다.

Answer

47 $P = t(p-d)\sigma = 12(85-18) \times 430 = 345{,}720\text{N/mm}^2$

안전율을 고려한 피치당 인장 하중$(P_0) = \dfrac{345{,}720}{5} = 69{,}144\text{N/mm}^2 ≒ 69\text{kN/mm}^2$

48 $\sigma_t = \dfrac{P}{(p-d)t} = \dfrac{16{,}000}{(50-25.2)\times16} = 40.3\text{N/mm}^2$

$\tau = \dfrac{4P}{\pi d^2} = \dfrac{4 \times 16{,}000}{\pi \times 24^2} = 35.4\text{N/mm}^2$

49 ② 리벳의 재료로 동일 재료를 사용한다.

※ 동일 재료를 사용하는 이유 … 강도, 팽창, 수축, 전기력 부식 등에 유리한 효과를 얻기 때문이다.

답 47.② 48.② 49.②

1 리벳이음과 비교할 때 용접이음의 장점으로 옳은 것은?

① 진동을 쉽게 감쇠시킨다.　　　　② 용접부의 비파괴 검사가 용이하다.

③ 이음효율이 높다.　　　　　　　④ 변형하기 쉽고 잔류응력을 남기지 않는다.

2 하중이 5kN, 판 두께가 30mm일 때 굽힘응력은 얼마인가? (단, 용접 사이즈＝20mm)

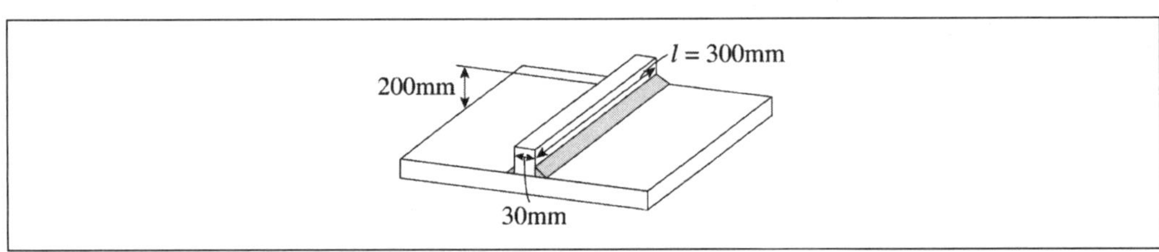

① 3N/mm^2　　　　　　　② 6N/mm^2

③ 9N/mm^2　　　　　　　④ 12N/mm^2

Answer

1 ①②④번은 용접이음의 단점에 대한 내용이다.

※ 용접이음 … 이음 효율이 높고 기밀성이 우수하며, 구조가 간단하고 제작 속도가 빠르다는 장점을 가지고 있으며 재료 및 제작비가 경감되고, 판두께에 대한 제한이 없다.

2 모멘트$(M) = P \times 300 = 5,000 \times 300$

$$= 1,500,000\text{N} \cdot \text{mm}$$

단면계수$(Z) = \dfrac{I}{e} = \dfrac{(1.414 \times \text{h} + \text{t})^3 - \text{t}^3}{1.414h + t} \times \dfrac{1}{6}$

$$= 169,827.92$$

굽힘응력$(\sigma_b) = \dfrac{M}{Z} = \dfrac{1,500,000}{169,827.92}$

$$= 8.83 \fallingdotseq 9\text{N/mm}^2$$

답—1.③　2.③

3 다음 중 분말용재 속에 용접 심선을 공급해 심선과 모재 사이에서 아크를 발생시켜 용접하는 방법은 무엇인가?

① 피복아크용접

② 스터드용접

③ 테르밋용접

④ 서브머지드 아크용접

4 두께가 같은 두 판재를 맞대기 용접하였을 경우 인장하중 $P = 48kN$에 대한 인장응력이 6MPa이었을 때 이 판재의 두께는? [단, 용접길이(l) = 32cm]

① 15cm

② 25cm

③ 1.5cm

④ 2.5cm

Answer

3 분말용재 속에 용접 심선을 공급해 심선과 모재 사이에서 아크를 발생시켜 용접하는 방법은 서브머지드 용접이다.

※ 용접의 종류

  ㉠ 가스용접 : 가연성가스와 조연성가스(산소)를 혼합연소하여 그 열로 용가제와 모재를 녹여서 접합하는 방법. 전기용접에 비해 열손실이 크고 변형이 많이 생긴다.

  ㉡ 아크용접 : 모재와 전극 사이에서 아크 열을 발생시켜 이 열로 용접봉과 모재를 녹여 접합하는 방법

   • 피복아크용접 : 피복제가 심선을 둘러싸고 있는 용접봉을 사용한 아크용접

   • 불활성가스 아크용접 : Ar, Ne, He의 불활성가스를 방출시켜 그 속에서 모재와 전극 사이에 아크를 발생시켜 열을 공급해 용접

   • CO_2가스 아크용접 : 불활성가스 대신 탄산가스를 노즐에서 분출시켜 아크 열로 접합하는 방법

   • 서브머지드 아크용접(잠호용접) : 분말용재 속에 용접 심선을 공급해 심선과 모재 사이에서 아크를 발생시켜 용접하는 방법

   • 스터드용접 : 볼트나 환봉 등의 선단과 모재 사이에 아크를 발생시켜 접합하는 방법

  ㉢ 특수용접

   • 테르밋용접 : 알루미늄 분말과 산화철분말의 혼합반응으로 발생하는 열로 접합하는 방법

   • 일렉트로 슬래그 용접 : 와이어와 용융슬래그 사이에 통전된 전류의 저항열로 접합하는 방법

   • 전자빔 용접 : 진공 중에서 고속의 전자빔을 형성하여 그 전류를 이용하여 접합하는 방법

4 $P = hl\sigma_t$에서 h에 대해 정리하면.

$$h = \frac{p}{l\sigma_t} = \frac{48kN}{32cm \times 6MPa} = \frac{4,800kgf}{32cm \times 60kgf/cm^2} = 2.5cm$$

답 3.④ 4.④

5 그림과 같이 폭 100mm, 두께 12mm의 강판의 측면을 용접치수 12mm, 용접길이 120mm로 필릿 용접하였다. 용접부의 허용전단응력을 50MPa이라 할 때 최대로 지탱할 수 있는 하중 P는?

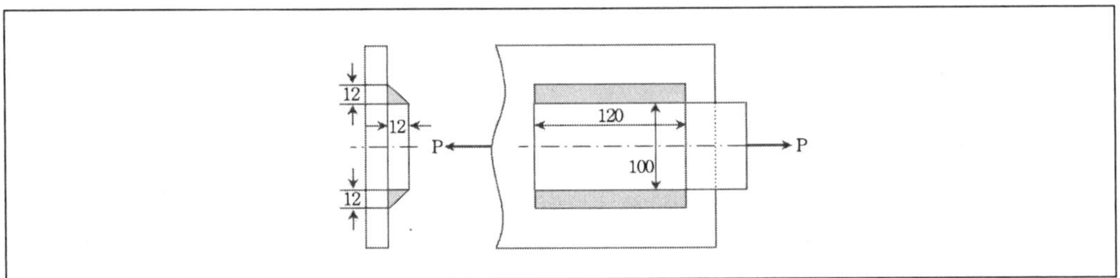

① 101.8 kN

② 141.4 kN

③ 50.9 kN

④ 70.7 kN

6 용접시 언더컷이 일어나는 이유로 옳은 것은?

① 전류가 너무 셀 때

② 전류가 약할 때

③ 용접봉의 결함이 있을 때

④ 압력이 너무 강할 때

⑤ 판의 두께가 너무 얇을 때

Answer

5 측면 필릿 용접 이음에 인장 하중이 작용하면 용착금속은 전단응력 τ가 발생하므로

$$\tau = \frac{P}{A} \rightarrow P = A\tau = 2al\tau$$

$a = 0.707h$이므로

$$P = 1.414hl\tau$$

$$= 1.414 \times 12 \times 120 \times 5$$

$$= 10180.8 \ \text{kgf/mm}^2 \fallingdotseq 101.808 \ \text{kN}$$

6 언더컷 ⋯ 전류의 과대 또는 아크를 짧게 유지하기 어려운 경우 모재 용접부가 지나치게 녹아서 홈 또는 오목한 부분이 발생하는 현상이다.

답 5.① 6.①

7 다음 그림과 같은 용접 이음에서 용접 길이 l을 구하면? (단, 판의 두께 $t=10\text{mm}$, $W=40\text{kN}$, 허용 전단 응력 $=50\text{N/mm}^2$, $l=l_1+l_2$)

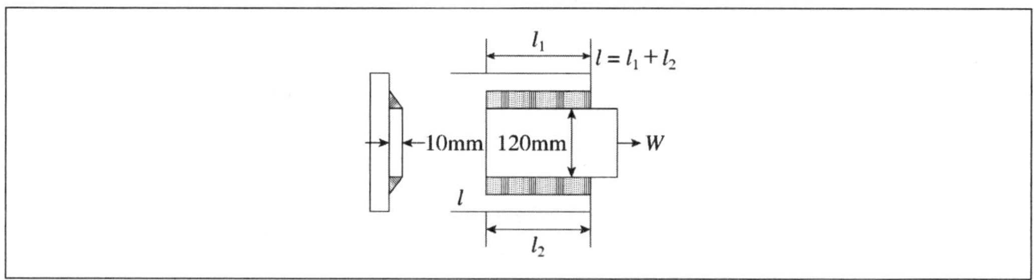

① 28.3mm

② 36.8mm

③ 56.6mm

④ 70.5mm

8 다음은 용접에 관한 기본적인 용어에 대한 정의이다. 이 중 바르지 않은 것은?

① 모재는 접합이 이루어지는 접합부 양쪽 금속의 부재이다.

② 용가재는 모재가 아닌, 제 3의 용접봉이다.

③ 비드는 접합변의 물순물을 용제(flux)의 도움으로 제거되어 굳어져 있는 것이다.

④ 납접은 모재를 용융시키지 않고 저 용융점의 합금(납)을 녹여서 접합하는 방법이다.

Answer

7　$A=2\times0.707\times tl$

$\tau=\dfrac{P}{A}=\dfrac{P}{1.414tl}$

$l=\dfrac{P}{1.414t\tau}=\dfrac{40{,}000}{1.414\times10\times50}=56.58 ≒ 56.6\text{mm}$

8　합변의 물순물을 용제(flux)의 도움으로 제거되어 굳어져 있는 것은 슬래그라 한다. 비드(bead)는 용접 작업에서 용착 부분에 생기는 띠모양의 볼록하게 된 것으로 모재와 용가재가 융합응고되어 생긴 부분이다.

답 — 7.③　8.③

9 판의 두께 t, 목 두께 a, 용접 길이 l인 맞대기 용접에서 굽힘 모멘트 M을 가할 때 굽힘 응력은 얼마인가?

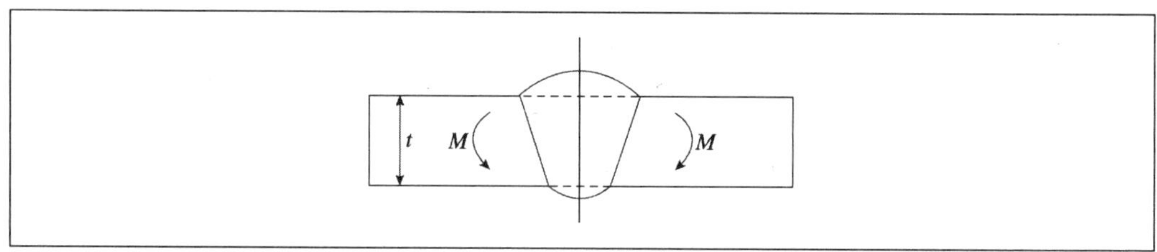

① $\dfrac{a^2 l}{6M}$ ② $\dfrac{6M}{a^2 l}$

③ $\dfrac{a^2 l}{12M}$ ④ $\dfrac{12M}{a^2 l}$

10 다음과 같은 용접을 할 경우 480kN의 인장력이 작용한다면 인장 응력은 얼마인가? (단, 판의 두께＝1cm, 용접 길이＝200mm)

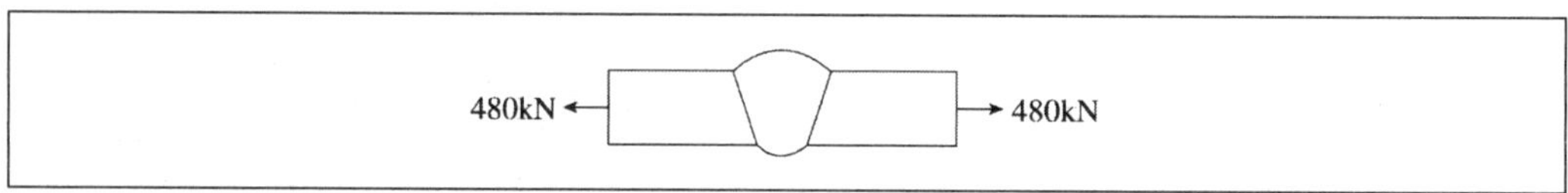

① 80N/mm^2 ② 120N/mm^2

③ 240N/mm^2 ④ 480N/mm^2

Answer

9 판재의 굽힘 응력

$$\sigma_b = \frac{6M}{a^2 l}$$

10 $\sigma_t = \dfrac{W}{tl} = \dfrac{480,000}{10 \times 200} = 240\text{N/mm}^2$

답 9.② 10.③

11 다음과 같은 필렛 용접 이음에서 50kN의 하중이 작용할 때 용접부에 발생하는 전단 응력을 구하면? (단, 용접의 길이＝100mm, 용접 사이즈＝5mm)

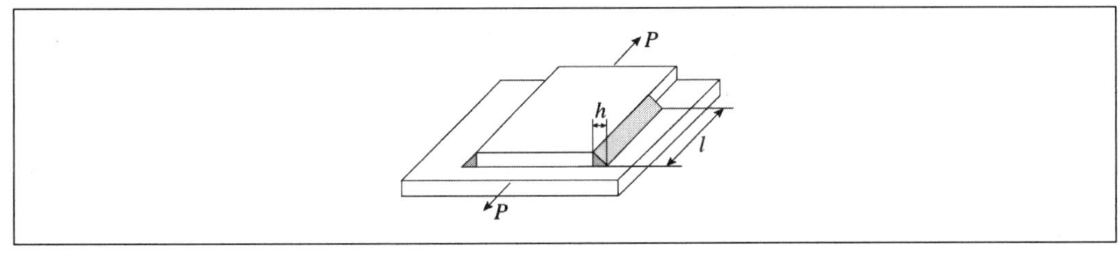

① 500N/mm^2 ② 80N/mm^2

③ 110N/mm^2 ④ 140N/mm^2

12 용접 이음을 하게 되면 잔류 응력이 남게 되어 취약파괴가 일어나기 쉽다. 이를 방지하는 방법으로 적당한 것은?

① 담금질을 한다.   ② 뜨음을 한다.

③ 풀림을 한다.   ④ 가공 경화시킨다.

13 다음과 같은 용접 이음에서 최대 응력이 발생하는 용접부를 옳게 나열한 것은?

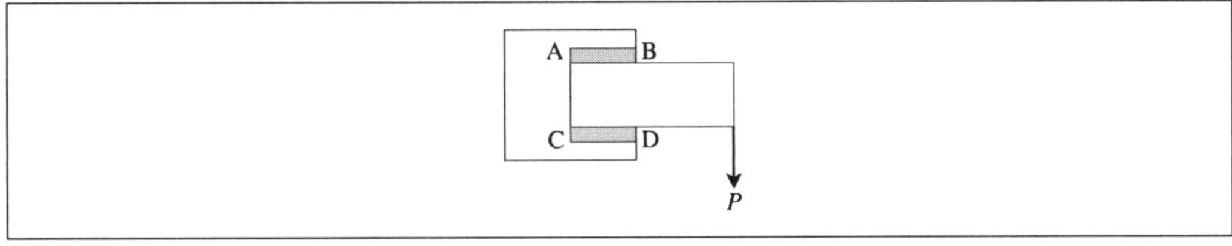

① C, D   ② A, C

③ B, D   ④ A, B, C, D

 **Answer**

11 전단 응력

$$\tau = \frac{P}{2hl} = \frac{50,000}{2 \times 5 \times 100} = 500\text{N/mm}^2$$

12 용접은 열을 가하는 것이기 때문에 변형이나 잔류 응력이 생긴다. 이를 없애기 위해서는 풀림처리를 하면 된다.

13 B와 D점에서 응력집중현상으로 인해 최대 응력이 발생한다.

答 — 11.① 12.③ 13.③

14 용접의 정의에 대한 설명으로 옳은 것은?

① 2개 이상의 금속을 용융온도 이상으로 가열하여 접합시키는 금속적 접합이다.

② 결합하려는 강판에 구멍을 뚫고 리벳을 끼워 머리를 만들어 결합시키는 접합이다.

③ 2개 이상의 부품을 결합시키는 데 사용되는 것이다.

④ 접합부를 분해할 수 있는 결합이다.

15 다음 설명 중 옳지 않은 것은?

① 용착부 – 모재의 일부가 용융하여 응고한 부분

② 용접금속 – 용착부 부분의 금속

③ 용착금속 – 용접부의 치수 이상으로 표면보다 높이 덧붙인 금속

④ 열영향부 – 용융하지 않으나 열에 의해 조직, 특성이 변화한 부분

16 용접 작업에 대한 설명 중 옳지 않은 것은?

① 용접의 정밀도는 작업준비, 치공구, 용접조건에 영향을 받는다.

② 자동 또는 수동 용접을 사용한다.

③ 아래 보기, 위 보기, 수평, 수직 등 4가지 자세가 있다.

④ 작은 부분을 용접할 때에는 자동 용접을 사용한다.

Answer

14 ② 리벳의 정의에 대한 설명이다.
③ 핀의 정의에 대한 설명이다.
④ 용접은 접합부를 분해할 수 없는 영구적 결합이다.

15 ③ 보강금속에 대한 설명이다.
※ 용착금속 … 용접금속 중 용접봉에 의한 금속

16 ④ 작은 부분을 용접할 때에는 수동 용접을 사용한다.

정답— 14.① 15.③ 16.④

17 용접 이음의 장점이 아닌 것은?

① 이음 효율이 좋다.　　　　　　② 이음의 기밀성이 좋다.

③ 판의 두께에 제한이 없다.　　　④ 재료와 제작비가 경감된다.

18 맞대기 용접시 인장 하중이 420kN, 판의 두께가 10mm, 용접부의 길이가 40mm일 때 용접부에 발생하는 인장 응력은?

① $1,050\text{N/mm}^2$　　　　　　② $1,090\text{N/mm}^2$

③ $1,210\text{N/mm}^2$　　　　　　④ $1,350\text{N/mm}^2$

19 두 개의 모재를 가열하지 않고 용가제를 사용하여 접합시키는 방법은?

① 용접　　　　　　　　　　　　② 융접

③ 압접　　　　　　　　　　　　④ 납접

Answer

17 용접 이음
　㉠ 용접 이음의 장점
　• 판 두께의 제한이 없다.
　• 용접 이음의 효율은 100%이다.
　• 구조물 제작시 대형기계가 필요없다.
　• 공정수가 적고 생산비가 저렴하다.
　• 작업시 소음발생이 없고 기밀성이 매우 우수하다.
　㉡ 용접 이음의 단점
　• 용접시 발생한 열에 의해 재료가 변형하거나 잔류 응력이 발생한다.
　• 용접 부위에 결함이 생기기 쉽고, 크랙이 발생하면 쉽게 파괴된다.
　• 리벳 이음에 비해 진동감쇠능력이 부족하다.

18 $\sigma_t = \dfrac{W}{tl} = \dfrac{420,000}{10 \times 40} = 1,050\text{N/mm}^2$

19 ① 두 개 이상의 금속을 용융온도 이상으로 가열하여 접합시키는 방법이다.
　② 모재를 용융상태로 만들어 결합시키는 방법이다.
　③ 모재를 반용융상태 혹은 냉간에서 기계적 힘 또는 해머 등으로 압력을 가하여 결합시키는 방법이다.

답— 17.③　18.①　19.④

20 용접의 장점에 대한 설명 중 옳지 않은 것은?

① 설계가 자유롭고 경량이며 강도는 강하다.

② 구조가 간단하고 공정수가 적어 가격이 저렴하다.

③ 진동을 감쇠시키기 용이하다.

④ 능률적이며 제작 속도가 빠르다.

21 다음 용접 이음의 효율에 관한 설명 중 옳지 않은 것은?

① 이음에 작용하는 응력을 계산하여 이 응력의 허용 응력 이하가 되도록 설계하여야 안전하다.

② 용접 이음의 강도와 모재의 강도와의 비를 의미한다.

③ 용접 이음은 리벳 이음과 비슷하며 용접부의 강도는 모재의 강도보다 약하다.

④ 모재의 용접성, 방법과 이음의 종류, 하중상태, 사용조건에 영향을 받는다.

Answer

20 용접의 장·단점

　㉠ 장점

　　• 설계가 자유롭고 경량이며 강도는 강하다.

　　• 구조가 간단하고 공정수가 적어 가격이 싸다.

　　• 능률적이며 제작 속도가 빠르다.

　　• 기밀로 할 수 있어 품질 및 성능이 우수하다.

　　• 초대형으로도 제작 가능하다.

　　• 강판 두께에 대한 규제가 없다.

　　• 내마멸성, 내식성, 내열성을 가진다.

　　• 효율은 항상 100%이다.

　　• 폭음이 생기지 않으며 재료가 절감된다.

　㉡ 단점

　　• 진동을 감쇠시키기 어렵다.

　　• 고열이 발생하여 변형이 쉽고 잔류 응력이 남는다.

　　• 최적조건이 아닐시 결합이 일어나고 예민한 노치효과를 가진다.

　　• 응력집중에 예민하고 한번 금이 가면 연속적으로 파괴되므로 위험하다.

　　• 비파괴성 검사가 어렵다.

21 ③ 용접 이음은 리벳 이음보다 우수하고 용접부의 강도는 모재의 강도와 비슷하다.

답 — 20.③　21.③

22 다음에서 설명하고 있는 용접은?

> ㉠ 초고온에서 음전하를 가진 전자와 양전하를 띤 이온으로 분리된 기체 상태에서 작동 모체를 사용하여 국부적으로 급속가열 용접하는 방법이다.
> ㉡ 스테인리스강, 내열강, 티탄 합금, 세라믹 등 고융해점 재료 용접에 사용한다.

① 전자 빔 용접

② 레이저 용접

③ 플라스마 용접

④ 아크 용접

23 그루브 용접의 분류가 다른 것은?

① I형

② U형

③ V형

④ H형

24 맞대기 용접 이음에서 $\sigma_t = 130\text{N/mm}^2$, $t = 4\text{mm}$, $l = 21\text{mm}$일 때 허용 하중은?

① 11kN/mm^2

② 21kN/mm^2

③ 31kN/mm^2

④ 41kN/mm^2

Answer

22 ① 금속의 열 발생원리를 이용한 것으로 온도 상승으로 인하여 용융 증발되어 용접이 된다. 강재, 알루미늄 합금, 티탄 합금 등 내식 내열성 우주 항공재료에 사용한다.
  ② 레이저를 이용한 고출력 용접으로 금속, 세라믹, 목재, 섬유 등의 용접에 사용한다.
  ④ 낮은 전압으로 전류를 다량 통해 줌으로써 아크를 발생시켜 용접을 하는 것으로 압력 용기, 구조물, 선박, 공작기계 등 보통강 혹은 특수강 용접에 사용한다.

23 그루브 용접의 분류
  ㉠ 단면 홈 : I형, J형, L형, U형, V형
  ㉡ 양면 홈 : K형, J형, X형, H형

24 $\sigma = \dfrac{P}{tl}$이므로

허용 하중$(P) = \sigma_t tl = 130 \times 4 \times 21 = 10{,}920\text{N/mm}^2 = 10.9\text{kN/mm}^2$

답 — 22.③ 23.④ 24.①

25 가스 용접에 대한 설명으로 옳지 않은 것은?

① 가스와 산소를 결합시켜 발생하는 고온의 연소열을 사용하는 용접이다.

② 3mm 이하의 얇은 강판, 특수강, 주철 혹은 구리 합금 등에 사용되는 용접이다.

③ 기계적 성질, 속도는 아크 용접보다 우수하다.

④ 산소 – 아세틸렌 불꽃이 가장 많이 사용된다.

26 다음 중 용접 이음의 종류가 아닌 것은?

① 맞대기 이음

② 겹치기 이음

③ T형 이음

④ 지그재그형 이음

27 용접 이음의 효율로 바른 것은?

① $\eta = \dfrac{\text{용접부의 강도}}{\text{모재의 강도}}$

② $\eta = \dfrac{\text{모재의 강도}}{\text{용접부의 강도}}$

③ $\eta = \dfrac{\text{용접부의 강도}}{1 - \text{모재의 강도}}$

④ $\eta = \dfrac{\text{용접부의 강도}}{1 + \text{모재의 강도}}$

Answer

25 ③ 기계적 성질, 속도는 아크 용접보다 못하지만 작은 지름의 파이프, 얇은 파이프 등에는 아크 용접보다 우수하다.

26 ④ 지그재그형 이음은 리벳 이음의 종류에 해당한다.

27 용접 이음의 효율 $= \dfrac{\text{용접부의 강도}}{\text{모재의 강도}} = $ 형상계수 × 용접계수

답 — 25.③ 26.④ 27.①

28 필렛 용접에 대한 설명으로 옳지 않은 것은?

① 용접선의 방향이 힘의 방향과 직각인 앞면 필렛 용접이 있다.

② 직교하는 두 개의 면을 결합하는 용접이다.

③ 접합할 모재의 한쪽에 구멍을 뚫고 판의 표면까지 용접한다.

④ 연속 필렛 용접, 단속 필렛 용접, 엇갈린 단속 필렛 용접으로 구분된다.

29 필렛 용접시 용접계수(K_2)는 얼마로 하면 좋은가?

① 0.8

② 0.9

③ 1.0

④ 1.1

30 다음 중 비드 표면부를 두드려 소성 변형시켜 응력을 제거함과 동시에 변형을 교정하는 것은?

① 오버랩

② 언더컷

③ 스패터

④ 피닝

Answer

28 ③ 플러그 용접에 대한 설명이다.
 ※ 플러그 용접(plug weld) … 접합할 모재의 한쪽에 구멍을 뚫고 판의 표면까지 용접하여 다른쪽 모재와 접합
  시키는 것이다.

29 용접계수(K_2)
 ㉠ 필렛 용접 : 0.8
 ㉡ 수직 용접 : 0.95
 ㉢ 상향 용접 : 0.8
 ㉣ 하향 용접 : 0.9
 ㉤ 현장 용접 : 0.9

30 ① 용접봉의 용융점이 모재보다 낮아 용입부에 과잉 용착 금속이 남는 현상
 ② 전류의 과대, 아크를 짧게 유지할 수 없는 경우 모재 용접부가 과잉용해되거나 녹아 홈 혹은 오목한 부분이
   나타나는 현상
 ③ 전류 및 아크의 과대, 용접봉의 결함에 의해서 모재의 용접부위에 용융금속이 튀어 묻게 되는 현상

답 28.③ 29.① 30.④

31 접합하려는 두 모재를 마주보게 하고 그루브는 만들지 않고 평면 그대로 용접하는 방법을 무엇이라고 하는가?

① 비드 용접 ② 필렛 용접
③ 플러그 용접 ④ 테르밋 용접

32 용접봉의 운행이 불량한 경우나 용접봉의 용융점이 모재보다 낮을 경우 용입부에 과잉 용착금속이 남는 현상을 무엇이라고 하는가?

① 언더컷 ② 피닝
③ 오버랩 ④ 스패터

33 허용 인장 응력이 80N/mm^2, 인장력이 40kN, 재료의 두께가 5mm라면 겹치기 필렛 용접을 할 경우 용접 길이는 얼마로 해야 하는가? (단, 용접면은 2면으로 한다)

① 68.42mm ② 70.72mm
③ 72.46mm ④ 74.72mm

Answer

31 ② 접합하는 재료를 단이 다르게 겹치든지 한편의 재료 위에 다른 재료를 세우든지 해서 거의 직각으로 교차하는 두 면을 용접하는 방법
③ 접합할 모재의 한 쪽에 구멍을 뚫고 판의 표면까지 용접하는 방법
④ 홈 용접이라고도 하며 모재에 홈을 가공하여 용접하는 방법

32 ① 전류의 과대 또는 아크를 짧게 유지하기 어려운 경우 모재 용접부가 지나치게 녹아서 홈 또는 오목한 부분이 발생하는 현상
② 비드 표면을 소성 변형시켜 응력을 제거함과 동시에 변형을 고정하는 것
④ 전류와 아크의 과대, 또는 용접봉의 결함 등에 의해 모재의 용접 부위에 용융금속이 튀겨서 묻는 현상

33
$$l = \frac{P}{2 \times 0.707 \times t\sigma_a}$$
$$= \frac{40,000}{2 \times 0.707 \times 5 \times 80} = 70.72\text{mm}$$

답— 31.① 32.③ 33.②

34 재료의 결합방법으로 용접이 널리 사용되는 이유는?

① 잔류 응력이 발생하지 않기 때문이다.

② 진동감쇠능력이 좋기 때문이다.

③ 비파괴 검사가 쉽기 때문이다.

④ 공정수가 적고 생산비가 저렴하기 때문이다.

35 판 두께 15mm, 용접길이 40cm인 관을 맞대기 용접을 하였을 때, 50,000N의 인장 하중이 작용한다면 인장 응력은?

① 1.83N/mm^2　　　　　　　　② 1.66N/mm^2

③ 2.49N/mm^2　　　　　　　　④ 8.33N/mm^2

36 용접 이음이 리벳 이음보다 우수한 점을 설명한 것으로 옳지 않은 것은?

① 리벳 이음에 비해 잔류 응력이 남지 않는다.

② 리벳 이음보다 판재의 두께에 제한이 없다.

③ 리벳 이음보다 효율이 좋다.

④ 리벳 이음보다 작업시 소음발생이 적다.

Answer

34 기계요소의 결합방법 중 용접의 비용이 가장 저렴하다.

35 $\sigma = \dfrac{P}{tl} = \dfrac{50,000}{15 \times 400} = 8.33\text{N/mm}^2$

36 ① 용접 이음은 잔류 응력으로 인하여 열 응력이 발생한다.

답— 34.④　35.④　36.①

37 강재용접시 열영향부의 국부 열변형으로 모재내부에 구속응력이 발생하여 미세한 균열이 발생되는 현상을 무엇이라 하는가?

① 피시아이   ② 라멜라티어링

③ 크레이터   ④ 스캘럽

38 허용 인장 응력이 100N/mm², 강판의 두께가 12mm, 용접 길이가 160mm일 때 V홈 맞대기 용접을 한다면 용접 두께는 얼마로 해야 하는가? (단, 용접부의 허용 인장 응력 = 80N/mm²)

① 10mm   ② 15mm

③ 20mm   ④ 25mm

39 다음 중 용접부 결함 검사에 해당하지 않는 것은?

① 육안 검사   ② 안전율 검사

③ 과전류법   ④ 방사선 검사

Answer

37 라멜라티어링 … 강재용접시 열영향부의 국부 열변형으로 모재내부에 구속응력이 발생하여 미세한 균열이 발생되는 현상

38 인장 응력과 용접 두께
- ㉠ 인장 응력$(W) = \sigma_t t l = 100 \times 12 \times 160 = 192,000$N
- ㉡ 용접 두께$(t) = \dfrac{W}{l\sigma_t} = \dfrac{192,000}{160 \times 80} = 15$mm

39 용접부 결함 검사의 종류 … 방사선 검사, 과전류법, 초음파 탐상법, 자기 탐상법, 육안 검사

답 ― 37.②   38.②   39.②

40 두께가 10mm인 관에 용접길이 140mm로 V홈 맞대기 용접 이음을 할 때 용접 두께는? (단, 허용 인장 인력＝80N/mm^2, 용접부의 허용 인장 응력＝60N/mm^2)

① 10mm

② 13mm

③ 16mm

④ 19mm

Answer

40 $P = \sigma_t t l = 80 \times 10 \times 140 = 112,000\text{N}$

$\sigma_t = \dfrac{P}{al}$

$a = \dfrac{P}{\sigma_t l} = \dfrac{112,000}{140 \times 60} = 13.3 \fallingdotseq 13\text{mm}$

답 40.②

축과 베어링

Chapter 01

축

1 두 축이 서로 평행하고 중심선의 위치가 서로 약간 어긋났을 경우, 각속도의 변화 없이 회전 동력을 전달시키려고 할 때 사용되는 커플링(coupling)은?

① 머프(muff) 커플링   ② 오울드 햄(old ham) 커플링

③ 유니버설(universal) 커플   ④ 셀러(Seller) 커플

2 그림과 같은 단순 지지보 AB 위에 균일분포 하중 $\omega = 200\,\text{N/m}$가 작용하고 있을 때 A단에서 $x = 1.5\,\text{m}$ 지점에서의 전단력의 크기는?

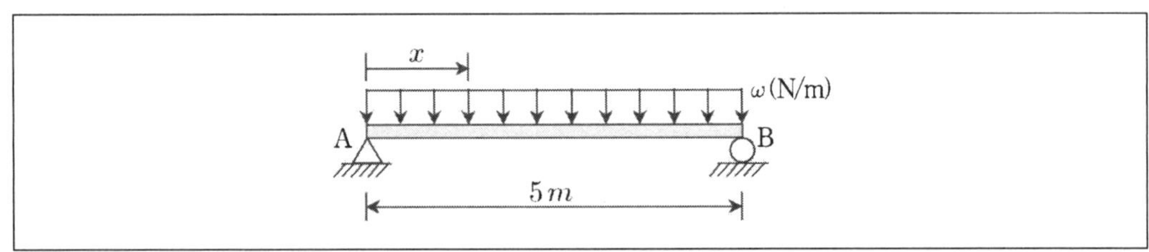

① 100N   ② 150N

③ 200N   ④ 250N

Answer

1 ① 전달동력이 작은 경우에 사용하며 인장 하중이 작은 곳에는 사용할 수 없다.
③ 양 축이 동일 평면상에 존재하며 두 축선이 일정각도 이하로 교차할 경우에 사용한다.
④ 원통 내면에 기울기가 있는 원추형으로 중앙부의 지름이 좁아지고 축 양단이 일직선상에 있다.

2 전단력 $F_{(x)} = R_A - wx = \dfrac{wl}{2} - wx$

$$= \frac{200 \cdot 5}{2} - 200 \cdot 1.5$$

$$= \frac{1000}{2} - 300$$

$$= 200$$

답—1.② 2.③

3 어떤 축이 40 N · mm의 비틀림 모멘트와 30 N · mm의 굽힘 모멘트를 동시에 받고 있을 때, 최대주응력설에 의한 상당굽힘모멘트는?

① 30 N · mm
② 40 N · mm
③ 50 N · mm
④ 60 N · mm

4 다음 중 상당 굽힘 모멘트를 나타낸 것은?

① $M_e = \dfrac{1}{2}\left(M + \sqrt{M^2 + T^2}\right)$
② $M_e = M + \sqrt{M^2 + T^2}$

③ $M_e = \dfrac{1}{2}\left(T + \sqrt{M^2 + T^2}\right)$
④ $M_e = T + \sqrt{M^2 + T^2}$

5 축(shaft)을 설계할 때 고려할 사항으로 옳지 않은 것은?

① 전동축의 경우는 굽힘응력과 비틀림에 의한 전단응력이 같이 발생한다.
② 동일 재료의 경우 중공축은 동일 단면적을 갖는 중실축에 비해 전달할 수 있는 토크가 작다.
③ 축이 베어링으로 고정되었을 때는 축변형의 경사각도 고려하여 설계하여야 한다.
④ 기어 또는 벨트 풀리를 고정하여 사용하는 전동축은 상당굽힘모멘트와 상당비틀림모멘트를 이용하여 안전 여부를 판단한다.

Answer

3 $M = \dfrac{1}{2}\left(M + \sqrt{M^2 + T^2}\right)$

$\qquad = \dfrac{1}{2}\left(30 + \sqrt{30^2 + 40^2}\right)$

$\qquad = \dfrac{1}{2} \times 80$

$\qquad = 40\,\text{N} \cdot \text{mm}$

4   상당 굽힘 모멘트$(M_e) = Z \cdot \sigma_{\max} = \dfrac{1}{2}\left(M + \sqrt{M^2 + T^2}\right)$

5   ② 동일 재료의 경우 중공축은 동일 단면적을 갖는 중실축에 비해 전달할 수 있는 토크가 크다.

답 3.②   4.①   5.②

6 직경 d를 갖는 중실축에 비해 동일 재질의 직경 $\dfrac{d}{2}$인 중실축이 전달할 수 있는 토크비 $\left(\dfrac{T_{\frac{d}{2}}}{T_d}\right)$는?

① $\dfrac{1}{2}$

② $\dfrac{1}{4}$

③ $\dfrac{1}{8}$

④ $\dfrac{1}{16}$

7 유니버셜 조인트의 원활한 진동을 위해 제한하는 각도는?

① $45°$ 이하

② $60°$ 이하

③ $15°$ 이하

④ $30°$ 이하

⑤ $180°$ 이하

Answer

6 직경 d를 갖는 중실축의 $T_d = \dfrac{\pi}{16}d^3\tau$이고,

직경 $\dfrac{d}{2}$를 갖는 중실축의 $T_{\frac{d}{2}} = \dfrac{\pi}{16}\left(\dfrac{d}{2}\right)^3 \cdot \tau = \dfrac{\pi}{128}d^3 \cdot \tau$이다.

토크비를 구하면 $\dfrac{T_{\frac{d}{2}}}{T_d} = \dfrac{\dfrac{\pi}{128}d^3 \cdot \tau}{\dfrac{\pi}{16}d^3 \cdot \tau} = \dfrac{16}{128} = \dfrac{1}{8}$ 이 된다.

7 유니버셜 조인트
㉠ 양 축이 동일한 평면상에 존재한다.
㉡ 두 축이 일정각도 이하($\alpha < 30°$)로 교차할 경우 사용한다.
㉢ 공작기계, 자동차 동력전달장치, 압연롤러로 사용하며 훅 조인트라고도 한다.

답— 6.③ 7.④

8 축의 종류 중 주로 굽힘 응력을 받는 것은?

① 차축

② 전동축

③ 추진축

④ 비틀림축

⑤ 크랭크축

9 다음 중 어느 중실축의 축지름이 d, 동력이 H, 회전수가 N일 때 바하의 축 공식으로 옳은 것은? (단, 재료에 따른 상수는 k이다)

① $d = 120^3 \sqrt{\dfrac{H}{N}}$

② $d = 120^3 \sqrt{\dfrac{N}{H}}$

③ $d = 120^4 \sqrt{\dfrac{H}{N}}$

④ $d = 120^4 \sqrt{\dfrac{N}{H}}$

10 동력이 10PS, 회전수가 1,200rpm으로 회전하는 축의 토크는 얼마인가?

① $47,223\text{N} \cdot \text{mm}$

② $52,313\text{N} \cdot \text{mm}$

③ $59,683\text{N} \cdot \text{mm}$

④ $62,353\text{N} \cdot \text{mm}$

Answer

8 차축 … 굽힘 응력만 받는 축으로 정지축과 회전축으로 분류된다.
㉠ 정지축 : 굽힘 응력을 받으면서 토크를 전달하지 않는 축
㉡ 회전축 : 굽힘 응력을 받으며 토크를 전달하는 축
㉢ 차량의 차축, 기차, 전차 등에 사용된다.

9 바하의 축 설계식
㉠ 중실축의 경우 : $d = 120^4 \sqrt{\dfrac{H}{N}}$ (mm)

㉡ 중공축의 경우 : $d_2 = 120^4 \sqrt{\dfrac{H}{N(1-x^4)}}$ (mm)

10 $1\text{PS} = 750\text{N} \cdot \text{m/s}$

$$H = H_{\text{PS}} = \frac{T_W}{750 \times 1,000} = \frac{T \times \dfrac{2\pi N}{60}}{750 \times 1,000} = \frac{2\pi NT}{750 \times 1,000 \times 60}$$

$$T = 7,162,000 \frac{H}{N} \text{(mm)}$$

$$= 7,162,000 \times \frac{10}{1,200} = 59,683.3\text{N} \cdot \text{mm}$$

답 8.① 9.③ 10.③

11 축에 대한 설명 중 옳지 않은 것은?

① 스핀들은 길이가 짧고 고속회전하는 키로 주로 비틀림을 받는 축이다.

② 추진축은 선박의 스크류나 프로펠러에 사용되는 축으로 굽힘, 비틀림, 압축, 인장 등을 받는다.

③ 크랭크축은 직선왕복운동을 회전운동으로 바꾸어 주는 축으로 내연기관, 압축기 등에 사용한다.

④ 플렉시블축은 충격을 완화할 목적으로 사용되는 축으로 비틀림 강성은 좋으나 굽힘 강성은 극히 작은 축이다.

12 다음은 취성재료나 연성재료로 구성된 중공축이 굽힘과 비틀림을 동시에 받게 되는 경우의 파괴에 관한 사항들이다. 이 중 바른 것은?

① 주철과 같은 취성재료는 굽힘모멘트와 비틀림모멘트가 서로 파괴에 동일한 만큼 영향을 준다.

② 연강과 같은 연성재료는 굽힘모멘트보다는 비틀림모멘트가 파괴에 훨씬 큰 영향을 미친다.

③ 주철과 같은 취성재료는 비틀림모멘트만이 단독으로 작용하여 파괴가 된다.

④ 연강과 같은 연성재료는 굽힘모멘트와 비틀림모멘트가 서로 파괴에 동일한 만큼의 영향을 준다.

**Answer**

11 축의 분류
　㉠ **플랙시블축** : 굴곡이 자유로운 축으로 축선방향이 변하여도 작은 회전토크를 전달할 수 있고 비틀림 강성은 좋지만 굽힘 강성은 작다.
　㉡ **스핀들** : 기계 내부에 장착된 회전축으로 형상치수가 정밀하며, 비틀림 작용을 받고 동력을 전달시키는 축이다. 선반, 밀링머신 등 공작기계의 주축으로 사용한다.
　㉢ **크랭크축** : 왕복운동기관에서 직선운동과 회전운동을 상호 변환시키는 축으로 사용한다.

12 주철과 같은 취성재료는 비틀림모멘트보다는 굽힘모멘트가 파괴에 훨씬 큰 영향을 미친다. (최대주응력설에 의해 주로 파괴되기 때문이다.)
연강과 같은 연성재료는 굽힘모멘트보다는 비틀림모멘트가 파괴에 훨씬 큰 영향을 미친다. (최대전단응력설에 의해 주로 파괴되기 때문이다.)

답 — 11.③　12.②

13 등가 비틀림 모멘트 T_e 와 등가 굽힘 모멘트 M_e 가 옳게 표시된 것은?

① $T_e = \sqrt{0.5(M^2 + T^2)}$, $M_e = 0.5M + \sqrt{0.5(M^2 + T^2)}$

② $T_e = \sqrt{0.5(M^2 + T^2)}$, $M_e = 0.5M + \sqrt{(M^2 + T^2)}$

③ $T_e = \sqrt{(M^2 + T^2)}$, $M_e = 0.5M + 0.5\sqrt{(M^2 + T^2)}$

④ $T_e = \sqrt{(M^2 + T^2)}$, $M_e = 0.5M + \sqrt{(M^2 + T^2)}$

14 다음 중 위험속도에 관한 설명으로 옳은 것은?

① 위험속도를 고려한 축 설계시 회전수는 위험속도로부터 적어도 ±10% 이상 떨어지게 한다.

② 축의 위험속도에서는 진동수가 점점 커진다.

③ 축의 위험속도는 가로 진동에 대해서만 고려하여야 한다.

④ 축의 위험속도에서는 진폭이 급격히 커진다.

15 속이 찬 축에서 축의 지름을 2배로 하면 전달토크는 몇 배가 되는가?

① 1/4

② 1/2

③ 4

④ 8

Answer

13 비틀림 모멘트를 T, 굽힘 모멘트를 M이라 하면 등가 비틀림 모멘트는 T_e는 $\sqrt{(M^2 + T^2)}$ 이고, 등가 굽힘 모멘트 M_e는 $0.5M + 0.5\sqrt{(M^2 + T^2)}$ 이다.

14 축의 위험속도
  ㉠ 축의 비틀림 변형, 굽힘 변형이 급격히 변하는 경우에 발생한다.
  ㉡ 진폭이 급격히 커지게 된다.

15 축에 작용하는 비틀림 모멘트

$T = \dfrac{\pi d^3}{16}\tau_a$ 이므로 직경이

2배가 되면 전달토크는 8배가 된다.

답 — 13.③ 14.④ 15.④

16 비틀림 모멘트 T를 이용하여 축의 지름 d를 구할 때 올바른 식은?

① $d = \left(\dfrac{5\tau}{T}\right)^{\frac{1}{3}}$ ② $d = \left(\dfrac{10\,T}{\tau}\right)^{\frac{1}{3}}$

③ $d = \left(\dfrac{5\,T}{\tau}\right)^{\frac{1}{3}}$ ④ $d = \left(\dfrac{10\tau}{T}\right)^{\frac{1}{3}}$

17 80,000N · mm의 비틀림 모멘트가 작용하는 지름 20mm의 속이 찬 축에 생기는 전단 응력은 얼마인가?

① 25.4N/mm^2 ② 50.9N/mm^2

③ 254N/mm^2 ④ 509N/mm^2

18 축 지름이 2배가 되면 비틀림 각은 몇 배가 되는가?

① $\dfrac{1}{2}$ ② $\dfrac{1}{4}$

③ $\dfrac{1}{8}$ ④ $\dfrac{1}{16}$

**Answer**

16 비틀림 모멘트를 받는 중심축의 직경은 $T = \dfrac{\pi d^3}{16}\tau$ 에서 $d = \left(\dfrac{5\,T}{\tau}\right)^{\frac{1}{3}}$

17 $\tau = \dfrac{16\,T}{\pi d^3} = \dfrac{16 \times 80,000}{\pi \times 20^3} = 50.9\text{N/mm}^2$

18 비틀림 각

$$\theta = \frac{T \cdot l}{G \cdot I_P} = \frac{Tl}{G} \cdot \frac{32}{\pi d_4}$$

따라서, 직경이 2배가 되면 비틀림 각은 $\dfrac{1}{16}$ 이 된다.

답 — 16.③ 17.② 18.④

19 지름 d인 축에 $M = 2T$인 굽힘 모멘트가 비틀림 모멘트 T와 함께 작용하면 비틀림 모멘트 T만 작용할 때에 비해 축의 전단 응력은 몇 배가 되겠는가?

① $\sqrt{2}$
② $\sqrt{3}$
③ $\sqrt{5}$
④ 3

20 공작기계의 주축 등에 사용되는 스핀들이 받는 힘은?

① 비틀림과 휨을 동시에 받는다.
② 주로 압축만을 받는다.
③ 주로 휨만을 받는다.
④ 주로 비틀림만을 받는다.

21 차축에 대한 설명 중 옳지 않은 것은?

① 주로 굽힘 모멘트를 받는다.
② 축을 지지하는 기계요소를 베어링이라고 한다.
③ 축 자체가 고정되어 있는 자동차의 뒷 차축을 회전 차축이라 한다.
④ 차축이 차륜에 고정되어 차륜과 같이 회전하는 축을 회전 차축이라 한다.

 **Answer**

19 전단 응력
㉠ 비틀림 모멘트 T를 받는 경우

$$\tau_a = \frac{16T}{\pi d^3}$$

㉡ 굽힘 모멘트와 비틀림 모멘트를 동시에 받는 경우
$M = 2T$ 이므로

$$T_e = \sqrt{M^2 + T^2} = \sqrt{4T^2 + T^2} = \sqrt{5T^2} = \sqrt{5}\,T$$

$$\therefore \tau_a = \frac{16T_e}{\pi d^3} = \frac{16\sqrt{5} \cdot T}{\pi d^3}$$

20 스핀들 … 기계 내부에 장착된 회전축으로 형상치수가 정밀하며 비틀림 작용을 받고 동력을 전달시키는 축이다. 선반, 밀링머신 등 공작기계의 주축으로 사용한다.

21 정지 차축 … 축 자체가 고정되어 있는 차축으로 자동차 뒷 차축과 같이 차륜은 회전하지만 차축은 회전하지 않는 것을 말한다.

답 — 19.③ 20.④ 21.③

22 속이 찬 축에서 축의 지름을 $\frac{1}{2}$로 할 경우 전달토크는 얼마나 감소하는가?

① $\frac{1}{4}$

② $\frac{1}{8}$

③ $\frac{1}{16}$

④ $\frac{1}{32}$

23 다음 중 공장용 전동축의 종류가 아닌 것은?

① 주축(main shaft)

② 선축(line shaft)

③ 스핀들축(spindle shaft)

④ 중간축(counter shaft)

24 플렉시블축에 대한 설명으로 옳지 않은 것은?

① 비틀림 강성은 있으나 굽힘 강성은 적은 축이다.

② 축선 방향이 변하더라도 작은 회전 토크 전달을 할 수 있다.

③ 철사를 4 ~ 10층으로 꼬아 만든 것으로 자유롭게 휘어지는 축을 코일형 플렉시블축이라 한다.

④ 소형 커플링이나 단축 원통을 이어 맞춘 축으로 축 전체가 자유롭게 구부러질 수 있는 축을 크랭크축이라 한다.

Answer

22 전달토크는 직경의 세제곱에 비례하므로 $\frac{1}{8}$이 된다.

23 공장용 전동축은 주축, 선축, 중간축 세 종류로 나뉜다.

24 ④ 크랭크축이 아니라 자유 이음형 플렉시블축이다.

답 — 22.② 23.③ 24.④

25 축을 분류한 것으로 옳지 않은 것은?

① 단면 모양에 따른 분류 – 원형축, 각축

② 회전 유무에 따른 분류 – 회전축, 정지축

③ 작용 하중에 따른 분류 – 직선축, 회전축, 스핀들

④ 외부 형태에 따른 분류 – 직선축, 크랭크축, 유연축, 경사축

26 굽힘 모멘트 M과 비틀림 모멘트 T가 동시에 작용하는 축의 상당 굽힘 모멘트 M_e 는?

① $M_e = \dfrac{1}{2}(M + \sqrt{M^2 + T^2})$ ② $M_e = \dfrac{1}{2}(M + \sqrt{M^2 + 4T^2})$

③ $M_e = \sqrt{M^2 + 4T^2}$ ④ $M_e = \dfrac{1}{2}\sqrt{M^2 + T^2}$

27 공간상의 제약으로 인해 직선형태의 축을 사용할 수 없는 축은?

① 단붙임축(Flexible Shaft) ② 직선축(Strait Shaft)

③ 곡선축(Crank Shaft) ④ 테이퍼축(Taper Shaft)

Answer

25 작용 하중에 따른 분류 ⋯ 차축, 스핀들, 전동축

26 굽힘 모멘트와 비틀림 모멘트가 동시에 작용하는 경우의 상당 굽힘 모멘트

$$M_e = \frac{1}{2}(M + \sqrt{M^2 + T^2})$$

27 모양에 따른 축의 분류

㉠ 직선축(Strait Shaft) : 일반적인 동력 전달용으로 축의 형태가 직선이다.

㉡ 테이퍼축(Taper Shaft) : 축의 형태가 원뿔형의 테이퍼를 가지고 주로 연삭기의 주축으로 사용한다.

㉢ 단붙임축(Flexible Shaft) : 공간상의 제약으로 직선형태의 축을 사용할 수 없을 때 사용한다.

㉣ 곡선축(Crank Shaft) : 'ㄷ'자 형태의 축으로 직선운동과 회전운동을 변환시킬 때 사용하며, 주로 내연기관이나 압축기 등에서 사용한다.

답 – 25.③ 26.① 27①

28 중실축과 중공축이 있다. 중실축의 무게를 W, 중공축의 무게를 W_0라고 하면 동일한 토크를 전달하기 위한 두 무게의 비로 옳은 것은? (단, $x = 0.8$, $d_2 = 1.2d$)

① $W = 0.52\,W_0$ ② $W_0 = 0.42\,W$

③ $W = 0.42\,W_0$ ④ $W_0 = 0.52\,W$

29 $N = 400\text{rpm}$, $H = 10\text{kW}$를 전달시키는 축의 비틀림 모멘트는?

① $81,170\text{N} \cdot \text{mm}$ ② $121,750\text{N} \cdot \text{mm}$

③ $243,500\text{N} \cdot \text{mm}$ ④ $730,500\text{N} \cdot \text{mm}$

30 다음 중 전동축의 안전율로서 가장 적합한 범위는?

① $1{\sim}3$ ② $3{\sim}5$

③ $5{\sim}8$ ④ $8{\sim}10$

Answer

28 축의 무게의 비는 단면적의 비와 비례하므로 다음과 같이 계산한다.

$$\frac{A_0}{A} = \frac{W_0}{W} = \frac{\dfrac{\pi}{4}(d_2{}^2 - d_1{}^2)}{\dfrac{\pi d^2}{4}} = (1.2)^2 \cdot (1 - x^2) = 0.52$$

29
$$T = 9,740,000 \times \frac{H_{\text{kW}}}{N}$$
$$= 9,740,000 \times \frac{10}{400} = 243,500\text{N} \cdot \text{mm}$$

30 전동축의 안전율은 일반적으로 $8{\sim}10$정도이다.

답 — 28.④ 29.③ 30.④

31 축 재료의 허용 전단 응력이 102N/mm²이고 회전수 800rpm으로 10kW를 전달하는 중실축의 직경은?

① 15mm

② 17mm

③ 18mm

④ 20mm

32 축의 재료에 대한 설명으로 옳지 않은 것은?

① 탄소가 0.1 ~ 0.4% 함유된 탄소강을 사용한다.

② 하중을 크게 받거나 고속 회전하는 축은 니켈 – 크롬 – 몰리브덴강 등의 합금강을 사용한다.

③ 마멸을 견뎌야 하는 축에는 침탄법, 고주파 담금질법으로 경화한 합금강을 사용한다.

④ 크랭크축과 같이 복잡한 형상을 가진 축에는 합금강을 사용한다.

33 축의 위험속도에 대한 설명으로 옳지 않은 것은?

① 회전수는 위험속도보다 ±20% 이상으로 운전하는 것이 바람직하다.

② 축의 비틀림 변형이나 굽힘 변형이 급격히 변하는 경우에 발생한다.

③ 축 자체의 비틀림이 비틀림의 고유 진동수와 일치하는 경우에 발생한다.

④ 위험속도에 도달하면 진동의 진폭이 증가하게 된다.

34 축이 영향을 미치는 요인으로 옳지 않은 것은?

① 부식

② 응력 집중

③ 안전율

④ 하중

Answer

31 비틀림 모멘트$(T) = 9,740,000 \times \dfrac{H_{kW}}{N} = 9,740,000 \times \dfrac{10}{800} = 121,750 \text{N} \cdot \text{mm}$

직경$(d) = \sqrt[3]{\dfrac{5.1\,T}{\tau}} = \sqrt[3]{\dfrac{5.1 \times 121,750}{102}} = 18.2 \fallingdotseq 18\text{mm}$

32 ④ 크랭크축과 같이 복잡한 형상 혹은 높은 하중을 받는 축에는 단조강, 미하나이트 주철 등을 사용한다.

33 위험속도 … 회전수는 위험속도보다 ± 20% 이하로 운전하는 것이 바람직하다.

34 축에 영향을 미치는 요인 … 부식, 고온, 하중, 응력 집중, 표면 거칠기, 진동

답 — 31.③ 32.④ 33.① 34.③

35 내외경비$n = \dfrac{d_1}{d_2} = 0.8$이 되고, 지름 60mm되는 실제축과 강도가 같은 중공축의 바깥지름은?

① 51.5mm

② 61.5mm

③ 71.5mm

④ 82.3mm

36 축의 비틀림 모멘트가 44kN · cm이고 회전수가 300rpm이라면, 이때 전동축이 전달하는 동력은 얼마인가?

① 12.34PS

② 14.05PS

③ 18.43PS

④ 21.45PS

37 축의 직경을 d, 축재료의 전단 허용 응력을 τ라고 하면 비틀림 모멘트는 얼마인가?

① $T = \dfrac{\pi d^2}{16} \cdot \tau$

② $T = \dfrac{\pi d^3}{16} \cdot \tau$

③ $T = \dfrac{\pi d^3}{32} \cdot \tau$

④ $T = \dfrac{\pi d^2}{32} \cdot \tau$

 **Answer**

35 $d_2 = \sqrt[3]{\dfrac{d^3}{1 - n^4}} = \sqrt[3]{\dfrac{60^3}{1 - (0.8)^4}} = 71.52\text{mm}$

36 축의 동력전달

$$H = \frac{TN}{716,200} = \frac{44,000 \times 300}{716,200} = 18.43\text{PS}$$

37 비틀림 모멘트

$$T = \tau \cdot z_p = \frac{\pi d^3}{16} \cdot \tau$$

답 — 35.③ 36.③ 37.②

38 축 재료의 허용 굽힘 응력이 51N/mm²인 양 끝을 지지하고 있는 길이 1m의 중실축이 있다. 이 축 중앙에 6,000N의 집중 하중을 받을 때 견딜 수 있는 축의 직경은?

① 53mm

② 67mm

③ 72mm

④ 81mm

39 지름 15cm, 길이 6m의 강제 둥근축이 400rpm으로 회전한다. 1m에 대해 1/4°의 비틀림각으로 가로 탄성계수를 0.74×10^5N/mm²로 할 때, 이 축이 전달하는 동력은?

① 109.7kW

② 208.2kW

③ 318.4kW

④ 319.2kW

40 전동기에서 직접 연결되는 축의 이름은 무엇인가?

① 선축

② 주축

③ 중간축

④ 직선축

Answer

38 축에 영향을 미치는 굽힘 모멘트를 구한 후 그 값으로 직경을 구한다.

$$굽힘\ 모멘트(M) = \frac{Pl}{4} = \frac{6,000 \times 1,000}{4} = 1,500,000 \text{N} \cdot \text{mm}$$

$$직경(d) = \sqrt[3]{\frac{10.2M}{\sigma}} = \sqrt[3]{\frac{10.2 \times 1,500,000}{51}} \fallingdotseq 67 \text{mm}$$

39 $\theta = \dfrac{Tl}{GIp}$, $T = \dfrac{\theta GIp}{l}$

$$\theta = 0.25° = \frac{0.25 \times \pi}{180} = 0.00436 \text{rad}$$

$$T = \frac{\theta \cdot G \cdot \pi \cdot d^4}{32 \cdot l} = \frac{0.00436 \times 0.74 \times 10^5 \times \pi \times 150^4}{6,000 \times 32} = 2,672,587.2 \text{N} \cdot \text{mm}$$

$$T = 9,740,000 \frac{H_{kW}}{N}, \quad H_{kW} = \frac{T \cdot N}{9,740,000} = \frac{2,672,587.2 \times 400}{9,740,000} = 109.7 \text{kW}$$

40 축의 분류

㉠ 선축 : 주축으로부터 동력을 받아 동력을 분배하는 축이다.

㉡ 주축 : 동력원으로부터 직접 동력을 받는 축이다.

㉢ 중간축 : 선축으로부터 동력을 받아 각각의 기계로 동력을 보내는 축이다.

답 — 38.② 39.① 40.②

41 직경 80mm의 중심축과 비틀림 강도가 같은 중공축의 내외 강도비가 0.9일 때 중공축의 외경 d_2는?

① 94mm
② 104mm
③ 114mm
④ 124mm

42 굽힘 하중과 비틀림 하중을 동시에 받는 축이 아닌 것은?

① 드럼축
② 차축
③ 프로펠러축
④ 크랭크축

43 축의 허용 전단 응력이 50N/mm²이고, 축의 외경이 80mm인 중공축에서 400rpm, 60PS를 전달하려면 중공축의 내경은?

① 65mm
② 75mm
③ 85mm
④ 95mm

Answer

41 중심축 비틀림 모멘트$(T_1) = \tau Z_P = \dfrac{\pi d^3}{16}\tau$

중공축 비틀림 모멘트$(T_2) = \tau Z_P = \dfrac{\pi d^3(1-x^4)}{16}\tau$

$T_1 = T_2, \quad \dfrac{\pi d^3}{16}\tau = \dfrac{\pi {d_2}^3(1-x^4)}{16}\tau$

$d^3 = {d_2}^3(1-x^4)$

$d_2 = \sqrt[3]{\dfrac{d^3}{1-x^4}} = \sqrt[3]{\dfrac{80^3}{1-(0.9)^4}} = 114.1 \fallingdotseq 114\text{mm}$

42 ② 차축은 굽힘 하중만을 받을 때 사용하는 축이다.

43 $T = 7,162,000\dfrac{H_{\text{PS}}}{N} = \tau Z_P$

$T = 7,162,000\dfrac{60}{400} = 1,074,300\text{N}\cdot\text{mm}$

$Z_P = \dfrac{\pi({d_2}^4 - {d_1}^4)}{16 d_2}$

$d_1 = \sqrt[4]{{d_2}^4 - \dfrac{T}{\tau}\cdot\dfrac{16 d_2}{\pi}} = \sqrt[4]{80^4 - \dfrac{1,074,300}{50}\cdot\dfrac{16\times80}{\pi}} = 75.3 \fallingdotseq 75\text{mm}$

답— 41.③ 42.② 43.②

44 $W = 50\text{kN}$, $l_1 = 300\text{mm}$, $l = 1{,}240\text{mm}$, $\sigma_p = 204\text{N/mm}^2$인 차량용 차축의 지름은?

① 81

② 86

③ 91

④ 101

45 바하(Bach)의 축 설계식으로 옳은 것은?

① $d = 120^{\,4}\sqrt{\dfrac{N}{H}}\ (\text{mm})$

② $d = 120^{\,4}\sqrt{\dfrac{H}{N}}\ (\text{mm})$

③ $d = 12^{\,4}\sqrt{\dfrac{N}{H}}\ (\text{mm})$

④ $d = 12^{\,4}\sqrt{\dfrac{H}{N}}\ (\text{mm})$

46 다음 중 축의 치수를 정하는데 있어서 필요한 것이 아닌 것은?

① 축에 작용하는 하중

② 축의 형상

③ 축의 표면재질

④ 축의 비틀림강성

47 400rpm으로 회전하는 전동축은 10kN · mm의 비틀림 모멘트를 발생시킨다. 이 축에 필요한 동력은 얼마인가?

① 0.32kW

② 0.41kW

③ 0.54kW

④ 0.61kW

Answer

44 $M = W_1 = 50{,}000 \times 300 = 15{,}000{,}000\text{N} \cdot \text{mm}$

$M = \sigma_p Z$

$d = \sqrt[3]{\dfrac{10.2M}{\sigma_p}} = \sqrt[3]{\dfrac{10.2 \times 15{,}000{,}000}{204}} = 90.8 \fallingdotseq 91\text{mm}$

45 바하의 축 설계(중실축의 경우)

$d = 120^{\,4}\sqrt{\dfrac{H}{N}}\ (\text{mm})$ 또는 $d = 130^{4}\sqrt{\dfrac{H'}{N}}\ (\text{mm})$

46 축의 표면재질은 축의 치수를 정하는데 있어서 반드시 필요한 것은 아니다.

47 $H' = \dfrac{TN}{9{,}740{,}000} = \dfrac{10{,}000 \times 400}{9{,}740{,}000} = 0.41\text{kW}$

답 — 44.③ 45.② 46.③ 47.②

48 7,500N · m의 비틀림 모멘트를 받는 축의 지름은? (단, 허용 비틀림 응력＝102N/mm^2)

① 70mm

② 72mm

③ 90mm

④ 91mm

49 허용 비틀림 응력이 102N/mm^{2}일 때, 20,000N · m의 비틀림 모멘트를 받는 축의 지름은?

① 16mm

② 26mm

③ 36mm

④ 100mm

50 100rpm으로 회전하여 20kW를 전달시킬 때의 축의 직경은 70mm이다. 허용 전단 응력은?

① 29N/mm^2

② 39N/mm^2

③ 49N/mm^2

④ 59N/mm^2

51 회전축의 위험속도에 대한 설명으로 옳은 것은?

① 축이 위험속도에 도달하게 되면 진동 주파수가 커지게 된다.

② 축이 위험속도에 도달하게 되면 진폭이 커지게 된다.

③ 축의 위험속도는 가로 진동만을 고려해야 한다.

④ 공진 주파수는 1차, 2차, 3차 중에서 3차 주파수가 가장 위험하다.

 **Answer**

48 $d = \sqrt[3]{\dfrac{5.1\,T}{\tau}} = \sqrt[3]{\dfrac{5.1 \times 7,500,000}{102}} = 72.1 \fallingdotseq 72\text{mm}$

49 $d = \sqrt[3]{\dfrac{5.1\,T}{\tau}} = \sqrt[3]{\dfrac{5.1 \times 20,000,000}{102}} = 100\text{mm}$

50 $T = 9,740,000\dfrac{H_{\text{kW}}}{N} = \tau Z_p$

$\tau = 9,740,000\dfrac{20}{100} \times \dfrac{16}{\pi \times 70^3} = 28.9 \fallingdotseq 29\text{N/mm}^2$

51 회전축의 위험속도는 축이 회전함에 따라 축 자체의 고유 진동수와 축이 회전함에 따라 발생하는 진동수가 동일하게 되어 공진현상이 발생하게 된다. 이러한 공진현상으로 인해 진폭이 증가하는 것이다.

답— 48.② 49.④ 50.① 51.②

52 다음은 축의 처짐량에 대한 제한사항들이다. 이 중 바르지 않은 것은? (δ는 처짐량, l는 축의 길이)

① 공장전동축 : $\delta/l \leq 0.35$mm/m

② 일반전동 축 : $\delta/l \leq 0.30$mm/m (균일분포하중 작용시)

③ 일반전동축 : $\delta/l \leq 0.45$mm/m (중앙집중하중 작용시)

④ 터빈축 : $\delta/l \leq 0.128 \sim 0.165$mm/m (원관형 축)

53 회전체에 의한 축의 처짐 $\delta = 0.88$mm, 중력 가속도 $g = 980$cm/s인 무게 W의 회전체를 지지하고 있는 축의 위험속도는?

① 3,180rpm   ② 1,000rpm

③ 638rpm   ④ 1,008rpm

54 다음 중 축에 대한 설명으로 옳지 않은 것은?

① 베어링으로 지지되고 하중을 받으며 동력을 전달하는 기계요소이다.

② 단면 모양에 따라 둥근축, 각축, 스플라인축으로 구분된다.

③ 축의 재료로는 탄소강, 주강품, 단장품 등이 사용된다.

④ 둥근축은 속이 차 있는 중공축과 비어 있는 중실축으로 나뉜다.

Answer

52 축의 처짐량에 대한 제한

㉠ 공장전동축 : $\delta/l \leq 0.35$mm/m

㉡ 일반전동축

  $\delta/l \leq 0.30$mm/m (균일분포하중 작용시)

  $\delta/l \leq 0.33$mm/m (중앙집중하중 작용시)

㉢ 터빈축

  $\delta/l \leq 0.026 \sim 0.128$mm/m (원통형 축)

  $\delta/l \leq 0.128 \sim 0.165$mm/m (원관형 축)

㉣ 기어축 : $\delta/b \leq 0.05$mm/m (b: 이의 폭)

㉤ 선반주축 : $\delta/P \leq 0.05 \sim 0.2$mm/980N (주축 끝에서의 처짐/하중)

53 위험속도$(N_c) = \dfrac{30}{\pi}\sqrt{\dfrac{g}{\delta}} = \dfrac{30}{\pi}\sqrt{\dfrac{980}{0.88}} \fallingdotseq 1,008$rpm

54 ④ 둥근축은 속이 차 있는 중실축과 비어 있는 중공축으로 나뉜다.

답— 52.③ 53.④ 54.④

Chapter 02

축 이음

1 다음에 제시한 축이음 방법 중에서 두 축 간의 축경사나 편심을 흡수할 수 없는 축 이음 방법은?

① 고무 커플링
② 기어 커플링
③ 유니버셜 조인트
④ 플랜지 커플링

2 플랜지 커플링의 특징으로 볼 수 없는 것은?

① 고속회전축으로 사용한다.
② 공장전동축, 일반기계 등에 널리 사용된다.
③ 토크의 정확한 전달이 불가능하다.
④ 양단에 플랜지를 각각 끼워 맞춘 후 키로 고정하고 플랜지를 리머볼트로 연결한 형태이다.

3 다음 중 원통 커플링이 아닌 것은?

① 머프 커플링
② 반중첩 커플링
③ 올덤 커플링
④ 셀러 커플링
⑤ 클램프 커플링

Answer

1 플랜지 커플링
　㉠ 양 축단에 플랜지를 각각 억지 끼워 맞춤으로 끼운 다음 키로 고정하고 리머 볼트를 사용하여 플랜지를 연결한 것이다.
　㉡ 토크를 정확히 전달할 수 있다.
　㉢ 지름이 큰 축과 고속도 회전축에 적당하다.
　㉣ 용도 : 일반 기계의 커플링 또는 공장 전동축에 사용된다.

2 ③ 플랜지 커플링은 토크를 정확하게 전달할 수 있다.

3 원통 커플링의 종류 ⋯ 머프 커플링, 반중첩 커플링, 마찰 원통 커플링, 클램프 커플링, 셀러 커플링, 확장 테이퍼 링 커플링

답 1.④　2.③　3.③

4 다음 중 플랙시블 커플링 이음을 사용할 때의 설명으로 옳지 않은 것은?

① 기어를 사용한다.

② 고무나 가죽을 이용한다.

③ 스폰지나 석면을 사용한다.

④ 강철 또는 스프링을 이용한다.

5 커플링의 종류 중 두 축이 어느 정도로 교차되고 그 사이의 각도가 운전 중 다소 변하더라도 자유로이 운동을 전달할 수 있는 커플링은 어느 것인가?

① 마찰 원통 커플링   ② 유니버셜 조인트

③ 플렉시블 커플링   ④ 올덤 커플링

6 다음 중 커플링에 대한 설명으로 옳지 않은 것은?

① 두 축이 어긋나는 경우에는 올덤 커플링을 사용한다.

② 두 축이 교차하는 경우에는 유니버셜 조인트를 사용한다.

③ 두 축이 동일선상에 있을 때 사용하는 것은 고정 커플링이다.

④ 두 축이 동일선상에 있으나 정확하지 않을 때는 올덤 커플링을 사용한다.

Answer

4 ④ 플랙시블축은 굴곡이 자유로운 것이 특징이므로 강성이 강한 강철이나 스프링에는 부적합하다.

5 ② 두 축이 만나거나 평행한 경우와 만나는 각이 변화할 때 사용하는 축 이음은 유니버셜 조인트이다.

6 올덤 커플링
㉠ 두 개의 축이 평행하지만 축 중심이 어긋나 있을 경우에 사용한다.
㉡ 각속도의 변화없이 동력을 전달할 때 사용한다.

답 4.④ 5.② 6.④

7 다음 축 이음에 대한 설명 중 옳지 않은 것은?

① 원통 커플링은 지름이 작은 축에 사용한다.

② 플랜지 커플링은 축의 중심이 일치할 때만 사용 가능하다.

③ 유니버셜 커플링은 두 축이 임의의 각도로 교차하는 경우에 사용한다.

④ 올덤 커플링은 두 축의 중심선이 일치할 때 사용한다.

8 안지름이 150mm, 바깥지름이 230mm인 물림 클러치의 평균 반지름은 몇 mm인가?

① 85

② 90

③ 95

④ 100

Answer

7 축 이음

　㉠ 원통 커플링
- 작은 동력전달에 사용한다.
- 조립 및 분해가 쉽고, 확실한 전동을 위해 묻힘 키를 사용할 수 있다.

　㉡ 플랜지 커플링
- 큰 토크를 전달하는 데 적당하다.
- 재료는 주철을 사용하며 하중, 충격이 큰 경우엔 주강, 단조강을 사용한다.

　㉢ 유니버셜 커플링
- 양 축이 동일 평면상에 존재한다.
- 두 축선이 일정각도 이하($\alpha \leq 30°$)로 교차할 경우 사용한다.
- 공작기계, 자동차의 동력전달장치, 압연롤러 등에 사용한다.

　㉣ 올덤 커플링
- 두 개의 축이 평행하지만 축 중심이 어긋나 있을 경우 사용한다.
- 각속도의 변화없이 동력을 전달할 때 사용한다.

8 클러치의 평균 반지름

$$\frac{D_1 + D_2}{4} = \frac{150 + 230}{4} = 95\text{mm}$$

답— 7.④ 8.③

9 1,000rpm으로 20PS를 전달하는 단판 클러치에서 접촉면의 평균지름을 358mm라 할 때 축 방향으로 누르는 힘 P는 몇 N인가? (단, 마찰계수 $\mu = 0.2$)

① 1,000N

② 2,000N

③ 3,000N

④ 4,000N

10 주철제 원통 속에 두 축을 맞대어 맞추고 키로 고정한 것으로서 축 지름과 하중이 아주 작을 경우에 사용하는 아주 간단한 구조의 커플링은?

① 원통 커플링

② 유니버셜 커플링

③ 머프 커플링

④ 원추 커플링

11 단판 클러치의 전달토크를 T_1, 원추 클러치의 전달토크를 T_2라 할 때, 전달토크는 어느 쪽이 더 큰가? (단, 단판 클러치와 원추 클러치의 마찰면 평균 지름은 같다)

① T_1

② T_2

③ T_1과 T_2는 관계가 없다.

④ T_1과 T_2가 같다.

Answer

9 전달동력$(H) = \dfrac{TN}{7,162,000}$ 에서

전달토크$(T) = 7,162,000 \times \dfrac{H}{N} = \dfrac{7,162,000 \times 20}{1,000} = 143,240\text{N} \cdot \text{mm}$

$T = \mu P \dfrac{D_m}{2}$ 에서

$P = \dfrac{2T}{\mu \times D_m} = \dfrac{2 \times 143,240}{0.2 \times 358} = 4,001.1 ≒ 4,000\text{N}$

10 머프 커플링
  ㉠ 전달동력이 작은 경우에 사용한다.
  ㉡ 인장하중이 작용하는 곳은 사용할 수 없다.

11 원판 클러치와 원추 클러치의 전달토크

  ㉠ 원판 클러치의 전달토크$(T_1) = \mu P \cdot \dfrac{D_m}{2}$

  ㉡ 원추 클러치의 전달토크$(T_2) = \mu Q \cdot \dfrac{D_m}{2} = \mu' \cdot P \cdot \dfrac{D_m}{2}$

  $\mu' = \dfrac{\mu}{\sin\alpha + \mu\cos\alpha}$ 이므로 T_2가 크다.

답 9.④ 10.③ 11.②

12 다음 축 이음에 대한 내용 중 옳은 것은?

① 원판 클러치는 원추 클러치보다 큰 동력을 전달할 수 있다.
② 마찰 클러치는 마멸을 피할 수 없다.
③ 유니버셜 커플링은 두 축이 일치할 경우에만 사용이 가능하다.
④ 클러치는 영구적인 축 이음이다.

13 다음 보기에서 설명하고 있는 커플링의 종류는?

> • 클램프 커플링이라고도 하며 축의 양단에 축방향으로 분할된 반원통 커플링으로 축을 감싸는 형상이다.
> • 전달토크가 작으면 키를 사용하지 않고 크면 평행키를 사용한다.
> • 공작기계 및 각종 장치에 가장 일반적으로 사용한다.

① 분할커플링　　　　　　　　　　② 마찰원통커플링
③ 셀러커플링　　　　　　　　　　④ 반중첩커플링

14 전달토크 200kN · mm를 전달하는 원판 클러치의 지름은 200mm이다. 원판에 작용하는 마찰력은 얼마인가?

① 1,000N　　　　　　　　　　② 2,000N
③ 3,000N　　　　　　　　　　④ 4,000N

Answer

12 마찰 클러치는 구동축과 종동축이 서로 원판 접촉하여 마찰을 얻기 때문에 마멸이 발생하기 쉽다.

13 분할커플링
　㉠ 클램프 커플링이라고도 하며 축의 양단에 축방향으로 분할된 반원통 커플링으로 축을 감싸는 형상이다.
　㉡ 전달토크가 작으면 키를 사용하지 않고 크면 평행키를 사용한다.
　㉢ 공작기계 및 각종 장치에 가장 일반적으로 사용한다.

14 원판 클러치의 전달토크(T) $= \mu \cdot P \cdot \dfrac{D_m}{2}$ 에서 마찰력을 구하면

$$\mu \cdot P = \frac{2T}{D_m} = \frac{2 \times 200,000}{200} = 2,000\text{N}$$

답— 12.② 13.① 14.②

15 다음 중 고속회전에 적합한 커플링은?)

① 머프 커플링 ② 플랜지 커플링

③ 기어 커플링 ④ 올덤 커플링

16 유니버셜 커플링에서 전달토크를 T라 할 때 원동축과 종동축이 이루는 각도를 α라 하면 평균 회전토크 T_m은?

① $T_m = \dfrac{1}{2} \cdot \left(\dfrac{1}{\sin\alpha} + \sin\alpha \right)$ ② $T_m = \dfrac{1}{2} \cdot \left(\dfrac{1}{\sin\alpha} + \cos\alpha \right)$

③ $T_m = \dfrac{1}{2} \cdot \left(\dfrac{1}{\cos\alpha} + \sin\alpha \right)$ ④ $T_m = \dfrac{1}{2} \cdot \left(\dfrac{1}{\cos\alpha} + \cos\alpha \right)$

17 마찰판 4개인 다판 클러치에서 추력이 1,000N으로 작용할 때 전달할 수 있는 토크는? (단, 접촉면 안지름＝50mm, 바깥지름＝100mm, 접촉면의 마찰계수＝0.2)

① 30kN · mm ② 40kN · mm

③ 50kN · mm ④ 60kN · mm

Answer

15 플랜지 커플링

㉠ 각 축의 끝 부분에 플랜지를 끼워 키로 고정시켜 사용한다.

㉡ 큰 토크를 전달하거나 고속회전에 적당하다.

㉢ 재료는 주철을 사용하며 하중, 충격이 큰 경우엔 주강이나 단조강을 사용한다.

16 유니버셜 커플링의 평균 회전토크

$$T_m = \dfrac{1}{2} \cdot \left(\dfrac{1}{\cos\alpha} + \cos\alpha \right)$$

17 $T = \mu z P \dfrac{D_m}{2} = 0.2 \times 4 \times 1,000 \times \dfrac{(100 + 50)}{4} = 30,000\text{N} \cdot \text{mm} = 30\text{kN} \cdot \text{mm}$

답 — 15.② 16.④ 17.①

18 원판 클러치의 안지름은 $2R_1$, 바깥지름은 $2R_2$, 마찰계수는 μ 이다. 초기 마모가 발생한 후 마모량은 마찰면 전체에 균일해졌다고 할 때 다음 중 옳지 않은 것은?

① 최대압력은 원판의 바깥지름에서 발생한다.

② 압력은 원판의 반지름에서 발생한다.

③ 최대압력을 p_a라 할때 토크는 $\pi \mu p_a R_1 (R_2{}^2 - R_1{}^2)$이다.

④ 최대압력을 p_a라 할 때 원판에 작용하는 수직방향의 힘은 $2\pi p_a R_1 (R_2 - R_1)$이다.

19 일반적으로 축의 탄소 함유량은 얼마인가?

① $0.2 \sim 0.4\%$ ② $0.3 \sim 0.6\%$

③ $0.5 \sim 1.0\%$ ④ $1.0 \sim 1.5\%$

20 두 축이 만나거나 평행한 경우와 만나는 각이 변화할 때 사용하는 축 이음은?

① 플렉시블 커플링 ② 올덤 커플링

③ 유니버셜 조인트 ④ 셀러 커플링

21 원판 클러치를 밀어 붙이는 힘이 2,000N, 평균 직경이 100mm, 마찰계수가 0.4일 때, 회전 모멘트는?

① $10,000\text{N} \cdot \text{mm}$ ② $20,000\text{N} \cdot \text{mm}$

③ $30,000\text{N} \cdot \text{mm}$ ④ $40,000\text{N} \cdot \text{mm}$

Answer

18 원판 클러치에서 마모량이 일정할 때의 마찰토크

$$T = \mu \frac{\pi(D_2{}^2 - D_1{}^2)}{4} \cdot q \cdot \frac{D_2 + D_1}{4} = \mu \cdot P \cdot \frac{D_m}{2}$$

19 일반 축에서의 탄소 함유량은 $0.1 \sim 0.4\%$를 사용한다.

20 유니버셜 조인트 … 2축이 동일 평면상에 있고 그 축선이 어느 각도로 교차될 때 사용하는 축 이음 방법이다.

21 토크$(T) = \mu \cdot P \dfrac{D_m}{2} = \mu \cdot P \cdot R_m = 0.4 \times 2,000 \times 50 = 40,000\text{N} \cdot \text{mm}$

답 — 18.① 19.① 20.③ 21.④

22 원추 클러치에 대한 설명으로 옳지 않은 것은?

① 전달동력을 크게 하기 위해서 원판의 크기가 대형화되어야 한다.

② 마찰 접촉각의 조절로 원판의 대형화를 방지할 수가 있다.

③ 적정 마찰각은 $25 \sim 30°$ 이다.

④ 작은 힘으로는 큰 토크를 전달할 수 없다.

23 클러치 설계시 고려해야 할 사항이 아닌 것은?

① 소형·경량이어야 한다.

② 마모가 생길 경우 수정할 수 있어야 한다.

③ 접촉면의 마찰계수를 크게 잡아야 한다.

④ 수월하게 단속할 수 있어야 한다.

24 맞물림 클러치 중에서 회전방향이 정회전, 역회전의 변화를 할 수 있는 것은?

① 삼각형   ② 삼각 톱니형

③ 스파이럴형   ④ 반달형

Answer

22 원추 클러치
 ㉠ 전달동력을 크게 하기 위해서 원판의 크기가 대형화되어야 한다.
 ㉡ 마찰 접촉각의 조절로 원판의 대형화를 방지할 수 있다.
 ㉢ 작은 힘으로 큰 토크를 전달할 수 있다.
 ㉣ 마찰각이 너무 작을 경우 충격이 발생하고, 클러치를 떼기가 힘들어진다.
 ㉤ 적정 마찰각은 $25 \sim 30°$ 이다.

23 ③ 접촉면의 마찰계수는 적절한 크기로 잡아야 한다.

24 ㉠ 정회전, 역회전 변화 가능 : 삼각형, 직사각형, 사다리형
 ㉡ 정회전, 역회전 변환 불가능 : 삼각 톱니형, 스파이럴형, 사각 톱니형

답 22.④ 23.③ 24.①

25 다음 중 고정 커플링에 속하는 것은?

① 원통 커플링
② 플렉시블 커플링
③ 올덤 커플링
④ 유니버셜 커플링

26 축 재료인 구조용 경강의 탄소 함유량으로 옳은 것은?

① 0.4 ~ 0.5%
② 0.5 ~ 0.6%
③ 0.6 ~ 0.7%
④ 0.7 ~ 0.8%

27 커플링 설계시 고려사항으로 옳지 않은 것은?

① 가볍고 소형일수록 좋다.
② 진동에 대해 강해야 한다.
③ 조립과 분해작업이 복잡해야 한다.
④ 회전균형, 중량균형 등이 잡혀 있어야 한다.

Answer

25 고정 커플링의 종류
ㄱ 원통 커플링 : 머프 커플링, 클램프 커플링, 마찰 커플링, 셀러 커플링
ㄴ 플랜지 커플링 : 단조 커플링, 조립 플랜지 커플링

26 차 축, 내연기관의 크랭크 축 등에 사용되는 구조용 경강은 탄소함유량이 0.4 ~ 0.5%이다.

27 커플링 설계시 고려사항
ㄱ 회전균형, 중량균형 등이 잡혀 있어야 한다.
ㄴ 중심 맞추기가 완전히 이루어져야 한다.
ㄷ 조립과 분해작업이 용이해야 한다.
ㄹ 전동능력이 뛰어나고 진동에 강해야 한다.

답 — 25.① 26.① 27.③

28 다음 중 원통 커플링에 속하지 않는 것은?

① 머프 커플링
② 클램프 커플링
③ 단조 커플링
④ 셀러 커플링

29 원통 커플링에 대한 설명으로 옳지 않은 것은?

① 구조가 간단하다.
② 지름이나 동력이 작은 축에 사용한다.
③ 두 축을 맞대어 일직선을 맞추고, 접촉면을 중앙으로 원통의 보스를 끼워 맞추어 키 또는 마찰력으로 동력을 전달한다.
④ 종류로는 단조 커플링, 조립 플랜지 커플링 등이 있다.

30 다음은 커플링(축이음)의 설계시 유의해야 할 사항들이다. 이 중 바르지 않은 것은?

① 센터의 맞춤이 반드시 완전히 이루어지도록 해야 한다.
② 토크 전달에 대해 높은 강도를 지녀야 한다.
③ 회전균형이 완전히 이루어져야만 한다.
④ 전동에 의해 이완이 되도록 할 수 있어야 한다.

Answer

28 단조 커플링은 플랜지 커플링에 속한다.
　　※ **플랜지 커플링의 종류** ··· 단조 커플링, 조립 플랜지 커플링

29 **원통 커플링의 종류** ··· 머프 커플링, 마찰 원통 커플링, 클램프 커플링, 반겹치기 커플링, 셀러 커플링 등

30 축이음 설계시 유의점
　　㉠ 센터의 맞춤이 완전히 이루어지도록 할 것
　　㉡ 회전균형이 완전하도록 할 것
　　㉢ 설치 분해가 용이하도록 할 것
　　㉣ 전동에 의해 이완되지 않도록 할 것
　　㉤ 토크전달에 충분한 강도를 가질 것
　　㉥ 전부에 돌기물이 없도록 할 것

답 28.③ 29.④ 30.④

31 플랜지 커플링에 대한 설명 중 옳지 않은 것은?

① 지름이 크거나 고속 회전축으로 사용한다.

② 양 단에 플랜지를 각각 끼워 맞춘 후 키로 고정하고 플랜지를 리머 볼트로써 연결한 구조이다.

③ 공장 전동축, 일반 기계 등에 널리 사용되는 커플링이다.

④ 토크를 정확하게 전달할 수는 없다.

32 다음에서 설명하고 있는 것은?

> • 원통 속에 두 축을 맞대어 맞춘 후 키로 고정한 구조
> • 축 지름, 하중이 아주 작을 경우 사용
> • 가장 간단한 커플링

① 머프 커플링　　　　　　　② 클램프 커플링

③ 셀러 커플링　　　　　　　④ 플랜지 커플링

33 커플링에 대한 일반적인 설명으로 옳지 않은 것은?

① 클램프 커플링은 고정 커플링에 속한다.

② 마찰 스필릿 커플링은 플렉시블 커플링에 속한다.

③ 커플링은 운전 중 결합을 끊을 수 없는 영구적인 이음이다.

④ 고정 커플링은 두 축이 동일선상에 있을 때 사용한다.

Answer

31 ④ 플랜지 커플링은 토크를 정확하게 전달할 수 있는 대표적인 커플링이다.

32 머프 커플링
　㉠ 축에 인장력이 작용할 때에는 부적당하다.
　㉡ 가장 간단한 커플링이다.
　㉢ 축 지름, 하중이 아주 작을 경우 사용한다.
　㉣ 원통 속에 두 축을 맞대어 맞춘 후 키로 고정한다.

33 ② 마찰 스필릿 커플링은 고정 커플링의 일종으로 마찰 분할 원통 커플링이라고도 한다.

답 ― 31.④　32.①　33.②

34 탄성식 플렉시블 커플링에 해당하지 않는 것은?

① 벨트식 플렉시블 커플링
② 합성 고무 전단 플렉시블 커플링
③ 롤러 체인식 플렉시블 커플링
④ 리본 스프링 플렉시블 커플링

35 다음은 여러 가지 클러치에 관한 사항들이다. 이 중 바르지 않은 것은?

① 원판클러치는 일종의 마찰클러치이다.
② 원추클러치는 일종의 마찰클러치이다.
③ 원심클러치는 구동축의 회전속도가 하강하면 클러치가 걸리도록 설계되었다.
④ 토크컨버터는 유체를 사용하여 토크를 변환하여 동력을 전달한다.

36 다음 중 마찰재료와 그 특징이 잘못 짝지어진 것은?

① 단풍나무 – 마찰계수는 크고 내열성은 작다.
② 소가죽 – 마찰계수는 크고 내열성은 작다.
③ 코르크 – 금속면의 마찰계수를 증대시킨다.
④ 팽나무 – 가장 우수한 재료로 모든 조건을 갖추고 있다.

 **Answer**

34 플렉시블 커플링의 종류
　㉠ **탄성식 플렉시블 커플링** : 벨트식 플렉시블 커플링, 압축 스프링 플렉시블 커플링, 압축 고무 플렉시블 커플링, 인장 고무 플렉시블 커플링, 리본 스프링 플렉시블 커플링, 합성 고무 전단 플렉시블 커플링
　㉡ **간극식 플렉시블 커플링** : 기어 커플링, 롤러 체인식 플렉시블 커플링

35 원심클러치는 구동축의 회전속도가 상승하면 클러치가 걸리도록 설계되었다.

36 마찰재료의 특징
　㉠ **벚나무, 단풍나무, 팽나무, 소가죽** : 마찰계수는 크고 내열성은 작다.
　㉡ **코르크** : 압력이 충분할 경우 금속면과 같게 되어 금속면의 마찰계수를 매우 증대시킨다.
　㉢ **Asbestos lining** : 마찰재료가 가져야 할 모든 조건을 갖추고 있다. 가장 우수한 마찰재료로 널리 사용된다.

답 34.③ 35.③ 36.④

37 원판 마찰 클러치의 마찰토크를 구하는 식으로 옳은 것은?

① $T = \mu \cdot P \cdot 2R_m$ 　　② $T = \mu \cdot P \cdot D_m$

③ $T = \mu \cdot P \cdot \dfrac{R_m}{2}$ 　　④ $T = \mu \cdot P \cdot \dfrac{D_m}{2}$

38 클러치의 회전속도가 300rpm이고, 평균직경은 200mm, 작용하중은 10kN이다. 원판 클러치가 전달할 수 있는 동력은 몇 마력인가? (단, 마찰계수 = 0.2)

① 6.4PS 　　② 7.4PS

③ 8.4PS 　　④ 9.4PS

39 $P = 20$kN, $\mu = 0.4$, $N = 400$rpm, $D_m = 300$mm일 때 원판 클러치의 전달마력은?

① 47PS 　　② 57PS

③ 67PS 　　④ 77PS

Answer

37 원판 클러치의 마찰토크

$$T = \mu \cdot P \cdot \frac{D_m}{2}$$

38 전달토크와 전달동력

㉠ 전달토크$(T) = \mu P \dfrac{D_m}{2} = 0.2 \times 10,000 \times \dfrac{200}{2} = 200,000 \text{N} \cdot \text{mm}$

㉡ 전달동력$(H_{ps}) = \dfrac{TN}{7,162,000} = \dfrac{200,000 \times 300}{7,162,000} = 8.38\text{PS}$

39 $N = 400$rpm, $D_m = 300$mm, $P = 20$kN, $\mu = 0.4$

전달토크$(T) = \mu P \dfrac{D_m}{2}$에 대입하여 계산하면

$0.4 \times 20,000 \times 150 = 1,200,000 \text{N} \cdot \text{mm}$

$T = 7,162,000 \dfrac{H_{\text{PS}}}{N}$을 H_{PS}로 변형하면

$H_{\text{PS}} = \dfrac{T \cdot N}{7,162,000} = \dfrac{1,200,000 \times 400}{7,162,000} = 67\text{PS}$

답— 37.④　38.③　39.③

40 마력이 75PS 회전속도가 200rpm의 동력을 전달하는 축의 플랜지 커플링에 20mm의 볼트 6개를 사용할 때 볼트에 발생하는 전단 응력은? (단, 접촉면 마찰은 무시하고 볼트 구멍의 지름은 215mm이다)

① 12N/mm^2 ② 13N/mm^2

③ 14N/mm^2 ④ 15N/mm^2

41 다음 중 원심 클러치가 아닌 것은?

① 원추 클러치   ② 유체 클러치

③ 롤링 클러치   ④ 접속판 클러치

42 지름 300mm인 축이 300rpm으로 60PS를 전달하는 플랜지 커플링을 지름 20mm인 볼트 6개로 체결하였을 때, 볼트 피치원 지름을 300mm라 하면 볼트가 받는 전단 응력은?

① 3N/mm^2 ② 5N/mm^2

③ 7N/mm^2 ④ 9N/mm^2

Answer

40 $\delta = 20\text{mm},\ z = 6,\ D_m = 215\text{mm}$

전달토크$(T) = \tau z_P = \dfrac{\pi}{4}\delta^2 \tau z R$

$\tau = \dfrac{4T}{\pi \delta^2 z R} = \dfrac{4 \times 7,162,000 \times \dfrac{75}{200}}{\pi \times 20^2 \times 6 \times \dfrac{215}{2}} = 13.25 \fallingdotseq 13\text{N/mm}^2$

41 클러치
   ㉠ 마찰 클러치 : 축 방향 클러치, 원추 클러치, 하기 클러치
   ㉡ 원심 클러치 : 유체 클러치, 롤링 클러치, 접속판 클러치

42 비틀림 모멘트$(T) = 7,162,000\dfrac{H}{N} = 7,162,000 \times \dfrac{60}{300} = 1,432,400\text{N} \cdot \text{mm}$

전단 응력$(\tau_b) = \dfrac{8T}{\pi \delta^2 z D_B} = \dfrac{8 \times 1,432,400}{\pi \times 20^2 \times 6 \times 300} = 5.0\text{N/mm}^2$

답 — 40.②   41.①   42.②

43 분할 원통 커플링에서 W=3,000N, H=10PS, μ=0.2, N=400rpm을 전달할 때 축의 직경은?

① 150mm

② 170mm

③ 190mm

④ 210mm

44 원추 클러치에서 원추 반각을 α라 하고 마찰계수를 μ라 하면 등가마찰계수의 표현으로 옳은 것은?

① $\mu' = \dfrac{\mu + 1}{\sin\alpha + \mu\cos\alpha}$

② $\mu' = \dfrac{\mu}{\sin\alpha - \mu\cos\alpha}$

③ $\mu' = \dfrac{\mu - 1}{\sin\alpha + \mu\cos\alpha}$

④ $\mu' = \dfrac{\mu}{\sin\alpha + \mu\cos\alpha}$

45 클램프 커플링에서 접촉면의 압력이 일정한 경우 마찰계수를 0.4, 지름을 50mm, 축의 직각 방향으로 죄는 힘을 1,000N라 할 때 전달토크는?

① 15kN · mm

② 31kN · mm

③ 47kN · mm

④ 76kN · mm

Answer

43 전달토크$(T) = 7,162,000\dfrac{H}{N} = 7,162,000 \times \dfrac{10}{400} = 179,050\text{N} \cdot \text{mm}$

커플링 전달토크$(T_2) = \dfrac{\pi\mu Wd}{2} = \dfrac{0.2 \times \pi \times 3,000 \times d}{2} = 942d$

$T = T_2, \ 942d = 179,050$

$\therefore d = \dfrac{179,050}{942} = 190\text{mm}$

44 원추 클러치의 등가마찰계수

$\mu' = \dfrac{\mu}{\sin\alpha + \mu\cos\alpha}$

45 토크$(T) = \dfrac{\pi\mu Wd}{2} = \dfrac{\pi \times 0.4 \times 1,000 \times 50}{2}$

$\qquad = 31,415.9 \fallingdotseq 31,416\text{N} \cdot \text{mm} = 31\text{kN} \cdot \text{mm}$

답 — 43.③ 44.④ 45.②

46 원추각 $2\alpha = 60°$, 마찰면 평균지름 200mm, 축 방향 하중 2,000N 마찰계수 0.2인 원추 클러치의 토크는? (단, $\sin30° = 0.5$, $\cos30° = 0.87$)

① 37,627N · mm
② 47,240N · mm
③ 59,347N · mm
④ 57,124N · mm

47 직경 90mm의 축을 사용한 플렌지 이음에서 리머볼트의 지름 30mm인 것을 5개 사용하면 볼트에 생기는 전단 응력은? (단, 볼트 피치원 지름 = 400mm, 축 허용 전단 응력 = $40N/mm^2$, 접촉면 마찰은 무시한다)

① $2N/mm^2$
② $4N/mm^2$
③ $12N/mm^2$
④ $8N/mm^2$

Answer

46 하중$(P) = \dfrac{2T}{\mu D}(\sin\alpha + \mu\cos\alpha)$

토크$(T) = \dfrac{P\mu D}{2(\sin\alpha + \mu\cos\alpha)}$

$\quad = \dfrac{2,000 \times 0.2 \times 200}{2(\sin30° + 0.2 \times \cos30°)}$

$\quad = \dfrac{2,000 \times 0.2 \times 200}{2(0.5 + 0.2 \times 0.87)}$

$\quad = 59,347.19 \fallingdotseq 59,347N \cdot mm$

47 전달토크$(T) = \tau\dfrac{\pi d^3}{16} = 40 \times \dfrac{\pi \times 90^3}{16} = 5,725,552.6N \cdot mm$

볼트에 발생하는 전단 응력$(\tau_b) = \dfrac{8T}{\pi\delta^2 z D_B} = \dfrac{8 \times 5,725,552.6}{\pi \times 30^2 \times 5 \times 400} = 8.09 \fallingdotseq 8N/mm^2$

답 — 46.③ 47.④

48 원추 클러치에서 $N = 400\text{rpm}$, $H = 40\text{PS}$, $\mu = 0.4$, $q_m = 0.4\text{N/mm}^2$, $\tau_a = 40\text{N/mm}^2$, 마찰면 평균 직경이 축 직경의 4배일 때, 마찰면 평균직경과 접촉폭은?

① $D = 180\text{mm}$, $b = 88\text{mm}$

② $D = 190\text{mm}$, $b = 50\text{mm}$

③ $D = 210\text{mm}$, $b = 80\text{mm}$

④ $D = 250\text{mm}$, $b = 98\text{mm}$

Answer

48 전달토크$(T) = 7,162,000\dfrac{H}{N} = 7,162,000\dfrac{40}{400} = 716,200\text{N} \cdot \text{mm}$

직경$(d) = \sqrt[3]{\dfrac{5.1T}{\tau_a}} = \sqrt[3]{\dfrac{5.1 \times 716,200}{40}} = 45.03 \fallingdotseq 45\text{mm}$

평균직경$(D) = 4d = 4 \times 45 = 180\text{mm}$

폭$(b) = \dfrac{2T}{\pi \mu D^2 q_m} = \dfrac{2 \times 716,200}{\pi \times 0.4 \times 180^2 \times 0.4} = 87.95 \fallingdotseq 88\text{mm}$

답 — 48.①

미끄럼 베어링

1 베어링메탈의 구비조건으로 옳지 않은 것은?

① 마찰 및 마멸이 작아야 한다.

② 축재질 보다 면압강도가 작고 연성이 낮아야 한다.

③ 열전도율이 높아야 한다.

④ 하중에 견딜 수 있도록 충분한 강도와 강성을 가져야 한다.

2 다음 중 윤활제의 구비조건으로 옳지 않은 것은?

① 쉽게 변질되지 않아야 한다.

② 발화점이 낮아야 한다.

③ 베어링 내의 냉각작용이 우수해야 한다.

④ 베어링 내의 방열작용이 우수해야 한다.

Answer

1 베어링메탈의 구비조건
㉠ 붙임성이 좋아 유막형성이 쉬워야 한다.
㉡ 충분한 강도와 강성을 가져야 한다.
㉢ 마찰 및 마멸이 작아야 한다.
㉣ 내식성이 좋아야 한다.
㉤ 피로강도가 커야 한다.
㉥ 열전도율이 높아야 한다.
㉦ 제작, 수리가 쉬워야 한다.
㉧ 타지 않아야 한다.
㉨ 값이 적절해야 한다.

2 ② 베어링이 작동하게 되면 마찰열이 발생하게 되므로 열에 의해 윤활제가 발화할 수 있다. 따라서 윤활제의
발화점은 높을수록 좋다.

답— 1.② 2.②

3 구름 베어링과 비교한 미끄럼 베어링의 특징이 아닌 것은?

① 고속회전에 적합하다.　　　② 소음이 적다.

③ 충격에 약하다.　　　　　　④ 마찰이 크다.

⑤ 구조가 간단하다.

4 다음 중 주로 내연기관에 많이 사용되는 급유법은?

① 비말 급유법　　　　　　② 강제 급유법

③ 오일링 급유법　　　　　④ 패드 급유법

**Answer**

3 구름 베어링과 미끄럼 베어링의 비교

구분	구름 베어링	미끄럼 베어링
회전상태	고속회전에 부적당하고 저속회전에 적당하다.	고속회전에 유리하고 저속회전에 부적당하다.
구조	축과 베어링 하우징에 내외륜이 끼워지기 때문에 끼워 맞춤에 주의해야 한다.	구조가 간단하다.
내충격성	충격에 약하다.	충격에 강하다.
소음 및 진동	볼과 궤도면의 정밀도에 따라 발생하기 쉽다.	유막상태가 좋아 발생이 적다.
마찰 특성	마찰이 작다(0.002 ~ 0.006).	마찰이 크다(0.01 ~ 0.1).

4 급유법의 종류
　㉠ 패드 급유법 : 무명과 털을 섞어서 만든 패드 일부를 기름통에 담가 저널의 아랫면에서 모세관현상으로 급유하는 방식이다.
　㉡ 적하 급유법 : 마찰면의 넓은 부분 또는 시동빈도가 많을 때 이용하고, 저속 및 중속의 급유에 이용한다.
　㉢ 오일링 급유법 : 고속회전 축의 급유를 균등히 할 목적으로 이용하며, 사용회전 축보다 큰 링을 축에 걸쳐 기름통을 통하여 축 위에서 급유하는 방식이다.
　㉣ 강제 급유법 : 고속회전에서 베어링의 냉각효과가 필요로 할 경우 경제적인 방법으로서 대형기계에 자동 급유되도록 순환펌프를 사용하여 급유한다.
　㉤ 담금 급유법 : 마찰부위 전체를 기름 속에 담가서 급유하는 방식으로 피벗 베어링에 사용한다.
　㉥ 비말 급유법 : 주로 내연기관에서 사용하는 급유방법이다.

답— 3.③　4.①

5 다음 중 미끄럼 베어링의 재료가 구비하여야 할 조건이 아닌 것은?

① 마찰계수가 작아야 한다.　　　② 내식성이 높아야 한다.

③ 피로강도가 낮아야 한다.　　　④ 면압강도와 강성이 커야 한다.

6 다음 중 Petroff식을 바르게 나타낸 것은?

① $\mu = \dfrac{30}{\pi^2} \cdot \dfrac{\eta N}{p} \cdot \dfrac{r}{c}$　　　　② $\mu = \dfrac{30}{\pi^2} \cdot \dfrac{\eta N}{p} \cdot \left(\dfrac{r}{c}\right)^2$

③ $\mu = \dfrac{\pi^2}{30} \cdot \dfrac{\eta N}{p} \cdot \dfrac{r}{c}$　　　　④ $\mu = \dfrac{\pi^2}{30} \cdot \dfrac{\eta N}{p} \cdot \left(\dfrac{r}{c}\right)^2$

7 다음 베어링에 대한 설명 중 옳지 않은 것은?

① 레이디얼 베어링은 축의 직각으로 하중을 받는다.

② 스러스트 베어링은 축방향으로 하중을 받는다.

③ 레이디얼 베어링은 구름 베어링에만 사용된다.

④ 스러스트 베어링은 피벗과 칼라 베어링이 있다.

 **Answer**

5 ③ 미끄럼 베어링은 마찰력이 발생하기 때문에 피로강도가 클수록 좋다.

6 페트로프 방정식

$$\mu = \frac{\pi^2}{30} \cdot \frac{\eta N}{p} \cdot \frac{r}{c}$$

7 베어링의 종류

　㉠ 베어링과 축의 접촉에 따른 분류

　• 미끄럼 베어링 : 저널과 베어링이 서로 미끄럼에 의해서 접촉한다.

　• 구름 베어링 : 볼과 롤러에 의해서 구름 접촉한다.

　㉡ 작용하는 하중에 따른 분류

　• 레이디얼 베어링(Radial Bearing) : 축선에 직각인 하중을 지지한다.

　• 스러스트 베어링(Thrust Bearing) : 축선방향의 하중을 지지한다.

답 5.③　6.③　7.③

8 200rpm으로 회전하는 직경 75mm의 축에 6,000N의 레이디얼 하중을 받고 회전하는 저널 베어링의 마찰손실동력은 몇 마력(PS)인가? (단, 마찰계수＝0.01)

① 0.0376
② 0.0628
③ 0.0846
④ 0.1075

9 베어링에서 윤활유의 구비조건은?

① 유막 형성이 잘 되어야 한다.
② 보온성이 좋아야 한다.
③ 점도가 낮아야 한다.
④ 인화점이 낮아야 한다.

10 미끄럼 베어링이 구름 베어링보다 성능면에서 우수한 점은?

① 소음과 진동이 거의 없다.
② 윤활장치가 거의 필요없다.
③ 호환성이 매우 좋다.
④ 교환과 보수가 간단하다.

Answer

8 전달토크$(T) = \mu P \dfrac{D_m}{2} = 0.01 \times 6,000 \times \dfrac{75}{2} = 2,250\mathrm{N \cdot mm}$

전달동력$(H) = \dfrac{TN}{7,162,000} = \dfrac{2,250 \times 200}{7,162,000} = 0.06283\mathrm{PS}$

9 윤활유의 구비조건
　㉠ 유막형성이 가능한 점도를 가질 것
　㉡ 점착성 및 유막 형성 강도가 높을 것
　㉢ 내식성이 있을 것
　㉣ 마모가 적을 것
　㉤ 액체 내부의 마찰저항이 적을 것
　㉥ 안전성이 높을 것
　㉦ 유리산류를 포함하지 않을 것
　㉧ 먼지, 찌꺼기 등 불순물 함유가 없을 것

10 미끄럼 베어링
　㉠ 유막의 상태가 좋아 소음과 진동의 발생이 거의 없다.
　㉡ 베어링의 마모를 방지하기 위해 윤활이 필수적이기 때문에 윤활장치가 필요하다.
　㉢ 규격화 되어 있지 않아 호환성이 없다.
　㉣ 윤활장치 때문에 유지 및 보수가 까다롭다.

답—8.② 9.① 10.①

11 지름 30mm, 길이 150mm인 저널에 4,500N의 가로 하중이 작용할 때 베어링 압력은?

① 1N/mm^2　　　　　　② 5N/mm^2

③ 10N/mm^2　　　　　④ 100N/mm^2

12 완전 윤활과 불완전 윤활의 한계점을 나타낸 것은?

① 경계점　　　　　　② 윤활점

③ 임계점　　　　　　④ 유성점

13 길이 50mm, 지름 20mm인 저널 베어링에 하중 2,000N이 작용하면 베어링 압력은?

① 1N/mm^2　　　　　　② 2N/mm^2

③ 5N/mm^2　　　　　④ 10N/mm^2

14 다음 중 레이디얼 저널 베어링의 압력을 구하는 식은?

① $\dfrac{하중}{저널의\ 길이 \times 저널의\ 지름}$　　　　② $\dfrac{하중}{저널의\ 길이 \times 저널의\ 높이}$

③ $\dfrac{하중}{저널의\ 투상면적 \times 저널의\ 높이}$　　　　④ $\dfrac{하중}{저널의\ 투상면적 \times 저널의\ 지름}$

Answer

11 $p_a = \dfrac{P}{A} = \dfrac{P}{dl} = \dfrac{4,500}{30 \times 150} = 1\text{N} \cdot \text{mm}^2$

12 임계점 … 마찰계수가 최소가 되는 점으로 불완전 윤활과 완전 윤활의 한계점이다.

13 미끄럼 베어링의 압력

$p_a = \dfrac{P}{A} = \dfrac{P}{dl} = \dfrac{2,000}{50 \times 20} = 2\text{N/mm}^2$

14 레이디얼 저널 베어링의 압력 … 저널 길이와 저널 지름의 곱에 대한 작용 하중의 비로 나타낸다.

답 — 11.① 12.③ 13.② 14.①

15 다음 그림과 같은 저널의 이름은 무엇인가?

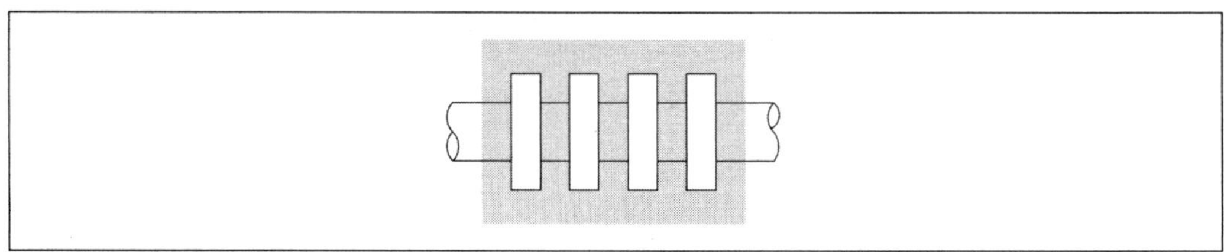

① 칼라 저널
② 피벗 저널
③ 중간 저널
④ 원뿔 저널

16 다음 설명 중 옳지 않은 것은?

① 회전축을 지지하면서 축에 작용하는 하중을 받는 기계요소를 베어링이라 한다.
② 하중 방향에 따라 레이디얼과 스러스트 베어링으로 나뉜다.
③ 스러스트 베어링은 축선 방향 하중을 지지한다.
④ 베어링에 의해 받쳐지는 축 부분을 롤러라고 한다.

17 다음 중 저널의 분류가 다른 것은?

① 원통형
② 원추형
③ 엔드형
④ 구형

Answer

15 칼라 저널은 베어링의 축경에서 이탈하지 못하도록 만들어진 턱을 의미한다.

16 저널(journal) … 베어링(bearing)에 의해 받쳐지는 축 부분을 말한다.

17 저널의 분류
　㉠ 하중 작용 방향에 따른 분류
　　• 가로 저널 : 엔드 저널, 중간 저널
　　• 스러스트 저널 : 피벗 저널, 칼라 저널
　㉡ 모양에 따른 분류 : 원통형, 원추형, 구형 저널

답 — 15.① 16.④ 17.③

18 베어링의 허용 압력이 100N/mm^2, 길이가 10mm인 미끄럼 베어링이 16,200N의 하중을 받고 있다. 이 베어링의 직경은 얼마인가?

① 13.2mm

② 14.2mm

③ 15.2mm

④ 16.2mm

19 미끄럼 베어링의 장점으로 옳지 않은 것은?

① 구조가 간단하며 가격이 저렴하다.

② 소음과 진동이 매우 작다.

③ 규격화되어 있으며 호환성이 좋다.

④ 충격에 매우 강하다.

20 지름이 50mm, 길이가 100mm인 래디얼 미끄럼 베어링의 저널부에 작용하는 압력이 4N/mm2 이었다. 이 때 작용하는 하중의 크기는?

① 10kN

② 15kN

③ 20kN

④ 30kN

 **Answer**

18 베어링의 압력$(p_a) = \dfrac{P}{A} = \dfrac{P}{dl}$ 에서

$$d = \frac{P}{p_a l} = \frac{16,200}{100 \times 10} = 16.2 \text{mm}$$

19 ③ 미끄럼 베어링은 규격화되지 않아 호환성이 없다.

※ 미끄럼 베어링의 장점

ㄱ 큰 하중에 견딜 수 있다.

ㄴ 구조가 간단하고 가격이 저렴하다.

ㄷ 회전 속도가 높다.

ㄹ 소음과 진동이 매우 작다.

ㅁ 충격에 매우 강하다.

ㅂ 윤활이 원활할 경우 반영구적이다.

20 하중 $P = pdL = 4 \times 50 \times 100 = 10,000\,(N) = 20\,(kN)$

답 — 18.④ 19.③ 20.③

21 다음은 회전운동과 관련한 기계의 부품 및 부위에 관한 사항들이다. 빈 칸에 들어갈 말로 알맞은 것을 순서대로 나열하면?

> • ( ) : 회전축 또는 왕복운동하는 축을 지지하여 축에 작용하는 하중을 부담하는 요소
> • ( ) : 엔진과 변속기 사이에 위치하여 엔진의 동력을 구동바퀴에 전하거나 단속하기 위한 장치이다.

① 베어링, 클러치
② 클러치, 저널
③ 저널, 베어링
④ 커플링, 저널

22 급유법 중 오일컵을 사용하여 모세관 현상에 의해 윤활유를 급유하는 방식은?

① 오일링 급유법
② 패드 급유법
③ 적하 급유법
④ 첨지 급유법

23 회전수가 400rpm, 지름이 150mm의 수직축 하단에 축저 베어링이 있다. 베어링 면의 외경이 125mm, 내경이 45mm, 허용 베어링 압력이 2.5N/mm²일 때 견딜 수 있는 스러스트 하중은?

① 13kN
② 27kN
③ 40kN
④ 50kN

Answer

21 • 베어링 : 회전축 또는 왕복운동하는 축을 지지하여 축에 작용하는 하중을 부담하는 요소
- 저널 : 베어링에 접촉된 축 부분
- 클러치 : 엔진과 변속기 사이에 위치하여 엔진의 동력을 구동바퀴에 전하거나 단속하기 위한 장치이다.
- 커플링 : 운전 중에는 결합을 끊을 수 없는 영구적인 이음

22 ① 축에 걸쳐져 있는 링이 축과 함께 회전하면서 윤활유를 축 위쪽으로 공급하는 방식
② 모세관 작용을 하는 패드를 넣어 스프링에 의해 축에 붙여 놓는 방법
④ 윤활유 속에 베어링을 담그는 방법

23 하중$(W) = \dfrac{\pi}{4}(d_2{}^2 - d_1{}^2)q$

$$= \frac{\pi}{4} \times (125^2 - 45^2) \times 2.5 = 26,703.5 = 26,704\text{N} ≒ 27\text{kN}$$

답— 21.① 22.③ 23.②

24 베어링의 압력속도계수 pv 가 1N/mm^2·m/s, 직경이 50mm, 길이가 80mm이다. 베어링이 300rpm으로 회전한다면 이 베어링이 지탱할 수 있는 하중은 얼마인가?

① 4,910N

② 4,520N

③ 5,080N

④ 5,400N

25 칼라 베어링에 30kN의 하중이 작용하고 외경이 280mm, 내경이 140mm이라면 이때 베어링에 걸리는 압력은 얼마인가? (단, 칼라의 수는 2개이고, 칼라의 높이는 5mm이다)

① 2.35N/mm^2

② 4.54N/mm^2

③ 6.12N/mm^2

④ 7.56N/mm^2

26 다음 중 하중이 축 방향으로 작용하는 것은?

① 스러스트 베어링

② 레이디얼 베어링

③ 원추 저널

④ 분할 저널

Answer

24 $v = \dfrac{\pi dN}{60 \times 1,000} = \dfrac{\pi \times 300 \times 50}{60 \times 1,000} = 0.785\text{m/s}$

압력속도계수에서 $p = \dfrac{1}{v} = \dfrac{1}{0.785} = 1.27\text{N/mm}^2$

$\therefore p = \dfrac{P}{dl}$ 에서 $P = pdl = 1.27 \times 50 \times 80 = 5,080\text{N}$

25 $d_m = \dfrac{(d_2 + d_1)}{2} = \dfrac{280 + 140}{2} = 210\text{mm}$

$p = \dfrac{P}{\pi d_m hz} = \dfrac{30,000}{\pi \times 210 \times 5 \times 2} = 4.54\text{N/mm}^2$

26 스러스트 베어링 … 하중의 방향이 축의 중심선 방향으로 작용한다.

답 — 24.③ 25.② 26.①

27 직경 80mm, 300rpm으로 회전하는 축에 5,000N의 레이디얼 하중을 받고 있는 저널 베어링의 마찰손실 동력은? (단, $\mu = 0.02$, 1PS = 75kgf · m/s = 750N · m/s)

① 0.0167PS

② 0.1676PS

③ 0.3352PS

④ 0.1127PS

28 윤활제의 종류 중 동식물성 지방유에 대한 설명으로 옳지 않은 것은?

① 물에 의해 쉽게 변질되고 가격이 비싸다.

② 식물유로는 피마자유, 올리브유, 낙화생유, 채송유, 면실유 등이 있다.

③ 광유에 비해 온도에 의한 점도변화가 크고 점착성이 작다.

④ 공기에 의해 산화된다.

29 축 직경 30mm, 저널 길이 150mm, 9,000N의 레이디얼 하중이 작용할 때 베어링 압력은?

① 2N/mm^2

② 3N/mm^2

③ 4N/mm^2

④ 5N/mm^2

Answer

27 속도$(v) = \dfrac{\pi dN}{1,000 \times 60} = \dfrac{\pi \times 80 \times 300}{1,000 \times 60} = 1.2566 ≒ 1.257\text{m/s}$

동력손실$(H_{PS}) = \dfrac{\mu P v}{750} = \dfrac{0.02 \times 5,000 \times 1.257}{750} = 0.1676\text{PS}$

28 ③ 광유에 비해 온도에 의한 점도변화가 작고 점착성이 크다.

※ 동식물성 지방유의 특징

ㄱ 동식물에서 얻은 지방유를 정제하여 윤활제로 만든 것이다.

ㄴ 광유에 비해 온도에 의한 점도변화가 작고 점착성이 크다.

ㄷ 공기에 의해 산화된다.

ㄹ 물에 의해 쉽게 변질되고 가격이 비싸다.

ㅁ 고무질 물질이 생성되기 쉽다.

ㅂ **식용유** : 파마자유, 올리브유, 낙화생유, 채송유, 면실유 등

ㅅ **동물유** : 쇠기름, 라아드유, 우유, 경유, 스파므유 등

29 압력$(p) = \dfrac{P}{dl} = \dfrac{9,000}{30 \times 150} = 2\text{N/mm}^2$

답 — 27.② 28.③ 29.①

30 유체의 점성계수를 μ, 평판의 속도가 U, 평판과 고정면 사이의 높이를 h 라고 하면 임의의 유체층에서 발생하는 전단응력으로 옳은 것은?

① $\tau = 2\mu \cdot \dfrac{h}{U}$　　　　　　　　② $\tau = \mu \cdot \dfrac{h}{U}$

③ $\tau = 2\mu \cdot \dfrac{U}{h}$　　　　　　　　④ $\tau = \mu \cdot \dfrac{U}{h}$

31 터빈, 보일러 등의 고속 회전 기계의 장애가 되며 유막작용에 의해 폭이 심한 횡진동을 일으키는 현상은?

① 오일 휘프　　　　　　　　② 정적 윤활

③ 유막 형성　　　　　　　　④ 수막 현상

32 회전수 300rpm, 베어링 하중 20kN을 받는 끝 저널의 길이는?　(단, $pv = 3\text{N/mm}^2 \cdot \text{m/s}$, $\sigma = 60\text{N/mm}^2$)

① 95mm　　　　　　　　② 100mm

③ 105mm　　　　　　　　④ 110mm

Answer

30 유체의 전단 응력

$$\tau = \mu \cdot \dfrac{U}{h}$$

31 오일 휘프 … 슬라이딩 베어링으로 받쳐져 있는 회전축을 위험속도의 2배 이상의 고속으로 회전시키면 유막작용에 의해 폭이 심한 횡진동을 일으키는 현상이다.

32 압력$(p) = \dfrac{P}{dl}$

속도$(v) = \dfrac{\pi dN}{60,000}$, $pv = \dfrac{\pi PN}{60,000l}$

길이$(l) = \dfrac{\pi PN}{60,000pv} = \dfrac{\pi \times 2,000 \times 300}{60,000 \times 3} = 104.71 ≒ 105\text{mm}$

답 30.④　31.①　32.③

33 윤활의 중요성에 대한 설명으로 옳지 않은 것은?

① 마찰저항과 마모를 감소시킬 수 있다.

② 베어링 내에 이물질의 침입을 막을 수 없다.

③ 마찰열로 인한 열을 냉각시킬 수 있다.

④ 베어링의 산화를 방지할 수 있다.

34 축의 지름이 100mm이고, 칼라의 지름이 220mm인 1개의 칼라 베어링이 420rpm으로 9,000N의 하중을 받고 있다. 이때 압력속도계수 pv 는 얼마인가?

① $1\text{N/mm}^2 \cdot \text{m/s}$ ② $2\text{N/mm}^2 \cdot \text{m/s}$

③ $3\text{N/mm}^2 \cdot \text{m/s}$ ④ $4\text{N/mm}^2 \cdot \text{m/s}$

35 Oilless bearing(오일리스 베어링)의 특징으로 옳은 것은?

① 펌프, 선박에 주로 사용된다.

② 큰 하중에 잘 견딘다.

③ 인성이 있고 충격·진동에 잘 견딘다.

④ 50℃ 이하로 온도를 제한해서 사용한다.

 **Answer**

33 윤활의 중요성
  ㉠ 마찰저항과 마모를 감소시킬 수 있다.
  ㉡ 마찰열로 인한 가열된 베어링을 냉각시킬 수 있다.
  ㉢ 베어링 내에 이물질의 침입을 방지할 수 있다.
  ㉣ 베어링의 산화를 방지할 수 있다.

34 압력속도계수

$$pv = \frac{PN}{30,000(d_2 - d_1)z}$$

$$= \frac{9,000 \times 420}{30,000 \times (220 - 100) \times 1}$$

$$= 1.05 ≒ 1\text{N/mm}^2 \cdot \text{m/s}$$

35 ① 리그넘바이티(lignumvitae)의 특징이다.
  ②③ 배빗 메탈(babbit metal)의 특징이다.

답 — 33.②   34.①   35.④

36 축 지름 200mm, 칼라 지름 320mm인 선박 디젤 기관의 칼라 베어링이 500rpm, 8,000N의 스러스트 하중을 받을 때 pv값은 약 얼마인가? (단, 칼라는 2개이다)

① 0.6N/mm^2
② 0.7N/mm^2
③ 0.8N/mm^2
④ 1.0N/mm^2

37 베어링의 회전수가 400rpm이고 16,000N의 하중이 작용한다면 이 저널 베어링의 직경은 얼마인가? (단, 폭과 직경의 비 = 2.0, 허용 압력 = 1N/mm^2)

① 89mm
② 90mm
③ 93mm
④ 98mm

38 엔드 저널의 굽힘 모멘트의 식으로 옳은 것은?

① $M = \dfrac{\pi d^3}{32} \cdot \sigma_b$
② $M = \dfrac{\pi d^3}{16} \cdot \sigma_b$
③ $M = \dfrac{\pi d^2}{32} \cdot \sigma_b$
④ $M = \dfrac{\pi d^2}{16} \cdot \sigma_b$

Answer

36 $pv = \dfrac{PN}{30,000(d_2 - d_1)z} = \dfrac{8,000 \times 500}{30,000(320 - 200) \times 2} = 0.56 \fallingdotseq 0.6\text{N/mm}^2$

37 저널 베어링의 직경

$$d = \sqrt{\dfrac{P}{\left(\dfrac{l}{d}\right)p}} = \sqrt{\dfrac{16,000}{2.0 \times 1}} = 89.4\text{mm}$$

38 엔드 저널의 굽힘 모멘트

$$M = \dfrac{\pi d^3}{32} \cdot \sigma_b$$

답 — 36.① 37.① 38.①

39 하중 20kN, 회전수 150rpm, 축의 지름 60mm, 베어링 마찰계수 0.04일 때 매분 발생하는 열량은?

① 8.8kcal/min
② 88kcal/min
③ 58.8kcal/min
④ 52.8kcal/min

40 광유 감마제의 종류와 그 사용용도가 잘못 짝지어진 것은?

① 터어빈유 – 터빈 베어링, 고속도 베어링 등
② 엔진유 – 내연기관, 기관차 등
③ 다이너모우유 – 발전기, 모터 등
④ 실린더유 – 차량 차축, 레일, 와이어 로프 등

41 허용 굽힘 응력이 100N/mm^{2}인 엔드 저널에 10kN의 하중이 작용한다. 길이가 30mm라고 하면 필요한 직경은 얼마인가?

① 24.8mm
② 25.4mm
③ 26.8mm
④ 27.7mm

**Answer**

39 속도$(v) = \dfrac{\pi d N}{1,000 \times 60} = \dfrac{\pi \times 60 \times 150}{1,000 \times 60} = 0.471\text{m/s}$

단위시간의 마찰일$(W_f) = \mu P v = 0.04 \times 20,000 \times 0.471 = 376.8\text{N} \cdot \text{m/s}$

단위시간당 발생하는 마찰열$(Q) = A W_f = \dfrac{\mu P v}{427} = \dfrac{376.8}{427} = 0.88\text{kcal/s} = 52.8\text{kcal/min}$

40 ④ 실린더유는 증기기관 실린더, 기어 등에 사용된다.

41 $d = \sqrt[3]{\dfrac{16 P l}{\pi \sigma_b}} = \sqrt[3]{\dfrac{16 \times 10,000 \times 30}{\pi \times 100}} = 24.81\text{mm}$

답 — 39.④ 40.④ 41.①

42 중간 저널의 폭경비(너비와 직경의 비)에 대한 식으로 옳은 것은?

① $\dfrac{l}{d} = \sqrt{\dfrac{\pi\sigma_b}{3p}}$　　　　　② $\dfrac{l}{d} = \sqrt{\dfrac{6\sigma_b}{\pi p}}$

③ $\dfrac{l}{d} = \sqrt{\dfrac{\pi\sigma_b}{6p}}$　　　　　④ $\dfrac{l}{d} = \sqrt{\dfrac{3\sigma_b}{\pi p}}$

43 Gun metal의 특징으로 옳지 않은 것은?

① 높은 강도　　　　　② 높은 내구력

③ 높은 내압력　　　　　④ 높은 내마모성

44 중하중의 고속용으로 사용되며 본체와 캡으로 분할된 베어링은?

① 단일체 베어링　　　　　② 분할 베어링

③ 구름 베어링　　　　　④ 스러스트 베어링

45 어떤 미끄럼 베어링의 마찰계수가 0.2이고 하중이 4,000N이 작용하고 있다. 회전수가 400rpm이라 하면 이 미끄럼 베어링의 마찰손실일량은? (단, 직경 = 30mm)

① 474N · m/s　　　　　② 486N · m/s

③ 493N · m/s　　　　　④ 502N · m/s

Answer

42 중간 저널의 폭경비

$$\frac{l}{d} = \sqrt{\frac{\pi\sigma_b}{6p}}$$

43 ② kelmet의 특징에 해당한다.

44 분할 베어링 … 본체, 캡으로 분할된 베어링으로서 중하중의 고속용으로 사용된다. 메탈의 분할면에 얇은 심을 여러 개 삽입하여 판 두께를 조절함으로써 저널과의 맞춤을 유지한다.

45 $W_f = \mu P \cdot \dfrac{\pi d N}{60 \times 1,000} = 0.2 \times 4,000 \times \dfrac{\pi \times 30 \times 400}{60 \times 1,000} = 502.4 \doteqdot 502\text{N} \cdot \text{m/s}$

답— 42.③　43.②　44.②　45.④

46 증기기관의 제1 메인 베어링은 길이 200mm, 지름 100mm로 2,500N, 제2 메인 베어링은 길이 240mm, 지름 100mm로 2,800N의 베어링 하중을 받는다. 회전수가 300rpm일 때, 2개의 메인 베어링의 마찰손실마력은? (단, $\mu = 0.02$, 1PS $= 75$kgf $\cdot$ m/s $= 750$N $\cdot$ m/s)

① 0.3PS
② 0.9PS
③ 0.5PS
④ 0.2PS

47 Reynold 방정식을 유도할 때 그 가정조건으로 옳지 않은 것은?

① 윤활유는 점성 유체 법칙에 의한다.
② 윤활유의 관성력은 생략한다.
③ x 방향 유체 압력은 일정하다.
④ 윤활유는 비압축성이며 점성계수는 일정하다.

48 윤활제의 한 종류인 흑연에 대한 설명으로 옳지 않은 것은?

① 불순물이 혼입되지 않은 것이 좋다.
② 그리스와 혼합하여 사용가능하다.
③ 불순물이 혼입된 것을 오일대그, 아쿠아대그, 그레대그라고 한다.
④ 기름 윤활유로 강하중일 때 사용한다.

Answer

46 속도$(v) = \dfrac{\pi d N}{1,000 \times 60} = \dfrac{\pi \times 100 \times 300}{1,000 \times 60} = 1.57$m/s

동력손실$(H_f) = \dfrac{\mu P v}{750} = \dfrac{0.02 \times (2,500 + 2,800) \times 1.57}{750} = 0.2$PS

47 ③ Reynold 방정식을 유도할 경우 y방향 유체 압력은 일정하다고 가정한다.

48 흑연을 열처리하여 기름 · 물 · 그리스 등을 혼합하여 콜로이드 상태로 만든 것을 오일대그, 아쿠아대그, 그레대그라고 한다.

46.④ 47.③ 48.③

49 엔드 저널의 폭경비 2.5, 저널에 생기는 최대 굽힘 응력이 50N/mm^{2}일 때 베어링 압력은?

① 2.46N/mm^2 ② 1.23N/mm^2

③ 1.57N/mm^2 ④ 4.96N/mm^2

50 베어링 설계시 주의사항으로 옳지 않은 것은?

① 구조가 간단하고 수리 · 유지가 쉬워야 한다.

② 마모가 적어야 한다.

③ 마찰저항이 크고 동력손실은 작아야 한다.

④ 윤활유 소비량이 적고 열화되지 않아야 한다.

Answer

49 압력$(p) = \dfrac{\sigma_b}{5.1\left(\dfrac{l}{d}\right)^2} = \dfrac{50}{5.1 \times (2.5)^2}$

$\qquad = 1.568 \fallingdotseq 1.57\text{N/mm}^2$

50 베어링 설계시 주의사항
㉠ 마찰저항, 동력손실이 적어야 한다.
㉡ 마모가 적어야 한다.
㉢ 베어링 사용온도가 낮아야 한다.
㉣ 구조가 간단하고 수리 · 유지가 쉬워야 한다.
㉤ 강도가 충분해야 한다.
㉥ 눌어 붙음 등으로 사용 불가능한 일이 없도록 신뢰성이 있어야 한다.
㉦ 치수가 정확하게 구성되어야 한다.
㉧ 하중, 미끄럼속도, 구름속도에 의한 마찰면이 파괴되지 않아야 한다.
㉨ 축진동, 진동하중을 충분히 고려하여야 한다.
㉩ 마찰면 내에 수분이나 먼지가 들어가지 않아야 한다.
㉪ 윤활유의 소비량이 적고 열화되지 않아야 한다.
㉫ 고부하, 고속시 열의 발산, 냉각 방법에 유의하여야 한다.

답— 49.③ 50.③

51 회전수 500rpm, 베어링 하중 14,400N을 얻는 미끄럼 베어링이 있다. 허용 베어링 압력이 2N/mm², 폭 경비가 2.0일 때 베어링의 직경은?

① 50mm

② 60mm

③ 100mm

④ 120mm

Answer

51 $P = \dfrac{P}{dl}, \; l = 2d$

$\therefore P = \dfrac{P}{2d^2}$

$d = \sqrt{\dfrac{P}{2P}} = \sqrt{\dfrac{14,400}{2 \times 2}} = 60\text{mm}$

답— 51.②

Chapter 04

구름 베어링

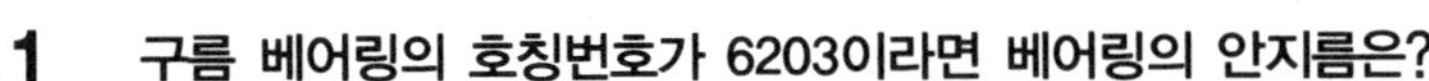

1 구름 베어링의 호칭번호가 6203이라면 베어링의 안지름은?

① 3mm

② 15mm

③ 17mm

④ 20mm

2 다음 중 볼 베어링의 수명시간(L_h)을 구하는 공식으로 옳은 것은?

① $\left(\dfrac{C}{P}\right)^3 \times 10^6$

② $\left(\dfrac{C}{P}\right)^{\frac{10}{3}} \times 10^6$

③ $500\left(\dfrac{C}{P}\right)^3 \sqrt{\dfrac{33.3}{N}}$

④ $500\left(\dfrac{C}{P}\right)^3 \times \dfrac{33.3}{N}$

Answer

1 ③ 62는 베어링 계열기호를 나타내며 03은 안지름 번호를 나타낸다. 안지름 번호 03은 베어링 안지름 17 mm 에 해당한다.

※ 주요 안지름 번호(구름 베어링)

안지름 번호	베어링 안지름(mm)	안지름 번호	베어링 안지름(mm)
00	10	05	25
01	12	06	30
02	15	07	35
03	17	08	40
04	20	09	45

2 베어링의 수명시간(L_h) $= 500\left(\dfrac{C}{P}\right)^r \times \dfrac{33.3}{N}$

(단, 볼 베어링은 $r=3$, 롤러 베어링은 $r=\dfrac{10}{3}$ 이다)

답— 1.③ 2.④

3 하중 P에서 수명이 L인 볼 베어링에 두 배의 하중 $2P$가 작용할 때 수명은?

① $2^3 L$ ② $2^{-3} L$

③ $2^{\frac{10}{3}} L$ ④ $2^{-\frac{10}{3}} L$

4 베어링의 수명시간이 30,000hr이고 베어링 한계속도가 180,000이다. 베어링번호가 6320일 때 베어링의 지름(d)과 회전수(N)를 구한 것으로 옳은 것은?

① $d = 80,\ N = 1,800$ ② $d = 100,\ N = 1,800$

③ $d = 50,\ N = 600$ ④ $d = 180,\ N = 3,000$

5 등급기호 NA4916V에서 16이 지칭하는 것은?

① 내경기호 ② 형식

③ 치수계열 ④ 등급기호

⑤ 실드기호

6 다음 중 레이디얼 볼 베어링의 구성요소로 옳은 것은?

① 내륜, 외륜, 볼, 저널 ② 내륜, 볼, 리테이너축

③ 내륜, 외륜, 볼, 리테이너 ④ 내륜, 외륜, 리테이너, 하우징

Answer

3 볼 베어링에서 하중 P에서 수명이 L이었는데 하중이 $2P$로 되면 $\left(\dfrac{1}{2}\right)^3 L$이므로 $2^{-3}L$이 된다.

4 지름(d) $= 20 \times 5 = 100$mm, 회전수(N) $= \dfrac{dN}{d} = \dfrac{180,000}{100} = 1,800$rpm

5 NA4916V
ㄱ NA : 형식번호
ㄴ 49 : 계열번호
ㄷ 16 : 안지름번호
ㄹ V : 레이스 형상 기호

6 ③ 구름 베어링(또는 레이디얼 볼 베어링)의 구조는 외륜, 내륜, 볼 또는 롤러, 리테이너로 구성되어 있다.

답 3.② 4.② 5.① 6.③

7 치수가 6312ZNR인 베어링의 지름은 얼마인가?

① 12mm

② 31mm

③ 60mm

④ 63mm

⑤ 40mm

8 단열 레이디얼 볼 베어링 6310을 레이디얼 하중 2,000N, 회전수 1,000rpm으로 사용할 때의 수명시간은?

① 223,750시간

② 231,000시간

③ 237,500시간

④ 257,800시간

9 축과 구름 베어링의 끼워맞춤시 고려해야 할 사항으로 가장 거리가 먼 것은?

① 하중의 성질

② 하중의 크기

③ 운전온도의 영향

④ 축의 재질

**Answer**

7 6312ZNR

㉠ 베어링 계열 번호 : 63

㉡ 안지름 : 60mm

㉢ 실드 번호 : Z

㉣ 레이스 형상기호 : NR

※ 안지름은 치수×5를 하여 계산하므로 12×5 = 60mm

8 단열 레이디얼 볼 베어링 6310에서 베어링의 안지름은 10번에 해당하는 50mm이고, 이때 베어링의 정격 부하 용량은 48,500N이다. 따라서 베어링의 수명시간은 다음과 같이 구한다.

$$L_h = 500 \cdot \left(\frac{C}{P}\right)^r \times \frac{33.3}{N} = 500 \times \left(\frac{48,500}{2,000}\right)^3 \times \frac{33.3}{1,000} = 237437.59\text{h}$$

9 구름 베어링 설계시 고려사항

㉠ 사용목적에 맞게 재료를 선정하고 온도와 과부하가 어느 정도인지 고려한다.

㉡ 축이나 축 케이스의 끼워맞춤을 잘 선정해야 한다.

㉢ 밀봉장치의 불량으로 먼지나 이물질이 침투하는 것을 막아야 한다.

㉣ 윤활유의 부족이나 불량으로 인해 리테이너의 마모를 막아야 한다.

㉤ 베어링의 발열상태가 어느 정도인지를 알아야 한다.

답─ 7.③ 8.③ 9.④

10 볼 베어링의 동적 부하용량이 15kN, 베어링의 이론 하중이 2,500N일 때 베어링의 계산수명은 얼마인가? (단, 하중계수 = 1.2)

① 25×10^6 회전 ② 125×10^6 회전

③ 216×10^6 회전 ④ 225×10^6 회전

11 기본 부하용량이 24kN, 볼 베어링이 하중 2,400N을 받고 600rpm으로 회전하면 이 베어링의 수명은 약 몇 시간인가?

① 21,500 ② 24,700

③ 27,750 ④ 29,500

12 공작기계의 주축에 널리 사용되며, 레이디얼 하중과 스러스트 하중을 동시에 받을 수 있는 베어링은?

① 테이퍼 롤러 베어링 ② 원통 롤러 베어링

③ 니들 롤러 베어링 ④ 자동 조심 롤러 베어링

Answer

10 베어링의 계산수명

$$L_n = \left(\frac{C}{P}\right)^r = \left(\frac{C}{f_w P_{th}}\right)^r = \left(\frac{15,000}{1.2 \times 2,500}\right)^3 = 125 \times 10^6 \text{ 회전}$$

11 볼 베어링의 수명

$$L_h = 500 \cdot \left(\frac{C}{P}\right)^r \times \frac{33.3}{N} = 500 \times \left(\frac{24,000}{2,400}\right)^3 \times \frac{33.3}{600} = 27,750 \text{h}$$

12 베어링의 종류

㉠ 테이퍼 롤러 베어링 : 레이디얼 하중과 한 방향의 스러스트 하중의 합성 하중에 대한 부하능력이 크기 때문에 공작기계의 주축에 많이 사용한다.

㉡ 원통 롤러 베어링 : 궤도륜과 선 접촉을 하므로 볼 베어링에 비해 레이디얼 방향의 부하용량이 크고, 한 쪽에 안내 턱이 없어 축 방향으로 축이 이동되므로 스러스트 하중이나 열 팽창에 의한 손상이 적다.

㉢ 니들 롤러 베어링 : 단위면적당 부하용량이 크므로 모양이 작을수록 특성이 좋다.

㉣ 자동 조심 롤러 베어링 : 외륜의 궤도면을 구면형으로 하고 전동체를 복열로 배열하여 외륜이 축 중심에 맞도록 자동으로 조정되는 베어링으로 레이디얼 하중, 스러스트 하중을 받을 수 있다.

답— 10.② 11.③ 12.①

13 미끄럼 베어링과 구름 베어링의 성능비교 중 구름 베어링에 속하는 것은?

① 큰 하중에 적합하다.

② 구조가 간단하고, 특별한 부착조건이 적다.

③ 기동 마찰이 적다.

④ 유막 형성이 양호하며, 매우 정숙하게 운전된다.

14 기본 동적 부하용량이 C인 볼 베어링에 하중 $\dfrac{C}{2}$가 작용하면 베어링의 수명은 어떻게 되는가?

① 2배 ② 4배

③ 8배 ④ 16배

15 다음 중 베어링의 기본 동정격 하중을 바르게 설명한 것은?

① 23.3rpm으로 500시간을 사용할 수 있는 하중이다.

② 33.3rpm으로 500시간을 사용할 수 있는 하중이다.

③ 23.3rpm으로 1,000시간을 사용할 수 있는 하중이다.

④ 33.3rpm으로 1,000시간을 사용할 수 있는 하중이다.

 **Answer**

13 기동 마찰
　㉠ 구름 베어링의 기동 마찰 : 0.002 ~ 0.006
　㉡ 미끄럼 베어링의 기동 마찰 : 0.01 ~ 0.1

14 $L_n = \left(\dfrac{C}{P}\right)^r = \left(\dfrac{C}{\frac{C}{2}}\right)^3 = 8 \times 10^6$ 회전

15 동적 부하용량(C) … 구름 베어링이 회전할 때 견딜 수 있는 하중의 크기로, 33.3rpm으로 500시간 동안 견디는 하중을 의미한다.

답— 13.③ 14.③ 15.②

16 '7210BZC2P4'에 대한 설명으로 옳지 않은 것은?

① 7은 베어링 형식 기호로서 단열 앵귤러 볼 베어링을 뜻한다.

② 2는 베어링 안지름 번호이다.

③ B는 베어링 접촉각 기호이다.

④ C2는 틈새 기호이다.

17 다음 베어링의 기호 '6203ZNR'에 대한 설명 중 옳은 것은?

① 62는 베어링 계열번호로 복열 깊은 홈 볼 베어링이다.

② 03은 안지름 번호로 베어링 안지름은 17mm이다.

③ Z는 실드 기호로 양측 실드이다.

④ NR은 등급 기호로 최하급이다.

**Answer**

16 7210BZC2P4

㉠ 7 : 형식 기호로써 단열 앵귤러 볼 베어링을 의미한다.

㉡ 2 : 치수 번호를 나타낸다.

㉢ 10 : 안지름 번호로 50mm를 나타낸다.

㉣ BZ : 접촉각과 실드 기호를 나타낸다.

㉤ C2 : 틈새 기호를 나타낸다.

㉥ P4 : 정밀도 등급을 나타낸다.

17 6203ZNR

㉠ 62 : 단열 깊은 홈 볼 베어링

㉡ 03 : 안지름이 17mm

㉢ Z : 실드 기호로서 한쪽 실드

㉣ NR : 레이스 형상 기호로서 스냅 링을 붙임

답— 16.② 17.②

18 구름 베어링 설계시 고려해야 할 사항으로 옳지 않은 것은?

① 사용목적에 맞게 재료를 선정하고 온도, 과부하가 어느 정도인지 고려한다.
② 윤활유의 부족 혹은 불량으로 인한 리테이너의 마모를 방지해야 한다.
③ 축이나 축 케이스의 끼워맞춤을 잘 선정해야 한다.
④ 고온에서 사용하는 베어링은 내열강을 사용해야 한다.

19 베어링 번호가 '6212'일 때 끝자리 수 '12'를 바르게 설명한 것은?

① 복열 볼 베어링이다.
② 단열 테이퍼 롤러 베어링이다.
③ 베어링의 안지름이 60mm이다.
④ 베어링의 바깥지름이 60mm이다.

20 구름 베어링의 호칭 번호에 대한 설명으로 옳지 않은 것은?

① 호칭 번호를 붙이는 목적은 구별의 용이성을 위해서이다.
② 호칭 번호의 기호에 의해 베어링의 형태를 알 수 있다.
③ 안지름, 바깥지름, 너비 등의 치수를 쉽게 알 수 있다.
④ 형식 번호, 기호 번호, 안지름 번호 등은 생략할 수 있다.

Answer

18 ④ 구름 베어링의 재료에 대한 설명이다.
   ※ **구름 베어링 설계시 고려사항**
   ㉠ 사용목적에 맞는 재료를 선정하고 온도, 과부하의 정도를 고려해야 한다.
   ㉡ 축이나 축 케이스의 끼워맞춤의 선정을 고려해야 한다.
   ㉢ 밀봉장치의 불량으로 먼지 및 이물질의 침투를 방지해야 한다.
   ㉣ 윤활유의 부족이나 불량으로 인한 리테이너의 마모를 방지해야 한다.
   ㉤ 베어링의 발열상태 정도를 고려해야 한다.

19 끝자리 수 '12'는 베어링의 안지름을 표시하며 실제 수치는 5배이다(단, /표시가 있으면 표시값 그대로 사용한다. 예 / 20 = 20mm).

20 ④ 호칭 번호는 기본 번호와 보조 기호로 구성되는데, 형식 번호, 기호 번호, 안지름 번호는 생략할 수 없고 이 외의 번호는 필요에 따라 생략이 가능하다.

답 — 18.④ 19.③ 20.④

21 구름 베어링에 대한 설명으로 옳지 않은 것은?

① 소음 및 진동의 발생이 적다.

② 기계의 소형화가 가능하다.

③ 과열의 위험성이 적다.

④ 규격이 정해져 교환성이 좋다.

22 어떤 볼 베어링의 수명이 베어링 하중 100N일 때 수명시간이 10시간이었다. 이 베어링에서 베어링 하중 2,000N이 가해지면 베어링 수명은 얼마인가?

① 1,250시간

② 2,000시간

③ 3,000시간

④ 4,000시간

Answer

21 구름 베어링의 장·단점

㉠ 장점

- 윤활이 용이하다.
- 과열 위험성이 적고 저속회전에 적합하다.
- 규격화 되어 있어 교환성이 우수하다.
- 마찰이 적어 저항이 작고, 운전 중의 발열이 적다.
- 축재료의 영향을 받지 않는다.

㉡ 단점

- 설치가 어렵고, 정밀 가공해야 한다.
- 가격이 비싸고 소음과 진동이 발생하기 쉽다.
- 반복 하중에 의한 피로 손상으로 수명이 짧다.
- 축 표준치수가 규격화되어 용도 외에는 사용하지 못한다.
- 최대회전속도 한계가 낮다.

22 $L_n = \left(\dfrac{C}{P}\right)^r = 10 \times 10^6$ 시간

$\therefore C = 215.44$

$L_n = \left(\dfrac{C}{P}\right)^r = \left(\dfrac{215.44}{2,000}\right)^3 = 0.00125 \times 10^6$ 시간 $= 1,250\text{h}$

답 — 21.① 22.①

23 베어링의 접촉각 기호에 대한 설명으로 옳지 않은 것은?

① 단열 앵귤러 볼 베어링과 단열 테이퍼 롤러 베어링에만 사용한다.
② 단열 앵귤러 볼 베어링의 경우 각도에 따라 A, B, C로 표기한다.
③ 단열 테이퍼 롤러 베어링에서 $24 \sim 32°$ 이하는 D로 표기한다.
④ 단열 앵귤러 볼 베어링에서 $10 \sim 22°$ 이하는 C로 표기한다.

24 다음 중 구름 베어링의 분류에 해당하지 않는 것은?

① 전동체에 따른 분류
② 하중 방향에 따른 분류
③ 마찰에 따른 분류
④ 전동체의 배열에 따른 분류

25 베어링의 수명시간을 L_h 라 하면 수명계산식으로 옳은 것은?

① $L_h = 500 \cdot \left(\dfrac{C}{P}\right)^r \times \dfrac{33.3}{N}$　　　② $L_h = 500 \cdot \left(\dfrac{C}{P}\right)^r \times \dfrac{333}{N}$

③ $L_h = 50 \cdot \left(\dfrac{C}{P}\right)^r \times \dfrac{33.3}{N}$　　　④ $L_h = 50 \cdot \left(\dfrac{C}{P}\right)^r \times \dfrac{333}{N}$

Answer

23 단열 앵귤러 볼 베어링의 접촉각 기호
　㉠ $10 \sim 22°$ 이하 : C
　㉡ $22 \sim 32°$ 이하 : A
　㉢ $32 \sim 45°$ 이하 : D
　※ 단열 테이퍼 롤러 베어링 … $24 \sim 32°$ 이하는 D로 표기한다.

24 구름 베어링의 종류
　㉠ 전동체에 따른 분류 : 볼 베어링, 롤러 베어링
　㉡ 하중 방향에 따른 분류 : 레이디얼 베어링, 스러스트 베어링
　㉢ 전동체의 배열에 따른 분류 : 단열형 베어링, 복열형 베어링

25 베어링의 수명시간
$$L_h = 500 \cdot \left(\frac{C}{P}\right)^r \times \frac{33.3}{N}$$

답 — 23.② 24.③ 25.①

26 단열 레이디얼 볼 베어링에서 회전수(N)가 400rpm, 수명시간(L_h)이 30,000h, 기본부하용량(C)이 9kN, 하중계수(f_w)가 2.0일 때 최대 베어링 하중(P)은?   (단, 볼 베어링이므로 $r = 3$ 이다)

① 402N

② 502N

③ 604N

④ 704N

27 다음 중 구름 베어링의 장점으로 옳지 않은 것은?

① 마모나 마멸이 적다.

② 유지 및 보수가 쉽다.

③ 과열의 위험이 적다.

④ 충격 하중에 매우 강하다.

28 베어링 번호 6310인 단열 레이디얼 볼 베어링의 최대 회전수는?   (단, 한계속도계수(dN) = 300,000)

① 4,000rpm

② 5,000rpm

③ 6,000rpm

④ 7,000rpm

Answer

26 계산수명(L_n) $= \dfrac{60 \times 400 \times 30,000}{10^6} = 720 \times 10^6$ 회전

베어링 하중(P) $= \dfrac{9,000}{2.0 \times \sqrt[3]{720}} = 502\text{N}$

27 구름 베어링의 장점

㉠ 마찰이 적기 때문에 초기 구동시 저항마찰이 적어 작동 중 발열도 적다.

㉡ 윤활이 매우 간단하며 발열이 적기 때문에 윤활제의 점도변화도 적다.

㉢ 베어링이 규격화되어 있어 호환성이 좋다.

28 베어링 번호가 6310이므로 내경(d) = 50mm

회전수(N) $= \dfrac{\text{한계속도계수}(dN)}{\text{내경}(d)}$ 이므로

$N = \dfrac{300,000}{50} = 6,000\text{rpm}$

답— 26.② 27.④ 28.③

29 다음 중 구름 베어링의 재료로 사용할 수 없는 것은?

① 고탄소 크롬강　　　　　　　　② 내열강

③ 스테인리스강　　　　　　　　　④ 플라스틱

30 번호가 6312ZNR인 단열 레이디얼 볼 베어링의 안지름은?

① 30mm　　　　　　　　　　　② 40mm

③ 50mm　　　　　　　　　　　④ 60mm

31 하중계수가 1.2, 이론 하중이 5,000N라면 실제 하중은 얼마인가?

① 4,000N　　　　　　　　　　　② 5,000N

③ 6,000N　　　　　　　　　　　④ 7,000N

32 기본 정격 하중이 27,500N인 베어링에 2,000N의 하중이 작용하고 있다. 1,000rpm으로 회전한다면 이 베어링의 수명은 몇 시간인가?

① 33,283h　　　　　　　　　　② 43,283h

③ 33,483h　　　　　　　　　　④ 43,383h

Answer

29 구름 베어링의 재료 … 고탄소 크롬강, 스테인리스강, 내열강

30 안지름이 12이므로 $12 \times 5 = 60\text{mm}$

31 실제 하중

$$P = f_w \cdot P_{th} = 1.2 \times 5,000 = 6,000\text{N}$$

32 베어링의 수명

$$L_h = 500 \cdot \left(\frac{C}{P}\right)^3 \times \frac{33.3}{N} = 500 \times \left(\frac{27,500}{2,000}\right)^3 \times \frac{33.3}{1,000} = 43,283\text{h}$$

답 — 29.④　30.④　31.③　32.②

33 볼 베어링에서 하중이 $\dfrac{1}{2}$배로 증가하게 되면 수명 시간은 몇 배가 되는가?

① 2배 ② 4배

③ 6배 ④ 8배

34 기본 동적 부하용량이 C인 볼 베어링에 하중 $\dfrac{C}{3}$가 작용한다면 수명은?

① 9h ② 18h

③ 36h ④ 27h

35 구름 베어링의 수명 계산식에 포함되지 않는 것은?

① 계산수명 ② 수명시간

③ 속도계수 ④ 기어계수

Answer

33 볼 베어링의 경우 수명 계산식에서

$$계산수명(L_n) = 500\left(\frac{C}{P}\right)^r \times 10^6 \text{ 회전}$$

$$수명시간(L_h) = \frac{L_n \times 10^6}{60N}$$

$\because 10^6 = 33.3 \times 500 \times 60$이므로

$$L_h = 500\left(\frac{C}{P}\right)^r \times \frac{33.3}{N}$$

$$\frac{L_h}{500} = \left(\frac{C}{P}\right)^3 \times \frac{33.3}{N}$$

P가 $\dfrac{1}{2}$배가 되면 $\left(\dfrac{1}{\frac{1}{2}}\right)^3 = 8$

$\therefore$ 8배가 된다.

34 $L_n = \left(\dfrac{C}{P}\right)^r 10^6$ 회전

볼 베어링이므로 $r = 3$이다.

$$L_n = \left(\frac{C}{\frac{C}{3}}\right)^3 = \left(\frac{3C}{C}\right)^3 = 3^3 = 27 \times 10^6 \text{ 회전}$$

35 ④ 기어가 설치된 축에 작용하는 실제 하중을 구하는 공식에 사용되는 것으로 베어링 하중 평가식에 포함된다.

답 — 33.④ 34.④ 35.④

36 베어링에 작용한 충격이 심한 경우 사용되는 하중계수는?

① 0.4
② 1.0
③ 1.4
④ 2.0

37 구름 베어링이 회전할 때 견딜 수 있는 하중으로, 33.3rpm으로 500시간 동안 견디는 하중을 무엇이라고 하는가?

① 정적 부하용량
② 마찰 부하용량
③ 허용 부하용량
④ 기본 동적 부하용량

38 베어링은 동력전달시 완충작용을 통해서 안전성을 확보하기 위한 필수적인 장치이다. 다음 중 이러한 베어링에 관한 사항으로서 잘못된 것은?

① 레이디얼 베어링은 하중을 축의 중심에 대하여 30도의 각을 이루면서 받는다.
② 스러스트 베어링은 축의 방향으로 하중을 받는다.
③ 자동조심 볼 베어링은 축과 하우징이 기울어질 경우 그 경사각을 보정하는 역할을 할 수 있도록 설계되어 있다.
④ 테이퍼롤러 베어링은 베어링:레이디얼 하중과 한 방향의 스러스트 하중의 합성 하중에 대한 부하능력이 크기 때문에 공작기계의 주축에 많이 사용한다.

Answer

36 베어링의 운전상태에 따른 하중계수
  ㉠ 충격이 없는 경우 : 1.0 ~ 1.2
  ㉡ 일반적인 경우 : 1.2 ~ 1.5
  ㉢ 충격이 심한 경우 : 1.5 ~ 3.0

37 하중
  ㉠ 정적 부하용량 : 구름 베어링이 정지한 상태에서 정하중이 작용할 때 견딜 수 있는 하중의 크기를 의미한다.
  ㉡ 동적 부하용량 : 구름 베어링이 회전할 때 견딜 수 있는 하중의 크기를 의미하며, 33.3rpm으로 500시간 동안 견디는 하중을 기본 동적 부하용량이라 한다.

38 레이디얼 베어링은 하중을 축의 중심에 대하여 직각을 이루면서 받는다.

답 36.④ 37.④ 38.①

39 하중계수에 대한 설명 중 옳지 않은 것은?

① 충격이 없는 운전 상태에서는 1~1.2의 하중계수를 갖는다.
② 실제 하중은 기계의 진동과 충격을 이론적으로 계산한 값보다 작다.
③ 1.5 ~ 3.0일 경우는 충격과 진동이 있는 운전상태이다.
④ 송풍기, 엘리베이터, 크레인 등의 하중계수는 약 1.2이다.

40 구름 베어링의 윤활법에 대한 설명으로 옳지 않은 것은?

① 오일 윤활과 그리스 윤활로 나눌 수 있다.
② 유동성은 그리스 윤활이 오일 윤활에 비해 매우 좋다.
③ 오일 윤활은 이물질을 여과하기가 용이하다.
④ 그리스 윤활은 오일 윤활에 비해 간단한 구조로 되어 있다.

41 기본부하용량이 9,000N인 롤러 베어링에 4,000N의 하중이 작용하고 있다면 계산수명은 몇 회전인가?

① 14×10^6 회전　　　　　② 15×10^6 회전
③ 16×10^6 회전　　　　　④ 17×10^6 회전

42 내륜에는 2열의 홈이 있고 외륜 궤도면은 구면으로 되어 있어서 내륜이 외륜에 대하여 기울어져도 회전할 수 있는 베어링은?

① 자동 조심 볼 베어링　　　　② 마그네토 볼 베어링
③ 레이디얼 롤러 베어링　　　　④ 플렉시블 롤러 베어링

Answer

39 ② 실제 하중은 진동·충격 등을 이론적으로 계산한 값보다 항상 크다.

40 유동성은 오일 윤활이 그리스 윤활에 비해 매우 좋다.

41 $L_n = \left(\dfrac{C}{P}\right)^r = \left(\dfrac{9,000}{4,000}\right)^{\frac{10}{3}} = 14.93 ≒ 15 \times 10^6$ 회전

42 자동 조심 볼 베어링 … 축심이 어긋나도 자동조절을 함으로 무리한 힘이 작용하지 않으며, 내륜이 기울어져도 볼은 항상 일정한 위치에 있다.

답 — 39.② 40.② 41.② 42.①

43 $C = 9,700N$, $N = 200rpm$, $P = 5,000N$, $f_w = 1.4$라고 하면 베어링의 수명은 몇 시간인가?

① 200시간 ② 400시간

③ 700시간 ④ 800시간

44 구름 베어링의 사용시 고려해야 할 사항으로 옳지 않은 것은?

① 열의 방산을 위해 재료의 온도를 고려해야 한다.

② 윤활제를 순환시킬 경우 정화장치를 설치해야 한다.

③ 끼워맞춤을 고려하여 설계하여야 한다.

④ 하중의 작용방향과 크기를 고려해야 한다.

45 단열 앵귤러 볼 베어링의 접촉각 45°를 기호로 표시하려고 할 때, 옳은 것은?

① A ② B

③ C ④ D

Answer

43 베어링의 수명

$$L_h = 500 \cdot \left(\frac{C}{P \times f_w}\right)^r \times \frac{33.3}{N} = 500 \times \left(\frac{9,700}{5,000 \times 1.4}\right)^3 \times \frac{33.3}{200} \fallingdotseq 222h$$

44 ④ 끼워맞춤시 고려해야 할 사항에 해당한다.

※ 끼워맞춤시 고려사항

㉠ 하중의 성질

㉡ 하중의 크기

㉢ 운전시의 온도

㉣ 끼워맞춤의 쬠새의 유무선정

45 접촉각 기호 … 단열 앵귤러 볼 베어링과 단열 테이퍼 롤러 베어링의 경우에만 표기한다.

㉠ 단열 앵귤러 볼 베어링

• 10 ~ 22° 이하 : C로 표시

• 22 ~ 32° 이하 : A로 표시

• 32 ~ 45° 이하 : D로 표시

㉡ 단열 앵귤러 롤러 베어링 : 24 ~ 32° 이하는 D로 표시한다.

답 — 43.① 44.② 45.④

46 구름 베어링의 호칭 번호의 표기에 대한 설명으로 옳지 않은 것은?

1	03	03	B	Z	C2	P6
㉠	㉡	㉢				㉣

① ㉠ – 형식 기호(복열 자동 조심 볼 베어링)
② ㉡ – 치수 기호(03에서 0은 폭 기호, 3은 지름 기호)
③ ㉢ – 안지름 번호(03은 17mm)
④ ㉣ – 틈새 기호(P6급)

47 베어링 하중(P)이 1,000N, 하중계수(f_w)가 2.0, 기본 부하용량(C)이 1,850N, 회전수(N)가 200rpm일 때, 베어링의 수명은? (단, 볼 베어링이므로 $r = 3$이다)

① 63.9h
② 65.9h
③ 95.8h
④ 12.7h

48 구름 베어링의 특징으로 옳지 않은 것은?

① 마찰이 미끄럼 베어링보다 크다.
② 내충격성이 약하다.
③ 규격화되어 있어 호환성이 좋다.
④ 파손되어도 유지·보수가 쉽다.

Answer

46 ④ P6 – 등급 기호(4급)
※ 호칭 번호 표기

예	1	03	03	B	Z	C2	P6
	㉠	㉡	㉢	㉣	㉤	㉥	㉦

㉠ 형식 : 복열 자동 조심 볼 베어링 나타낸다.
㉡ 치수 : 폭 기호 0, 지름 기호 3을 나타낸다.
㉢ 안지름 : 03은 17mm라는 안지름을 나타낸다.
㉣ 접촉각 : 32~45°라는 접촉각을 나타낸다.
㉤ 실드 : 한쪽 실드를 나타낸다.
㉥ 틈새 : C2급을 나타낸다.
㉦ 등급 : 4급을 나타낸다.

47 $L_n = 500 \left(\dfrac{C}{P \times f_w} \right)^r \dfrac{33.3}{N} = 500 \left(\dfrac{1,850}{2.0 \times 1,000} \right)^3 \times \dfrac{33.3}{200} \fallingdotseq 65.9\text{h}$

48 ① 미끄럼 베어링은 기동마찰이 0.01~0.1, 구름 베어링은 0.002~0.006이므로 마찰은 미끄럼 베어링보다 작다.

답 — 46.④ 48.② 48.①

49 다음 중 구름 베어링의 분류가 잘못 짝지어진 것은?

① 레이디얼 볼 베어링 – 깊은 홈 볼 베어링, 마그네토 볼 베어링
② 스러스트 볼 베어링 – 단식 스러스트 볼 베어링, 복식 스러스트 볼 베어링
③ 레이디얼 롤러 베어링 – 원통 롤러 베어링, 니들 롤러 베어링, 테이퍼 롤러 베어링
④ 스러스트 롤러 베어링 – 복합 베어링, 미니어쳐 베어링

50 구름 베어링의 실링장치에 대한 설명으로 옳지 않은 것은?

① 펠트링 – 고온 · 고속 모두 사용가능하며 구조는 복잡하다.
② 기름홈 – 고속 · 저속 모두 사용가능하며 구조는 간단하다.
③ 오일시일 – 고속에 사용가능하며 실링 효과가 뛰어나다.
④ 래비린스 – 고속 회전에 높은 효과를 나타낸다.

51 속도계수에 대한 식으로 옳은 것은?

① $f_n = {}^r\sqrt{\dfrac{N}{33.3}}$ 　　　　② $f_n = {}^r\sqrt{\dfrac{66.6}{N}}$

③ $f_n = {}^r\sqrt{\dfrac{33.3}{N}}$ 　　　　④ $f_n = {}^r\sqrt{\dfrac{N}{66.6}}$

Answer

49 스러스트 롤러 베어링의 종류 ⋯ 스러스트 원통 롤러 베어링, 스러스트 니들 롤러 베어링, 스러스트 테이퍼 롤러 베어링, 스러스트 자동 조심 롤러 베어링

50 ① 펠트링은 고온 · 고속에 부적합하나 구조는 간단하다.

51 속도계수식

$$f_n = {}^r\sqrt{\dfrac{33.3}{N}}$$

답— 49.④ 50.① 51.③

전동장치

마찰차

1 원주속도 2 m/s로 5 kW를 전달하는 원통 마찰차에서 마찰차를 누르는 힘은? (단, 마찰계수는 0.25이다)

① 8 kN

② 10 kN

③ 12 kN

④ 14 kN

2 외접하는 원추 마찰차에서 원동차의 원추각은 30°, 종동차의 원추각은 60°이다(원추각은 꼭지각의 절반에 해당하는 각이다). 원동차에 대한 종동차의 회전속도비는?

① $\dfrac{\sin 60°}{\sin 30°}$

② $\tan 30°$

③ $\cos 60°$

④ $\sin 60°$

**Answer**

1 $H = \dfrac{Fv}{102} = \dfrac{\mu Pv}{102}\,(\text{kw}) \rightarrow P = \dfrac{102 \cdot H'}{\mu v}$

$P = \dfrac{5}{0.25 \cdot 2} = 10\,(\because\ \text{kW} = \text{kJ/s} = \text{kN} \cdot \text{m/s})$

2 속도비 $i = \dfrac{N_B}{N_A} = \dfrac{\sin\alpha}{\sin\beta} = \dfrac{\tan\alpha}{\sin\Sigma - \cos\Sigma\tan\alpha}$

$= \dfrac{\tan 30}{\sin 90 - \cos 90 \cdot \tan 30} = \tan 30°$

답—1.② 2.②

3 원통 마찰차의 축간거리가 300mm, 속도비가 $\dfrac{1}{3}$일 때 종동차의 지름은 얼마인가? (단, 마찰차는 외접한다)

① 150mm

② 300mm

③ 450mm

④ 600mm

4 다른 동력전달장치와 비교한 마찰차의 특성이 아닌 것은?

① 속도비의 변화가 가능하다.

② 큰 동력의 전달이 가능하다.

③ 속도비가 중요하지 않은 경우에 사용한다.

④ 두 축 사이의 동력을 전동 중 번번히 단속할 경우에 사용한다.

Answer

3 속도비$(i) = \dfrac{D_A}{D_B} = \dfrac{1}{3}$이므로 $3D_A = D_B$

중심거리$(C) = \dfrac{D_A + D_B}{2} = \dfrac{D_A + 3D_A}{2}$에서

$D_A + 3D_A = 2 \times 300$

$4D_A = 600$

$\therefore D_A = 150\text{mm}$

$\quad D_B = 450\text{mm}$

4 마찰차 … 2개의 바퀴, 구동차와 피동차의 직접 접촉에 의해 발생하는 마찰력을 이용하여 동력을 전달시키는 장치를 말한다.

※ 마찰차의 응용범위

　　㉠ 전달한 동력이 크지 않고 속도비가 중요하지 않은 경우에 사용한다.

　　㉡ 회전속도가 커서 보통의 기어를 사용할 수 없는 경우에 사용한다.

　　㉢ 양 축 사이를 번번히 단속할 필요가 있는 경우에 사용한다.

　　㉣ 무단변속과 안전장치의 역할이 필요한 경우에 사용한다.

답— 3.③ 4.②

5 다음 중 마찰차의 용도에 대한 설명으로 옳지 않은 것은?

① 전동이 조용해야 할 때
② 정확한 회전이 필요할 때
③ 장치가 간단하고 전달동력이 작을 때
④ 종동차의 급격한 저항으로 인한 충격을 막아야 할 때

6 다음 중 굽힘 모멘트와 비틀림 모멘트가 동시에 작용하는 경우 축 지름은 어떻게 결정하는가?

① 상당 굽힘 모멘트와 상당 비틀림 모멘트의 평균값을 기준으로 결정한다.
② 상당 굽힘 모멘트와 상당 비틀림 모멘트의 차이를 기준으로 결정한다.
③ 상당 굽힘 모멘트와 상당 비틀림 모멘트 중 큰 값을 기준으로 결정한다.
④ 상당 굽힘 모멘트와 상당 비틀림 모멘트 중 작은 값을 기준으로 결정한다.

7 벨트전동과 관련하여 다음 보기에서 설명하고 있는 현상의 명칭은?

> 벨트가 회전하게 되면 벨트의 아래 부분은 인장이 작용하여 긴장되고 위 부분은 이완이 된다. 이로 인해 벨트와 풀리의 림면에 속도의 차이가 생겨 벨트가 림면을 기어가는 것처럼 되는 현상이다.

① 크리핑현상
② 플래핑현상
③ 스냅스루현상
④ 크롤링현상

Answer

5 마찰차의 응용
㉠ 전달할 동력이 크지 않고 속도비가 중요하지 않은 경우에 사용한다.
㉡ 회전속도가 커서 보통의 기어를 사용할 수 없는 경우에 사용한다.
㉢ 양 축 사이를 빈번히 단속할 필요가 있는 경우에 사용한다.
㉣ 무단변속과 안전장치의 역할이 필요한 경우에 사용한다.

6 굽힘 모멘트와 비틀림 모멘트가 동시에 작용하는 경우엔 상당 굽힘 모멘트와 상당 비틀림 모멘트 중 큰 값을 기준으로 결정한다.

7 크리핑(Creeping) 현상 … 벨트가 회전하게 되면 벨트의 아래 부분은 인장이 작용하여 긴장되고 위부분은 이완이 된다. 이로 인해 벨트와 풀리의 림면에 속도의 차이가 생겨 벨트가 림면을 기어가는 것처럼 되는 현상이다.

정답 5.② 6.③ 7.①

8 다음 중 무단변속을 할 수 없는 마찰차는?

① 원통 마찰차

② 원판 마찰차

③ 원추 마찰차

④ 구면 마찰차

9 원동 마찰차의 지름이 200mm, 종동 마찰차의 지름이 500mm일 때 마찰차의 축간거리는 얼마인가?

① 250mm

② 300mm

③ 350mm

④ 400mm

10 원동차의 지름이 200mm, 종동차의 지름이 350mm인 원통 마찰차의 경우 원동차가 12분간에 630회전할 때 종동차는 20분간에 몇 회전하는가?

① 300

② 500

③ 600

④ 700

Answer

8 마찰차의 종류

ㄱ **원통 마찰차** : 평행한 두 축 사이에서 외접 또는 내접하여 동력을 전달하는 원통형 바퀴로서 주로 회전판 구동부에 쓰인다.

ㄴ **원판 마찰차** : 직각으로 만나는 두 축 사이에서 원판과 롤러의 접촉으로 동력을 전달하는 원판형 바퀴로서 주로 무단변속장치로 사용한다.

ㄷ **원추 마찰차** : 동일 평면상에서 서로 어긋나는 두 축 사이에서 외접하여 동력을 전달하는 바퀴로 주로 무단변속장치로 사용한다.

ㄹ **구면 마찰차** : 직각이나 직선으로 만나는 두 축에 롤러나 플랜지를 고정하고 그 사이에 구면형 또는 롤러 등의 중간차를 넣어 동력을 전달하는 마찰차로 주로 무단변속장치로 사용한다.

9 마찰차의 축간거리(외접한 경우)

$$\frac{D_1 + D_2}{2} = \frac{200 + 500}{2} = 350\text{mm}$$

10 $\dfrac{N_2}{N_1} = \dfrac{D_1}{D_2}$ 에서

$$N_2 = N_1 \times \frac{D_1}{D_2} = \frac{630}{12} \times \frac{200}{350} = 30\text{rpm}$$

∴ 원동차가 20분 동안 회전한 수$(N_2) = 30 \times 20 = 600\text{rpm}$

답 — 8.① 9.③ 10.③

11 원동차의 지름과 회전수가 각각 150mm, 350rpm이며, 종동차의 회전수가 70rpm으로 전동하는 원통 마찰차의 축간거리는 몇 mm인가?

① 250mm 　　　　② 350mm

③ 450mm 　　　　④ 550mm

12 축 지름이 55mm인 전동축이 회전수 150rpm으로 12PS를 전달시킬 때, 키에 생기는 전단 응력은 몇 $N \cdot mm^2$인가? (단, 키의 크기는 $b \times h \times l = 15 \times 10 \times 75$ 이다)

① 18.5 　　　　② 28.5

③ 38.5 　　　　④ 43.2

13 지름 300mm, 회전수 200rpm으로 회전하는 마찰차의 원주속도는 몇 m/s인가?

① 3.14 　　　　② 6.28

③ 9.42 　　　　④ 12.56

Answer

11 $\dfrac{D_A}{D_B} = \dfrac{N_B}{N_A}$ 에서

$D_B = 750\text{mm}$

$\therefore$ 축간거리 $= \dfrac{D_A + D_B}{2} = \dfrac{750 + 150}{2} = 450\text{mm}$

12 $T = 7{,}162{,}000 \times \dfrac{H}{N} = \dfrac{7{,}162{,}000 \times 12}{150} = 572{,}960\text{N} \cdot \text{mm}$

$\tau_s = \dfrac{2T}{bdl} = \dfrac{2 \times 572{,}960}{15 \times 55 \times 75} = 18.5\text{N/mm}^2$ (단, d는 축의 지름을 나타낸다)

13 $\omega = \dfrac{2\pi}{60} \cdot N = \dfrac{2 \times \pi}{60} \times 200 = 20.94\text{rad/s}$

$\therefore V = r \cdot \omega = \dfrac{0.3}{2} \times 20.94 = 3.14\text{m/s}$

답— 11.③ 12.① 13.①

14 다음 그림에서 A는 원동차, B는 종동차이며 힘 P로 마찰차를 밀고 있다. 이때의 회전력 F의 크기로 바른 것은?

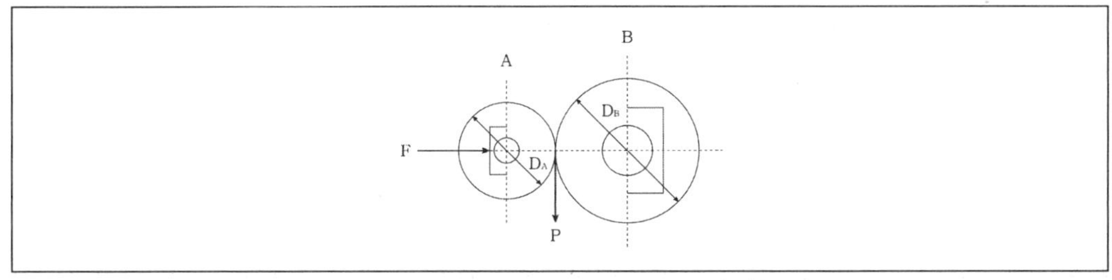

① $F = \mu P$

② $F = \dfrac{1}{2}\mu P$

③ $F = \dfrac{1}{2}\mu P^2$

④ $F = \dfrac{P}{\mu}$

15 홈 마찰차에서 홈의 각도 2α 는 보통 얼마로 정하는가?

① $15 \sim 20°$

② $20 \sim 30°$

③ $30 \sim 40°$

④ $40 \sim 50°$

16 외접하는 2개의 원통 마찰차에서 원동 마찰차의 지름이 300mm, 속도비가 3일 때 종동 마찰차의 지름은?

① 100mm

② 150mm

③ 300mm

④ 450mm

Answer

14 평마찰의 전달동력은 미는 힘과 접촉부의 마찰계수의 곱이다.

15 홈 마찰차의 홈의 각도는 $30 \sim 40°$ 이다.

16 $i = \dfrac{r_A}{r_B} = \dfrac{\omega_B}{\omega_A} = \dfrac{D_A}{D_B} = \dfrac{N_B}{N_A}$

$D_B = \dfrac{E_A}{i} = \dfrac{300}{3} = 100\text{mm}$

답 14.① 15.③ 16.①

17 마찰차의 용도를 설명한 것으로 옳은 것은?

① 정확한 속도비로 전달할 때

② 역전으로부터 원동차를 보호하고자 할 때

③ 다양한 회전비를 만들고자 할 때

④ 먼 거리를 전동할 때

18 원동 마찰차의 지름이 80mm, 종동 마찰차의 지름이 300mm인 원통 마찰차에서 원동 마찰차가 1,200rpm으로 회전할 때 종동 마찰차의 회전수는 얼마인가?

① 180rpm

② 320rpm

③ 360rpm

④ 640rpm

19 다음 중 마찰차의 전동마력과 관계가 먼 것은?

① 재료

② 축 방향의 압력

③ 마찰차의 크기

④ 원주속도

Answer

17 마찰차의 응용범위

㉠ 전달동력이 작고 속도비가 중요하지 않은 경우

㉡ 회전속도가 커서 기어를 사용할 수 없는 경우

㉢ 양 측 사이를 단속할 필요가 있는 경우

㉣ 무단변속이나 안전장치가 필요한 경우

㉤ 역전으로부터 원동차를 보호하고자 할 경우

18 $\dfrac{D_A}{D_B} = \dfrac{N_B}{N_A}$

$$\therefore N_B = \frac{D_A}{D_B} \cdot N_A = \frac{80}{300} \times 1,200 = 320\text{rpm}$$

19 마찰차의 전달동력은 재료, 마찰차의 크기, 원주속도에 따라 변하게 된다.

답 — 17.② 18.② 19.②

20 축간거리가 300mm, $N_1 = 200$rpm, $N_2 = 100$rpm인 외접 마찰차의 D_1, D_2는?

① 400mm, 200mm

② 300mm, 150mm

③ 200mm, 400mm

④ 250mm, 500mm

21 900mm 주축에서 $H = 3$PS, $\mu = 0.15$인 원추 마찰차에 의해 450rpm의 종동차에 전락시킬 경우 종동차 지름(D_B)을 500mm하면 양차를 밀어 붙이는 힘(P)은?

① 970N

② 1,070N

③ 1,170N

④ 1,273N

22 홈의 깊이(h) = 30mm, 접촉부분의 길이(l) = 240mm인 홈 마찰차 홈의 수(z)는?

① 1

② 2

③ 3

④ 4

Answer

20 $\dfrac{D_1}{D_2} = \dfrac{N_2}{N_1}$　$\therefore D_1 = D_2 \cdot \dfrac{N_2}{N_1}$

$\dfrac{D_1}{2} + \dfrac{D_2}{2} = 300$

따라서 두 식을 연립하면, $D_1 = (600 - D_1) \times \dfrac{100}{200}$

$\therefore D_1 = 200\text{mm},\ D_2 = 400\text{mm}$

21 속도(v) $= \dfrac{\pi D_B N_B}{60 \times 1{,}000} = \dfrac{\pi \times 500 \times 450}{60 \times 1{,}000} = 11.78\text{m/s}$

마력(H) $= \dfrac{\mu P v}{750}$ 를 힘으로 변환시키면　(단, 1PS $= 75\text{kgf} \cdot \text{m/s} = 750\text{N} \cdot \text{m/s}$)

힘(P) $= \dfrac{750H}{\mu v} = \dfrac{750 \times 3}{0.15 \times 11.78} = 1{,}273.3 \fallingdotseq 1{,}273\text{N}$

22 홈의 수(z) $= \dfrac{l}{2h} = \dfrac{240}{2 \times 30} = 4$

답 — 20.③ 21.④ 22.④

23 마찰차의 원주속도는 4.5m/s이고, 마찰차를 누르는 힘은 1,500N이다. 마찰계수가 0.2라면 전달동력은 얼마인가?

① 0.135kW

② 1.32kW

③ 1.35kW

④ 13.2kW

24 축간거리 300mm, 속도비(i)＝5인 원추 마찰차가 외접할 경우의 각각의 지름은?

① $D_A = 500\text{mm}, \ D_B = 100\text{mm}$

② $D_A = 400\text{mm}, \ D_B = 200\text{mm}$

③ $D_A = 200\text{mm}, \ D_B = 100\text{mm}$

④ $D_A = 100\text{mm}, \ D_B = 200\text{mm}$

25 다음 중 무단 변속 장치의 변속 기구로 쓰이며, 직각으로 만나는 두 축 사이에서 롤러와 원판의 접촉을 이용하여 동력을 전달하는 장치는?

① 원통 마찰차

② 홈 마찰차

③ 원판 마찰차

④ 구면 마찰차

Answer

23 $H' = \dfrac{Fv}{1,020} = \dfrac{\mu Pv}{1,020} = \dfrac{0.2 \times 1,500 \times 4.5}{1,020} = 1.32\text{kW}$

(단, $1\text{kW} = 102\text{kgf} \cdot \text{m/s} = 1,020\text{N} \cdot \text{m/s}$)

24 $\dfrac{N_B}{N_A} = \dfrac{D_A}{D_B} = 5 \rightarrow D_A = 5D_B$

$2C = D_A + D_B = 5D_B + D_B = 6D_B = 2 \times 300$

$6D_B = 600$

$D_B = 100\text{mm}$

$D_A = 5 \times D_B = 500\text{mm}$

25 ① 평행한 두 축 사이에서 내접 또는 외접하여 동력을 전달한다.

② V자 모양의 홈 5～10개를 표면에 파내어 회전력을 크게 한 장치이다.

④ 직각·직선의 교차하는 두 축에 롤러나 플랜지를 고정한 후 그 사이에 구면형 중간차를 넣어 동력을 전달한다.

답 — 23.② 24.① 25.③

26 직경 400mm, 회전수 250rpm의 원통 마찰차가 1.5kW의 동력을 전달할 때 필요한 마찰차의 폭은 얼마인가? (단, 마찰계수＝0.15, 허용 접촉 압력＝12N/mm)

① 162mm

② 163mm

③ 164mm

④ 165mm

27 직경(D)이 400(mm), 회전수(N)가 500rpm, 마찰계수(μ)가 0.3으로 회전하는 원통 마찰차에서 14kW의 동력을 전달시키려면 몇 N의 힘이 필요한가?

① 2,546N

② 3,553N

③ 4,546N

④ 5,030N

28 두 축이 서로 직각으로 만나는 원추 마찰차에서 속도비가 3이라면 두 마찰차의 꼭지각은?

① $\alpha = 71.56°,\ \beta = 18.4°$

② $\alpha = 75.56°,\ \beta = 18.4°$

③ $\alpha = 71.56°,\ \beta = 28.4°$

④ $\alpha = 75.56°,\ \beta = 28.4°$

 **Answer**

26 $v = \dfrac{\pi DN}{60 \times 1,000} = \dfrac{\pi \times 400 \times 250}{60 \times 1,000} = 5.24\text{m/s}$

$P = \dfrac{1,020 \cdot H'}{\mu v} = \dfrac{1,020 \times 1.5}{0.15 \times 5.24} = 1,946.5 ≒ 1,947\text{N}$

(단, 1kW＝102kgf · m/s＝1,020N · m/s)

$\therefore b = \dfrac{P}{f} = \dfrac{1,947}{12} = 162.2 ≒ 162\text{mm}$

27 속도(v) $= \dfrac{\pi DN}{1,000 \times 60} = \dfrac{\pi \times 400 \times 500}{1,000 \times 60} = 10.47\text{m/s}$

마력(H') $= H_{kw} = \dfrac{\mu P v}{1,020}$ (단, 1kW＝102kgf · m/s＝1,020N · m/s)

미는 힘(P) $= \dfrac{1,020}{\mu v} = \dfrac{1,020 \times 14}{0.3 \times 10.47} = 4,546.3 ≒ 4,546\text{N}$

28 $\tan\alpha = \dfrac{\sin\theta}{\cos\theta + \dfrac{N_A}{N_B}} = \dfrac{\sin 90°}{\cos 90° + \dfrac{1}{3}} = 3$ $\therefore \alpha = 71.56°$

$\tan\beta = \dfrac{\sin\theta}{\cos\theta + \dfrac{N_B}{N_A}} = \dfrac{\sin 90°}{\cos 90° + 3} = \dfrac{1}{3}$ $\therefore \beta = 18.4°$

답 26.① 27.③ 28.①

29 다음에서 설명하고 있는 것은?

> - 원추 마찰차에서 $\beta = 90°$가 되어 원뿔면이 평면이 되는 마찰차
> - 마찰 나사 프레스, 공작기계 등

① 원통 마찰차

② 원추 마찰차

③ 홈 마찰차

④ 크라운 마찰차

30 원통 마찰차가 N rpm으로 회전하고 있다. 이 마찰차의 각속도 ω 는?

① $\omega = \dfrac{\pi N}{60}$

② $\omega = \dfrac{2\pi N}{600}$

③ $\omega = \dfrac{2\pi N}{60}$

④ $\omega = \dfrac{2\pi N}{30}$

31 원추 마찰차의 접촉선 단위 cm당 작용하는 힘을 f 라 하고 접촉면에 직각으로 작용하는 하중을 Q 라 하면 접촉선의 길이 또는 마찰차의 너비는?

① $b = \dfrac{f}{Q}$

② $b = \dfrac{Q}{f}$

③ $b = \dfrac{2f}{Q}$

④ $b = \dfrac{Q}{2f}$

Answer

29 크라운 마찰차 … 원판 마찰차에 의한 무단 변속 장치의 예로써 마찰 나사 프레스, 공작기계 등에 응용된다. 원추 마찰차에서 $\beta = 90°$가 되어 원뿔면이 평행이 된다.

30 마찰차의 각속도

$$\omega = \dfrac{2\pi N}{60}$$

31 마찰차의 너비조건

$$b = \dfrac{Q}{f}$$

답— 29.④ 30.③ 31.②

32 원통 마찰차에 대한 설명으로 옳지 않은 것은?

① 마찰차의 형태는 원통형이고, 접촉상태에 따라 외접과 내접으로 나뉜다.

② 마찰차에 작동하는 하중이 발생 비틀림 모멘트보다 크게 작용하면 동력을 전달할 수 없다.

③ 두 원통 마찰차가 완전한 구름 접촉을 하여 미끄러짐이 없다면 두 원통의 원주속도는 같다.

④ 원통축의 회전속도를 일정하게 유지시키고 중동축에 임의의 회전을 줄 수 있다.

33 마찰차의 속도비에 대한 공식 중 옳지 않은 것은?

① 평 마찰차의 속도비 $(i) = \dfrac{D_A}{D_B}$

② 원판 마찰차의 속도비 $(i) = \dfrac{T_A}{T_B}$

③ 원추 마찰차의 속도비 $(i) = \dfrac{N_B}{N_A}$

④ 크라운 마찰차의 속도비 $(i) = \dfrac{T_B}{T_A}$

34 속도비 2, 축간 거리 300mm인 외접한 원추 마찰차에서 작은 차의 지름은?

① 100mm

② 150mm

③ 200mm

④ 400mm

Answer

32 ④ 무단 변속 마찰차에 대한 설명이다.

33 ④ 크라운 마찰차의 속도비 $(i) = \dfrac{N_B}{N_A} = \dfrac{D_A}{D_B}$

34 축간거리 $(C) = \dfrac{D_1 + D_2}{2} \rightarrow \dfrac{D_1 + D_2}{2} = 300 \rightarrow D_1 + D_2 = 600$

속도비 $(i) = \dfrac{D_1}{D_2} \rightarrow 3 = \dfrac{D_1}{D_2} \rightarrow 3D_2 = D_1$

두 식을 풀면 $3D_2 + D_2 = 600 \rightarrow 4D_2 = 600 \rightarrow D_2 = 150,\ D_1 = 450$

$\therefore$ 작은 차 $(D_2) = 150mm$

답— 32.④ 33.④ 34.②

35 평 마찰차의 마찰계수를 μ 라 하고 홈 마찰차의 마찰계수를 μ' 이라 하자. 평 마찰차의 마찰계수가 0.1에서 0.2로 변할 때 홈 마찰차의 마찰계수는 어떻게 되는가? (단, 마찰각 $\alpha = 15°$)

① 0.11　　　　　　　　　　　　② 0.22

③ 0.33　　　　　　　　　　　　④ 0.44

36 다음은 원통 마찰차에 대한 설명이다. 두 마찰차의 회전수와 직경, 각속도의 관계를 바르게 나타낸 것은?

① 회전수는 직경과 각속도에 비례한다.

② 회전수는 직경에 반비례하고 각속도에 비례한다.

③ 회전수는 직경과 각속도에 반비례한다.

④ 회전수는 직경에 비례하고 각속도에 반비례한다.

37 원통 마찰차의 피치 원주각이 $45°$, 종동 마찰차의 피치 원주각이 $30°$인 원추 마찰차의 속도비는?

① $\dfrac{1}{2}$　　　　　　　　　　　　② 1

③ $\dfrac{1}{3}$　　　　　　　　　　　　④ $\dfrac{1}{4}$

Answer

35 $\mu' = \dfrac{\mu}{\sin\alpha + \mu\cos\alpha} = \dfrac{0.2}{\sin15° + 0.2\cos15°} = 0.44$

36 원통 마찰차는 회전수는 직경에 반비례하고 각속도에는 비례한다.

$$i = \frac{r_A}{r_B} = \frac{\omega_B}{\omega_A} = \frac{D_A}{D_B} = \frac{N_B}{N_A}$$

37

$$속도비(i) = \frac{\sin\alpha}{\sin\beta} = \frac{\sin45°}{\sin30°} = \frac{\dfrac{1}{\sqrt{2}}}{\dfrac{1}{2}} = \sqrt{2} = 1.414 ≒ 1$$

답— 35.④ 36.② 37.②

38 직경 300mm인 마찰차가 400rpm의 회전수로 1,500N의 마찰력을 전달할 경우의 전달마력 (H)은?

① 4.19PS
② 8.37PS
③ 12.56PS
④ 25.12PS

39 다음 중 원추 마찰차에 대한 설명으로 옳은 것은?

① 밀어붙이는 힘을 증가시키지 않고 전달동력을 크게 하도록 개량한 것이다.
② 교차하는 두 축 사이의 회전을 전달하기 위해 사용하는 것이다.
③ 두 축 사이에서 외접 또는 내접하여 동력을 전달시킨다.
④ 원판, 원뿔, 곡면 등을 이용하여 변속시키는 것이다.

40 원주속도(v) = 9m/s, 마력(H) = 3PS, 마찰계수(μ) = 0.2인 원통 마찰차에 작용하는 힘(P)은?

① 1,000N
② 1,250N
③ 1,500N
④ 1,700N

Answer

38 속도$(v) = \dfrac{\pi D_A N_A}{60 \times 1,000} = \dfrac{\pi \times 300 \times 400}{60 \times 1,000} = 6.283 \fallingdotseq 6.28\text{m/s}$

전달마력$(H_{\text{PS}}) = \dfrac{Qv}{750} = \dfrac{1,500 \times v}{750} = 12.56\text{PS}$ (단, 1PS = 75kgf · m/s = 750N · m/s)

39 ① 홈 마찰차
③ 원통 마찰차
④ 무단 변속 마찰차

40 전파력$(H) = \dfrac{\mu P v}{750}$ (단, 1PS = 75kgf · m/s = 750N · m/s)

힘(P)으로 변환시키면 $\dfrac{750H}{\mu v} = \dfrac{750 \times 3}{0.2 \times 9} = 1,250\text{N}$

답 — 38.③ 39.② 40.②

41 원통 마찰차의 원동차와 종동차의 지름이 140mm, 350mm인 외접차가 있다. 원동차의 회전수가 400 rpm이고 4(PS)를 전달할 때의 마찰차의 너비는? [단, 마찰계수(μ) = 0.2, 허용 압력 강도(q) = 50N/mm]

① 92mm

② 102mm

③ 202mm

④ 153mm

42 다음 중 무단 변속 장치에 사용하는 마찰차는?

① 원통 마찰차

② 크라운 마찰차

③ 홈 마찰차

④ 평 마찰차

Answer

41 속도비$(i) = \dfrac{D_1}{D_2} = \dfrac{140}{350} = \dfrac{2}{5} = 0.4$

중심거리$(C) = \dfrac{D_1 + D_2}{2} = \dfrac{140 + 350}{2} = 245\text{mm}$

마력$(H_\text{PS}) = \dfrac{\mu P v}{750}$ (단, 1PS = 75kgf · m/s = 750N · m/s)

힘 P로 놓으면 $P = \dfrac{750 H_\text{PS}}{\mu v} = \dfrac{750 \times 1,000 \times 60 \times 4}{0.2 \times \pi \times 140 \times 400} = 5,115.6 \fallingdotseq 5,116\text{N}$

접촉너비$(b) = \dfrac{\text{밀어 당기는 힘}(P)}{\text{허용압력 강도}(q)} = \dfrac{5,116}{50} = 102.32 \fallingdotseq 102\text{mm}$

42 무단 변속 마찰차의 종류
ㄱ 원판 마찰차
ㄴ 크라운 마찰차
ㄷ 마찰 프레스
ㄹ 원추 마찰차
ㅁ 에반스 마찰차
ㅂ 구면차

답— 41.② 42.②

43 원동차 직경 150mm, 종동차 직경 350mm인 원통 마찰차의 마찰계수(μ)가 0.3, 밀어 붙이는 힘(P)이 3,000N일 경우 최대 토크는?

① 52,500N · mm

② 105,000N · mm

③ 210,000N · mm

④ 157,500N · mm

44 속도(v)가 12m/s인 원통 마찰차에 밀어주는 힘(P)이 960N이 작용하고 마찰계수(μ)가 0.15일 경우 전달되는 동력은?

① 1.12kW

② 1.35kW

③ 1.69kW

④ 1.50kW

Answer

43 토크$(T) = \mu P \dfrac{D_B}{2} = 0.3 \times 3,000 \times \dfrac{350}{2} = 157,500\text{N} \cdot \text{mm}$

44 동력$(H_{\text{kW}}) = \dfrac{\mu Pv}{1,020}(\text{kW}) = \dfrac{0.15 \times 960 \times 12}{1,020} = 1.694 \fallingdotseq 1.69\text{kW}$

답 43.④ 44.③

02 Chapter

벨트

1 평 벨트와 V 벨트의 특징으로 옳지 않은 것은?

① 고속운전이 가능하다.　　② 운전이 정숙하다.

③ 속도비가 작다.　　④ 전동효율이 크다.

2 V벨트의 특징에 대한 설명으로 옳지 않은 것은?

① 초기 장력을 위한 중심거리 조정장치가 필요하다.

② 전동 효율은 최대 99%로 높다.

③ 벨트가 단절되었을 경우 이어서 사용할 수 있다.

④ 두 축의 회전 방향이 동일한 경우에만 사용이 가능하다.

Answer

1　④ 속도비가 크다.

　　※ V 벨트의 특징

　　　　㉠ 미끄럼이 적다.

　　　　㉡ 속도비가 크다.

　　　　㉢ 고속운전이 가능하다.

　　　　㉣ 베어링에 걸리는 부하가 적다.

　　　　㉤ 운전이 정숙하다.

　　　　㉥ 균일한 강도를 가지고 있다.

　　　　㉦ 전동효율이 크다.

2　V벨트의 특징

　　㉠ 작은 장력으로 큰 동력을 얻을 수 있으며, 축간거리가 짧아 좁은 장소에도 설치가 가능하다.

　　㉡ 작은 장력으로 인하여 베어링 부담이 작고, 동력 전달 상태가 원활하고 정숙하며 비충격적이다.

　　㉢ 고속 운전이 가능하고 전동효율이 높다.

　　㉣ 벨트가 단절되었을 경우 이어서 사용할 수 없다.

　　㉤ 십자걸이가 부적절하며, 초기 장력을 위한 중심거리 조정장치가 필요하다.

　　㉥ 두 축의 회전방향이 서로 동일한 경우에만 사용할 수 있으며, 벨트가 풀리에서 벗어나지 않는다.

答—1.③　2.③

3 다음 중 안쪽 표면에 이가 있는 벨트는?

① 링크 벨트 ② 가죽 벨트

③ 타이밍 벨트 ④ 고무 벨트

4 V 벨트의 홈의 각도로 옳은 것은?

① 30° ② 40°

③ 50° ④ 60°

5 다음은 벨트풀리에 관한 사항들이다. 이 중 바르지 않은 것은?

① 보통 주철제로 하며 원주속도는 20m/s이하이다.

② 달리는 암의 수는 4~8개 정도이다.

③ 외주의 중앙부는 벨트의 벗겨짐을 막기 위해 오목하게 되어 있다.

④ 원뿔 벨트풀리는 종동풀리의 속도를 연속적으로 바꾸려고 할 때 사용한다.

Answer

3 타이밍 벨트

㉠ 벨트의 미끄럼을 완전히 제거하기 위해 접촉면(안쪽 표면)에 치형(이)을 붙여 맞물림에 의해 전동하는 벨트이다.

㉡ 소형 자동기계 및 자동차 엔진의 크랭크축과 캠축 사이의 전동 등에 사용한다.

㉢ 치형의 치수에 따라 XL형, L형, H형, XH형, XXH형으로 분류할 수 있다.

4 V 벨트의 홈의 각도는 벨트의 크기에 따라 달라지며 홈은 벨트의 수명 및 전동효율에 영향을 미치므로 각도는 거의 40°로 한다.

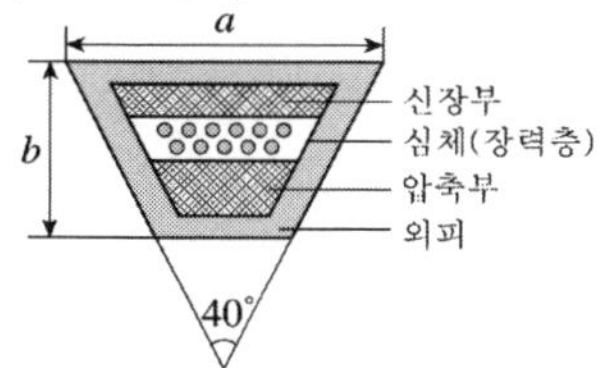

5 벨트풀리의 외주의 중앙부는 벨트의 벗겨짐을 막기 위해 볼록하게 되어 있다.

답 3.③ 4.② 5.③

6 긴장측 장력 500N, 이완측 장력 300N이 작용하는 평 벨트 전동에서 유효 장력은 몇 N인가?

① 200N

② 300N

③ 400N

④ 500N

7 긴장측 장력 1,600N이 작용하는 벨트 전동에서 벨트의 폭이 10mm라면 벨트의 두께는 몇 mm로 해야 하는가? (단, 벨트 인장 강도 = 100N/mm^2, 이음효율 = 80%)

① 1

② 2

③ 3

④ 4

8 벨트 풀리의 지름이 각각 300mm, 400mm이고, 축간거리 2m의 벨트 전동장치에서 평행 걸기를 할 경우 벨트의 길이는 몇 mm인가?

① 4,100mm

② 4,500mm

③ 5,100mm

④ 5,500mm

Answer

6 유효 장력

$$P_e = T_t - T_s = 500 - 300 = 200\text{N}$$

7 벨트의 이음효율

$$\eta = \frac{T_t}{bt\sigma_t} \text{에서}$$

$$t = \frac{T_t}{b\eta\sigma_t} = \frac{1,600}{10 \times 0.8 \times 100} = 2\text{mm}$$

8 벨트의 전체길이

$$L = \frac{\pi}{2}(D_B + D_A) + 2 \cdot C + \frac{(D_B - D_A)^2}{4 \cdot C}$$

$$= \frac{\pi}{2}(400 + 300) + 2 \times 2,000 + \frac{(400 - 300)^2}{4 \times 2,000} = 5,100.80\text{mm}$$

답 6.① 7.② 8.③

9 긴장측 장력 1,200N, 벨트의 원주속도 8m/s인 평 벨트 이음에서 전달동력은 몇 PS인가?
(단, 마찰계수＝0.3, 접촉각＝220˚, 장력비＝3.158)

① 8.75PS

② 9.54PS

③ 10.35PS

④ 12.52PS

10 림면에 굽힘을 받는 벨트에 생기는 응력은? (단, b : 벨트의 폭, h : 벨트의 두께, D : 벨트 풀리의 지름, T_t : 벨트의 장력, E : 벨트의 탄성계수)

① $\sigma = \dfrac{T_t}{bh} + \dfrac{h}{D}E$

② $\sigma = \dfrac{T_t}{bD} + \dfrac{D}{h}E$

③ $\sigma = \dfrac{T_t}{h^2} + \dfrac{D}{h}E$

④ $\sigma = \dfrac{T_t}{Dh} + \dfrac{h}{D}E$

11 벨트 전동에서 단위 길이당 무게를 w, 벨트의 속도를 v, 중력 가속도를 g, 풀리의 반지름을 R 이라 하면 원심력은?

① $\dfrac{wgR}{v}$

② $\dfrac{wv^2}{g}$

③ wgR

④ $\dfrac{wg}{v}$

Answer

9 벨트의 속도가 10m/s보다 작으므로 원심력 항은 무시하고 평 벨트의 전달동력을 계산한다.

$$H = \frac{P_e v}{750} = \frac{v}{750} \cdot T_t \cdot \left(\frac{e^{\mu\theta}-1}{e^{\mu\theta}}\right) = \frac{8}{750} \times 1,200 \times \left(\frac{3.158-1}{3.158}\right) = 8.75\text{PS}$$

(단, 1PS＝75kgf · m/s＝750N · m/s)

10 벨트에 생기는 응력 … 장력에 의한 인장응력과 굽힘에 의한 굽힘응력의 합으로 나타낼 수 있다.

$$\sigma = \sigma_h + \sigma_b = \frac{T_t}{bh} + \frac{h}{D}E$$

11 벨트의 원심력 … $\dfrac{wv^2}{g}$

답— 9.① 10.① 11.②

12 미끄럼을 완전히 없애기 위해 접촉면에 치형을 붙여 맞물림에 의해 전동하도록 고안된 벨트는?

① 타이밍 벨트   ② 직물 벨트
③ 체인 벨트   ④ V 벨트

13 V 벨트의 각도와 풀리의 각도의 관계에서 원활한 전동을 하려면 각각의 각도는 어떤 관계가 성립하여야 하는가?

① V 벨트의 각도와 홈의 각도는 같아야 한다.
② V 벨트 각도가 풀리의 각도보다 커야 한다.
③ V 벨트 각도가 풀리의 각도보다 작아야 한다.
④ V 벨트 각도는 풀리의 각도와 관계없이 자유로이 선택한다.

14 V 벨트 전동에서 상당 마찰계수를 바르게 나타낸 것은? (단, V 벨트의 각도 $= 2\alpha$)

① $\mu' = \dfrac{\mu}{\sin\alpha + \mu\cos\alpha}$ ② $\mu' = \dfrac{\mu}{\cos\alpha + \mu\sin\alpha}$

③ $\mu' = \dfrac{\mu}{\sin\alpha - \mu\cos\alpha}$ ④ $\mu' = \dfrac{\mu}{\cos\alpha - \mu\sin\alpha}$

Answer

12 타이밍 벨트
    ㉠ 벨트의 미끄럼을 완전히 제거하기 위해 접촉면에 치형을 붙여 맞물림에 의해 전동하는 벨트이다.
    ㉡ 큰 힘의 전동에 적합하지 않고 고속 저하중용으로 식품 제조기계, 섬유기계, 사무기계, 자동판매기 등의 비교적 소형 자동기계나 자동차 엔진의 크랭크 축과 캠 축 사이의 전동 등에 사용한다.

13 V 벨트의 각도가 풀리의 각도보다 커야 원활한 전동이 가능하다.

14 V 벨트 전동에서 상당 마찰계수$(\mu') = \dfrac{\mu}{\sin\dfrac{\alpha}{2} + \mu\cos\dfrac{\alpha}{2}}$ 이지만, 조건에서 V 벨트의 각도를 2α라고 하였으므로

$\mu' = \dfrac{\mu}{\sin\alpha + \mu\cos\alpha}$ 이다.

답— 12.① 13.② 14.①

15 벨트 전동에서 원동차와 종동차의 지름차가 크면 전동 효율이 낮아진다. 효율을 높이는 방법은?

① 안내차 이용　　　　　　　　② 유성 기어 사용

③ 단차 사용　　　　　　　　　④ 인장 풀리 사용

16 벨트와 벨트 풀리에 대한 설명 중 옳지 않은 것은?

① 주로 고속회전용 평 벨트 풀리에는 림면이 평탄한 F형이 쓰인다.

② V 벨트의 종류에는 M, A, B, C, D, E의 6가지가 있다.

③ V 벨트 전동에서 회전방향을 바꿀 때는 십자 걸기를 한다.

④ V 벨트의 각도는 보통 40°이다.

17 벨트 전동장치에서 벨트속도가 10m/s 이상일 경우 벨트의 원심력의 영향을 고려하면 전달마력은 벨트의 선속도와 어떤 함수관계가 있는가?

① 벨트 선속도의 1차 함수　　　② 벨트 선속도의 2차 함수

③ 벨트 선속도의 3차 함수　　　④ 벨트 선속도의 4차 함수

18 V 벨트 중에서 단면적이 가장 큰 벨트는?

① B형　　　　　　　　　　　② C형

③ D형　　　　　　　　　　　④ E형

Answer

15 이완측이 원동차의 위쪽으로 오게 하거나 인장 풀리를 사용하면 접촉각이 크게 되어 미끄럼이 적게 된다.

16 ③ V 벨트는 십자 걸기를 할 수 없다.

17 ③ 동력 전달식에서 v는 3차 함수이다.

※ 벨트의 동력전달

$$H = \frac{P_e v}{75} = \frac{v}{75}\left(T_t - \frac{wv^2}{g}\right)\left(\frac{e^{\mu\theta}-1}{e^{\mu\theta}}\right) = \frac{v}{75}\left(T_s - \frac{wv^2}{g}\right)(e^{\mu\theta}-1)$$

18 V 벨트의 크기 … A < B < C < D < E < M

답 — 15.④ 16.③ 17.③ 18.④

19 그림과 같은 평 벨트에서 장력이 가장 큰 곳은? (단, 회전방향은 오른쪽이다)

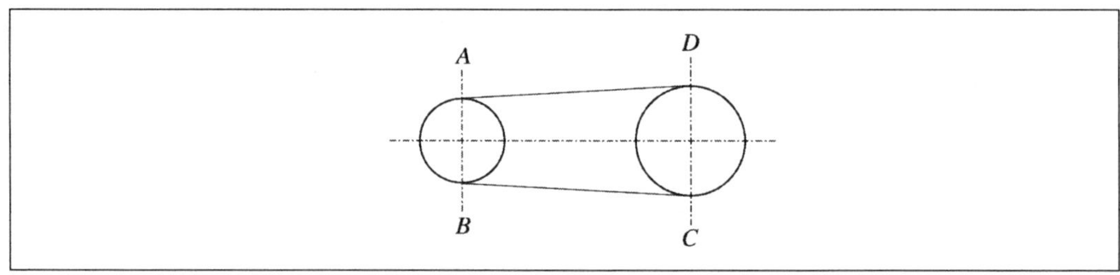

① AB

② CD

③ AD

④ BC

20 벨트의 긴장측 장력을 T_t(kgf), 이완측 장력은 T_s(kgf), 벨트의 속도를 v(m/s)라 할 때 전달 마력을 구하는 식은?

① $\dfrac{T_t \cdot v}{75 \times 60}$

② $\dfrac{T_s \cdot v}{75 \times 60}$

③ $\dfrac{(T_t - T_s) \cdot v}{75 \times 60}$

④ $\dfrac{(T_t + T_s) \cdot v}{75 \times 60}$

Answer

19 그림과 같이 벨트가 회전하게 되면 벨트의 아래 부분은 인장이 작용하여 긴장되고 위 부분은 이완이 된다. 따라서 BC 부분의 장력이 가장 크다.

20 벨트의 전달동력

$$H = P_e \cdot v = (T_t - T_s) \cdot v$$

(단, $1\text{PS} = 75\text{kgf} \cdot \text{m/s} = 750(\text{N} \cdot \text{m/s})$

$$\therefore H = \frac{(T_t - T_s)}{750} \cdot v \ (\text{N} \cdot \text{m/min})$$

$$= \frac{(T_t - T_s) \cdot v}{750 \times 60} (\text{N} \cdot \text{m/s})$$

$$= \frac{(T_t - T_s) \cdot v}{75 \times 60} (\text{kgf} \cdot \text{m/s})$$

답 — 19.④ 20.③

21 다음 중 긴장측과 이완측의 장력비를 나타내는 아이텔바인식은?

① $\dfrac{T_t + \dfrac{wv^2}{g}}{T_s - \dfrac{wv^2}{g}}$

② $\dfrac{T_t + \dfrac{wv^2}{g}}{T_s + \dfrac{wv^2}{g}}$

③ $\dfrac{T_t - \dfrac{wv^2}{g}}{T_s + \dfrac{wv^2}{g}}$

④ $\dfrac{T_t - \dfrac{wv^2}{g}}{T_s - \dfrac{wv^2}{g}}$

22 전동마력이 2.5PS인 V 벨트 전동장치에서 벨트 한 가닥의 전동마력이 2PS, 접촉각 수정계수가 0.7, 부하 수정계수가 0.5일 때 필요한 가닥수는?

① 1   ② 2

③ 3   ④ 4

23 고무 벨트에 대한 설명으로 옳지 않은 것은?

① 2장 이상의 직물 벨트에 고무를 붙여 만든다.

② 폴리에 접촉이 잘 되므로 미끄럼이 적고 수명이 길다.

③ 습기에 강하고 먼지에 손상이 없다.

④ 1겹, 2겹, 3겹 벨트로 구분할 수 있다.

Answer

21

아이텔바인식 : $\dfrac{T_t - C}{T_s - C} = \dfrac{T_t - \dfrac{wv^2}{g}}{T_s - \dfrac{wv^2}{g}} = e^{\mu\theta}$

22 V 벨트의 가닥수

$$Z = \frac{H}{k_1 k_2 H_0} = \frac{2.5}{0.7 \times 0.5 \times 2} = 3.57 ≒ 4$$

23 ④ 가죽 벨트에 대한 설명이다.

※ **가죽 벨트** … 소·물소의 가죽을 연하게 처리하여 두께 5~8mm로 만든 벨트로 5kW 이하의 전동에 사용하며, 1겹·2겹·3겹 벨트로 분류할 수 있다.

답 — 21.④ 22.④ 23.④

24 긴장측 장력은 T_t, 이완측 장력을 T_s 라고 할 때 벨트의 전달동력을 표시하는 올바른 식은?

① $H = \dfrac{v}{75} \cdot T_t \cdot \left(\dfrac{e^{\mu\theta}-1}{e^{\mu\theta}}\right)$

② $H = \dfrac{v}{75} \cdot T_t \cdot \left(\dfrac{e^{\mu\theta}}{e^{\mu\theta}-1}\right)$

③ $H = \dfrac{v}{75} \cdot T_s \cdot \left(\dfrac{e^{\mu\theta}-1}{e^{\mu\theta}}\right)$

④ $H = \dfrac{v}{75} \cdot T_s \cdot \left(\dfrac{e^{\mu\theta}}{e^{\mu\theta}-1}\right)$

25 평 벨트 전동에서 가죽 벨트가 10m/s로 전동할 때 몇 kW를 전달시킬 수 있는가? (단, 폭 = 120mm, 두께 = 6mm, 허용 인장 응력 = 25N/m^2, 긴장측 장력 = 1,320N, 장력비 = 4)

① 6.5kW

② 9.7kW

③ 25.8kW

④ 32.8kW

26 다음 중 전달방식이 다른 하나는?

① 벨트

② 체인

③ 마찰차

④ 로프

Answer

24 전달동력

　㉠ 긴장측 장력에 의한 전달동력$(H) = \dfrac{v}{75} \cdot T_t \cdot \left(\dfrac{e^{\mu\theta}-1}{e^{\mu\theta}}\right)$

　㉡ 이완측 장력에 의한 전달동력$(H) = \dfrac{v}{75} \cdot T_s \cdot (e^{\mu\theta}-1)$

25 $H = \dfrac{v}{1,020} \cdot T_t\left(\dfrac{e^{\mu\theta}-1}{e^{\mu\theta}}\right) = \dfrac{10}{1,020} \times 1,320 \times \left(\dfrac{4-1}{4}\right) = 9.7\text{kW}$

26 운동의 전달방식에 따른 분류

　㉠ 직접 운동 : 원동절의 운동을 직접 종동절로 전하는 것

　　예 마찰차, 기어 등

　㉡ 간접 운동 : 원동절 운동을 중동절로 전달할 경우 매개절이 필요한 것

　　예 벨트, 체인, 로프 등

답— 24.① 25.② 26.③

27 평행 걸기 벨트의 경우 이완측을 위쪽으로 하는 이유로 옳은 것은?

① 접촉각이 증가하여 미끄럼이 줄어들고 전동이 정확해진다.

② 벨트에 걸리는 장력이 커진다.

③ 벨트 풀리에 벨트 걸기가 쉬워진다.

④ 벨트가 잘 벗겨지지 않는다.

28 긴장측 장력(T_t) = 1,000N, 이완측 장력(T_s) = 700N, 속도(v) = 3m/s인 평 벨트 전동장치의 전달마력은?

① 1PS

② 1.2PS

③ 2PS

④ 2.2PS

29 다음 중 V 벨트의 규격에 포함하지 않는 것은?

① B형

② N형

③ A형

④ M형

30 타이밍 벨트의 사용용도로 옳지 않은 것은?

① 식품제조기계

② 섬유제조기계

③ 사무용 기기

④ 난방기기

Answer

27 벨트의 이완측을 위로 가게 설계하는 것은 접촉각이 커져서 미끄럼이 적어지고 정확한 전동이 되게 하기 위해서이다.
※ 풀리의 중앙 부분이 볼록한 이유는 벨트가 벗겨지는 것을 방지하기 위해서이다.

28 $H_{PS} = \dfrac{P_e v}{750} = \dfrac{(1,000 - 700) \times 3}{750} = 1.2PS$ (단, 1PS = 75kgf · m/s = 750N · m/s)

29 V 벨트의 규격 … M형, A형, B형, C형, D형, E형

30 타이밍 벨트 … 굴곡성이 풍부하여 작은 벨트 풀리에도 사용되고 벨트의 너비도 좁기 때문에 축간거리가 짧거나 좁은 장소에도 설치가 가능하다. 내식성을 이용한 벨트를 사용하면 자동차 엔진에 사용할 수 있고, 급유가 필요없으므로 식품제조기계, 섬유제조기계, 사무용 기기 등에 사용된다.

답 — 27.① 28.② 29.② 30.④

31 원통 풀리 지름 (D_A)이 500mm, 종동 풀리 지름 (D_B)이 800mm의 풀리가 4,000mm 떨어진 두 축에 설치되어 동력을 전달할 경우 평행 걸기의 접촉각은?

① $\theta_A = 176°$, $\theta_B = 199°$ ② $\theta_A = 164°$, $\theta_B = 139°$

③ $\theta_A = 176°$, $\theta_B = 184°$ ④ $\theta_A = 164°$, $\theta_B = 199°$

32 벨트의 속도가 4m/s, 긴장측의 장력이 1,200N, 이완측의 장력이 500N일 때 이 벨트가 전달할 수 있는 동력은 얼마인가?

① 2.49PS   ② 3.73PS

③ 4.21PS   ④ 5.47PS

33 벨트의 축간거리가 길어 고속회전시 동력전달이 정확히 이루어지지 않는다. 이에 대한 대책으로 알맞은 것은?

① 미끄럼을 이용한다.   ② 벨트의 자중을 이용한다.

③ 탄성변형을 이용한다.   ④ 긴장 보조차를 이용한다.

Answer

31
$$\text{접촉각}(\theta_A) = 180° - 2\phi = 180° - 2\sin^{-1}\left(\frac{D_B - D_A}{2C}\right)$$
$$= 180° - 2\sin^{-1}\left(\frac{800-500}{2\times 4,000}\right) = 175.70 ≒ 176°$$
$$\text{접촉각}(\theta_B) = 180° + 2\phi = 180° + 2\sin^{-1}\left(\frac{D_B - D_A}{2C}\right)$$
$$= 180° + 2\sin^{-1}\left(\frac{800-500}{2\times 4,000}\right) = 184.2 ≒ 184°$$

32
$$H = \frac{P_e \cdot v}{750} \quad (\text{단, } 1PS = 75\text{kgf} \cdot \text{m/s} = 750\text{N} \cdot \text{m/s})$$
$$= \frac{(T_t - T_s) \cdot v}{750} = \frac{(1,200-500)\times 4}{750} = 3.73PS$$

33 미끄럼을 이용하여 동력전달의 부정확함을 완화시킬 수 있다.
※ 인장 풀리의 이용 … 벨트의 미끄러짐을 적게 하려면 풀리와 벨트의 접촉각을 크게 해야 한다. 이런 경우 인장 풀리를 사용하면 된다.

답 — 31.③ 32.② 33.①

34 두 축의 중심거리(C)가 7,000mm, 원동 풀리 지름(D_A)이 500mm, 종동 풀리 지름(D_B)이 1,000 mm일 때 평행 걸기로 감을 경우의 길이는?

① 16,365mm

② 18,182mm

③ 24,547mm

④ 26,136mm

35 V 벨트의 구조에 대한 설명으로 옳지 않은 것은?

① V 벨트의 안쪽과 바깥쪽은 유연성이 좋아 신축에 무리가 가지 않는다.

② 외부에는 고무를 입힌 면포로 피복을 한다.

③ 두께는 $0.3 \sim 1.1$mm, 폭은 $150 \sim 250$mm로 한다.

④ 동력을 전달하는 중간 부위에는 강하고 신장이 적은 로프나 합성섬유 로프를 사용한다.

36 평행 벨트 걸기에서 원동 풀리의 지름이 400mm, 종동 풀리의 지름이 600mm이다. 축간 거리가 8m라고 하면 벨트의 전체 길이는 얼마인가?

① 15m

② 16m

③ 17m

④ 18m

 **Answer**

34
$$벨트길이(L) = 2C + \frac{\pi}{2}(D_A + D_B) + \frac{(D_B - D_A)^2}{4C}$$
$$= 2 \times 7,000 + \frac{\pi}{2}(500 + 1,000) + \frac{(1,000 - 500)^2}{4 \times 7,000}$$
$$= 16,365.12 ≒ 16,365\text{mm}$$

35 ③ 강 평 벨트에 대한 설명이다.

※ **강 평 벨트** … 압연으로 만든 강철판 벨트로 두께 $0.3 \sim 1.1$mm, 폭 $150 \sim 250$mm 정도로 되어 있다. 인장강도가 크고 수명이 길며 마찰을 크게 하기 위해 풀리 표면에 고무나 코르크를 붙여 사용한다.

36 벨트의 전체길이
$$L = \frac{\pi}{2}(D_B + D_A) + 2 \cdot C + \frac{(D_B - D_A)^2}{4 \cdot C}$$
$$= \frac{\pi}{2} \times (600 + 400) + 2 \times 8,000 + \frac{(600 - 400)^2}{4 \times 8,000}$$
$$= 17,572.04 ≒ 18\text{m}$$

답 — 34.① 35.③ 36.④

37 벨트의 원동 풀리의 직경이 500mm이고 800rpm으로 회전하고 있다. 이때 벨트의 이송속도는 얼마인가?

① 19.22m/s   ② 20.94m/s

③ 31.54m/s   ④ 33.41m/s

38 벨트의 풀리 설계시 림의 중앙부를 높게 하는 이유로 옳은 것은?

① 원주 방향, 인장응력의 발생을 억제시키기 위해서

② 회전 방향의 장축을 지지할 수 있게 하기 위해서

③ 벨트의 수명을 연장시키기 위해서

④ 회전시 풀리가 벗겨지는 것을 방지하기 위해서

39 V 벨트의 속도가 30m/s이고 접촉각이 40°이다. 긴장측의 장력이 200N라면 이 벨트의 등가 마찰계수는 얼마인가? (단, 마찰계수 = 0.3)

① 0.5   ② 0.6

③ 0.7   ④ 0.8

Answer

37 $v = \dfrac{\pi DN}{60 \times 1,000} = \dfrac{\pi \times 500 \times 800}{60 \times 1,000} = 20.94\text{m/s}$

38 림의 형상은 중앙부를 높게 한 것과 평탄한 것이 있는데 중앙부를 높게 하는 이유는 회전시 풀리가 벗겨지는 것을 방지하기 위해서이다.

39 V 벨트의 등가 마찰계수

$\mu' = \dfrac{\mu}{\sin\dfrac{\alpha}{2} + \mu\cos\dfrac{\alpha}{2}} = \dfrac{0.3}{\sin 20° + 0.3 \times \cos 20°} = 0.48 ≒ 0.5$

답 — 37.②   38.④   39.①

40 다음 중 벨트의 재료로 부적합한 것은?

① 가죽
③ 베이크라이트
② 고무
④ 대마

41 간접 전동장치의 특성에 대한 설명으로 옳지 않은 것은?

① 축간거리가 길어도 사용이 가능하다.
② 기어전동과 같이 정확한 회전비를 얻을 수 있다.
③ 벨트의 미끄럼으로 인해 두 축간 각속도비는 일정하지 않다.
④ 벨트나 로프에 의한 동력전달은 충격흡수로 인해 기계에 무리가 가지 않는다.

42 벨트의 미끄럼을 완전히 제거하기 위해 접촉면에 치형을 붙여 맞물림에 의해 전동하는 벨트는?

① 강 평 벨트
③ 타이밍 벨트
② 가죽 벨트
④ 직물 벨트

43 벨트 전동에서 $D_A = 400\text{mm}$, $D_B = 1,600\text{mm}$의 풀리가 3,000mm 떨어진 두 축 사이에 설치되어 동력을 전달할 경우 십자 걸기의 접촉각은?

① 146°
③ 219°
② 197°
④ 229°

Answer

40 베이크라이트 … 페놀, 크레졸 등과 포르말린을 반응시켜 만든 전기 기구용 재료로 무음 기어나 베어링 등에 사용한다.

41 ② 기어전동과 같이 정확한 회전비는 얻을 수 없다.

42 ① 압연으로 만든 강철판 벨트로 인장강도가 크고 수명이 매우 길다.
　② 5kW 이하 전동에 사용하며, 소·물소 가죽을 연처리하여 만든 벨트이다.
　④ 가격이 저렴하지만 전달능력이 부족하고 연결이 힘들다.

43 $\theta_A = \theta_B = 180° + 2\psi = 180° + 2\sin^{-1}\left(\dfrac{D_B + D_A}{2C}\right) = 218.94 \fallingdotseq 219°$

답 40.③ 41.② 42.③ 43.③

44 $V = 9\text{m/s}$, $H_{PS} = 6\text{PS}$인 벨트 전동장치에서 긴장측 장력을 이완측 장력의 3배로 할 경우 유효장력은?

① 300N

② 500N

③ 1,000N

④ 1,200N

45 벨트의 풀리에 대한 설명으로 옳지 않은 것은?

① 풀리의 둘레를 구성하는 얇은 실로 된 원통형의 바퀴둘레를 림(Rim)이라 한다.

② 풀리의 재료로는 주강을 가장 많이 사용한다.

③ 림과 보스 부분을 방사선 모양으로 연결하는 막대 부분을 암(Arm)이라 한다.

④ 전동축이 끼어 들어가는 축 구멍을 구성하는 부분을 보스(Boss)라 한다.

46 벨트는 벨트의 이음방법에 따라 효율이 달라진다. 다음 중 효율이 가장 낮은 이음방법은?

① 가죽끈 이음

② 이음쇠 이음

③ 접착제 이음

④ 철사 이음

Answer

44 유효장력$(P_e) = \left(T_t - \dfrac{\omega v^2}{g}\right) \cdot \left(\dfrac{e^{\mu\theta}-1}{e^{\mu\theta}}\right)$에서 속도가 10m/s 이하이면 $\dfrac{\omega v^2}{g}$를 무시한다.

전달마력$(H_{PS}) = \dfrac{P_e v}{750}$를 변형시키면 $P_e = \dfrac{750H}{v}$ (단, $1\text{PS} = 75\text{kgf} \cdot \text{m/s} = 750\text{N} \cdot \text{m/s}$)

$v = 9\text{m/s}$, $H = 6\text{PS}$를 대입하여 계산하면 $\dfrac{750 \times 6}{9} = 500$

$\therefore P_s = 500\text{N}$

45 ② 풀리의 재료로는 주철을 가장 많이 사용하며, 원주속도(v)가 30m/s 이상이면 주강을 사용한다.

46 이음방법에 따른 이음효율

㉠ 철사 이음 : 85 ~ 90%

㉡ 접착제 이음 : 80 ~ 90%

㉢ 가죽끈 이음 : 50%

㉣ 이음쇠 이음 : 30 ~ 65%

답 44.② 45.② 46.②

47 타이밍 벨트에 대한 설명으로 옳지 않은 것은?

① 기어나 체인에 비해 소음이 적다.

② 축간거리가 짧아 감속비를 높일 수가 있다.

③ 저속 및 고속에서 원활한 운전이 가능하다.

④ 벨트가 무겁고 회전속도를 저하시킬 수 있다.

48 평행 걸기와 십자 걸기에 대한 설명으로 옳지 않은 것은?

① 평행 걸기는 십자 걸기에 비해 접촉각이 크다.

② 십자 걸기는 엇 걸기라고도 한다.

③ 평행 걸기는 바로 걸기라고도 한다.

④ 십자 걸기는 평행 걸기에 비해 전달동력이 크다.

49 긴장측의 장력이 이완측 장력의 3배일 경우 긴장측의 장력을 3,000N이라 하면 이완측의 장력은?

① 500N   ② 1,000N

③ 1,500N   ④ 2,000N

Answer

47 타이밍 벨트

ㄱ 벨트 이와 풀리 이가 서로 맞물려 미끄러짐이나 속도변동이 없다.

ㄴ 기어나 체인에 비하여 소음이 적다.

ㄷ 저속 및 고속에서 원활한 운전이 가능하다.

ㄹ V 벨트보다 휨 저항이 적고 풀리의 지름을 작게 할 수 있다.

ㅁ 축간거리가 짧아 감속비를 높일 수 있다.

ㅂ 벨트가 가볍고 회전속도를 높일 수 있다.

48 ① 십자 걸기가 평행 걸기보다 접촉각이 크다.

49 긴장측 장력$(T_t) = 3{,}000$N

$$이완측\ 장력(T_s) = \frac{3{,}000}{3} = 1{,}000\text{N}$$

답 47.④ 48.① 49.②

50 원동 풀리의 직경이 200mm이고, 종동 풀리의 직경이 400mm이다. 벨트의 두께가 5mm라고 하면 이 벨트 전동장치의 속도비는 얼마인가?

① 0.2

② 0.3

③ 0.4

④ 0.5

51 벨트 전동의 유효장력(P_e)이 1,800N, 긴장측 장력(T_t)이 이완측 장력(T_s)의 4배일 경우 폭은? (단, 이음 효율(η) = 60%, 벨트 두께(t) = 4mm, 벨트 허용 인장 응력(σ_t) = 5N/mm²)

① 50mm

② 100mm

③ 150mm

④ 200mm

52 벨트를 거는 방법 중 십자 걸기에 대한 설명으로 옳지 않은 것은?

① 전달동력은 크지만 벨트가 비틀리고 벨트 간 마멸이 되기 쉽다.

② 비틀리는 정도를 줄이기 위해 축간거리를 벨트 너비의 20배 이상으로 한다.

③ 너비는 가능한 좁게 해야 한다.

④ 접촉각은 평행 걸기보다 작다.

Answer

50 풀리의 속도비

$$i = \frac{N_B}{N_A} = \frac{D_A}{D_B} = \frac{D_A + t}{D_B + t} = \frac{200 + 5}{400 + 5} = 0.51$$

51 장력비($e^{\mu\theta}$) $= 4 = \dfrac{T_t}{T_s} \rightarrow T_t = 4T_s$

유효장력(P_e) $= T_t - T_s = 1,800\text{N}$

$\qquad\qquad\quad = 4T_s - T_s = 3T_s = 1,800\text{N}$

$\qquad\qquad \therefore T_s = 600, \ T_t = 2,400$

폭(b) $= \dfrac{T_t}{t\eta\sigma_t} = \dfrac{2,400}{4 \times 0.6 \times 5} = 200\text{mm}$

52 ④ 십자 걸기의 접촉각은 평행 걸기보다 크다.

답 — 50.④ 51.④ 52.④

53 V 벨트의 종류에 대한 설명으로 옳지 않은 것은?

① V 벨트 풀리의 피치원을 지나는 길이를 유효둘레라 한다.

② V 벨트의 종류는 M, A, B, C, D, E 여섯 종류가 있다.

③ M형은 바깥둘레로 호칭 번호를 나타낸다.

④ E형의 단면이 가장 작고, M형이 가장 크다.

54 벨트가 회전시 벨트의 아래 부분은 인장이 작용하여 긴장되고 위 부분은 이완이 된다. 이로 인해 벨트와 풀리의 림면에 속도의 차이가 생겨 벨트가 림면을 기어가는 것처럼 되는 현상을 무엇이라고 하는가?

① 플래핑 현상   ② 크리핑 현상

③ 커팅 현상   ④ 진동 현상

55 벨트의 평행 걸기에서 벨트의 폭이 5mm라고 하면 림의 너비는 얼마인가?

① 13.5mm   ② 14.5mm

③ 15.5mm   ④ 16.5mm

Answer

53 ④ M형의 단면이 가장 작고, E형의 단면이 가장 크다.

54 크리핑이나 플래핑으로 인해 풀리의 속도가 2~3% 감속된다.

※ 플래핑(Flapping) 현상…종동 풀리에 하중이 작용하면 벨트와 림면 사이에 미끄럼이 발생하게 되고, 축간 거리가 길고 고속 운전하면 벨트가 파닥거리는 소리를 내는, 즉 파도치는 현상이 발생하는데 이를 플래핑 이라고 한다.

55 평행 걸기시 림의 너비
$B = 1.1b + 10 = 1.1 \times 5 + 10 = 15.5\text{mm}$

답 — 53.④ 54.② 55.③

56 벨트 풀리의 직경이 200mm이다. 이 경우 필요한 벨트 암의 수는?

① 3개　　　　　　　　　　② 4개

③ 5개　　　　　　　　　　④ 6개

57 V 벨트의 마찰계수$(\mu)=0.4$, $\alpha=60°$ 일 때 등가마찰계수(μ')는?

① 0.473　　　　　　　　　② 0.504

③ 0.374　　　　　　　　　④ 0.315

58 V 벨트 한 가닥의 전동마력은 3PS이다. 벨트의 수가 4개라고 하면 벨트 하나가 전달할 수 있는 전달마력은 얼마인가? [단, 접촉각 수정계수$(k_1)=0.6$, 부하 수정계수$(k_2)=0.3$]

① 7PS　　　　　　　　　　② 6PS

③ 5PS　　　　　　　　　　④ 4PS

59 V 벨트의 속도비는 대략 어느 정도인가?

① 1:2　　　　　　　　　　② 1:7

③ 1:4　　　　　　　　　　④ 1:14

Answer

56 암의 수는 풀리의 지름이 500mm 이하에서는 4개이며, 그 이상은 8개다.

57 등가마찰계수$(\mu')=\dfrac{\mu}{\sin\dfrac{\alpha}{2}+\mu\cos\dfrac{\alpha}{2}}=\dfrac{0.4}{\sin30°+0.4\times\cos30°}=0.4725\fallingdotseq0.473$

58 V 벨트의 가닥수

$Z=\dfrac{H}{k_1k_2H_0}$ 에서

$H_0=\dfrac{H}{k_1k_2Z}=\dfrac{3}{0.6\times0.3\times4}=4.17\text{PS}$

59 V 벨트의 속도비는 보통 1:7 정도이고, 1:10도 가능하다.

답— 56.② 57.① 58.④ 59.②

60 벨트 전동장치는 정확한 동력전달이 불가능하다. 종동 풀리에서 감속되는 속도는 어느 정도인가?

① 2 ~ 3%

② 3 ~ 4%

③ 4 ~ 5%

④ 5 ~ 6%

Answer

60 크리핑 현상과 플래핑 현상으로 인해 보통 2 ~ 3%의 속도가 감소된다.

답 — 60.①

로프, 체인

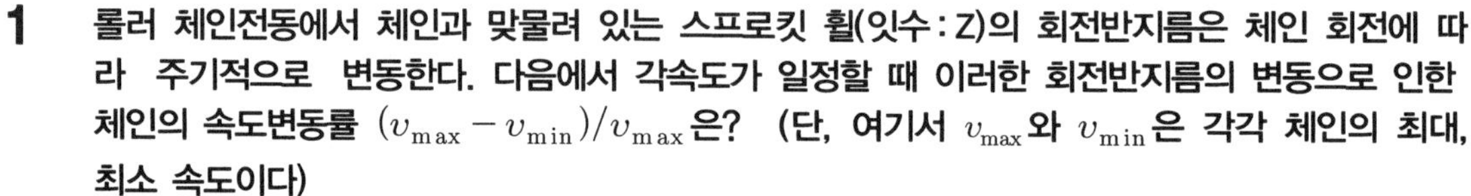

1 롤러 체인전동에서 체인과 맞물려 있는 스프로킷 휠(잇수 : Z)의 회전반지름은 체인 회전에 따라 주기적으로 변동한다. 다음에서 각속도가 일정할 때 이러한 회전반지름의 변동으로 인한 체인의 속도변동률 $(v_{max} - v_{min})/v_{max}$ 은? (단, 여기서 v_{max} 와 v_{min} 은 각각 체인의 최대, 최소 속도이다)

① $1 - \sin\dfrac{2\pi}{Z}$　　　　　　　　　② $1 - \cos\dfrac{2\pi}{Z}$

③ $1 - \sin\dfrac{\pi}{Z}$　　　　　　　　　④ $1 - \cos\dfrac{\pi}{Z}$

2 롤러 체인의 전동에서 충격과 진동이 발생한 경우 나타나는 현상은?

① 속도비가 정확해진다.　　　　　② 마모가 촉진된다.

③ 장력의 방향이 바뀐다.　　　　　④ 축간거리가 멀어진다.

Answer

1 $R_{max} = \dfrac{D_p}{2}$, $R_{min} = \dfrac{D_p}{2} \cdot \cos\dfrac{\pi}{Z}$ 이므로

$$v_{max} = R_{max} \cdot w = \dfrac{D_p}{2}w$$

$$v_{min} = R_{min} \cdot w = \left(\dfrac{D_p}{2}\cos\dfrac{\pi}{z}\right)w$$

$$\text{속도변동률}(\lambda) = \dfrac{v_{max} - v_{min}}{v_{max}}$$

$$= \dfrac{D - D\cos\left(\dfrac{\pi}{z}\right)}{D}$$

$$= 1 - \cos\dfrac{\pi}{Z}$$

2 소음과 진동이 발생하면 마모가 점점 촉진된다.

답 — 1.④ 2.②

3 다음 중 잇수가 30인 스프로킷 휠이 500rpm으로 회전하고 있다. 체인의 피치가 25mm일 때 체인의 평균속도는?

① 6.25m/s

② 6.55m/s

③ 6.95m/s

④ 7.35m/s

4 스프로킷 휠의 회전수가 600rpm, 잇수가 25, 피치가 16mm이고 피로강도가 75kN일 때 체인의 동력은 얼마인가? (단, 안전율＝10)

① 10PS

② 20PS

③ 30PS

④ 40PS

5 체인 전동의 특징으로 옳지 않은 것은?

① 효율이 높다.

② 일정한 속도비를 얻을 수 있다.

③ 여러 개의 축을 동시에 가동할 수 없다.

④ 유지 및 수리가 용이하다.

⑤ 고속의 동력전달이 용이하다.

Answer

3 $v = \dfrac{\pi DN}{1,000 \times 60} = \dfrac{ZPN}{1,000 \times 60} = \dfrac{30 \times 25 \times 500}{1,000 \times 60} = 6.25\,\text{m/s}$

4 체인의 속도(V) $= \dfrac{\pi DN}{1,000 \times 60} = \dfrac{ZPN}{1,000 \times 60} = \dfrac{25 \times 16 \times 600}{1,000 \times 60} = 4\,\text{m/s}$

허용하중 $= \dfrac{\text{피로강도}}{\text{안전율}} = \dfrac{75,000}{10} = 7,500\,\text{N}$

동력(H) $= \dfrac{7,500 \times 4}{750} = 40\,\text{PS}$ (단, 1PS ＝ 750N · m/s)

5 체인 전동의 특징
㉠ 일정한 속도비를 유지할 수 있다.
㉡ 소음 및 진동의 발생이 쉽고 마모가 쉽다.
㉢ 축간거리는 40m까지 가능하다.
㉣ 고속의 동력전달이 힘들다.
㉤ 다축 전동이 가능하고 유지 및 수리가 용이하다.
㉥ 충격하중을 감소시킬 수 있으며 축간거리의 단축도 가능하다.
㉦ 전동효율이 95% 이상으로 높다.

답 ― 3.① 4.④ 5.③

6 다음 로프 전동의 장·단점에 대한 설명 중 잘못된 것은?

① 고속운전에 부적합하다.

② 벨트에 비하여 미끄럼이 적다.

③ 전동경로가 직선이 아닌 경우에도 사용이 가능하다.

④ 미끄럼은 적으나 전동이 불확실하다.

7 체인의 링크 수가 홀수일 때 취하는 방법은?

① 블록 체인을 사용한다.

② 스프로킷 휠의 잇수를 홀수로 한다.

③ 오프셋 링크를 사용한다.

④ 인장측이 아래에 작용하도록 설계한다.

**Answer**____

6 로프의 장·단점

　㉠ 장점

　　• 고속 운전에 적합하다.

　　• 큰 동력을 전달할 수 있다.

　　• 전동의 경로가 직선이 아닌 경우에도 전동이 가능하다.

　　• 장거리 전동이 가능하다(섬유로프 : 10 ~ 30m, 와이어로프 : 50 ~ 100m).

　㉡ 단점

　　• 전동시 소음과 진동이 크게 발생한다.

　　• 로프의 절단시 수리가 어렵다.

　　• 시설설비가 복잡하다.

　　• 미끄럼은 적으나 전동이 불확실하다.

7 체인의 길이

　㉠ 체인의 길이는 링크의 남는 수가 허용되지 않으므로 피치로 나누어지는 수가 되어야 하며, 링크의 수가 짝수가 되어야 한다.

　㉡ 링크의 수가 홀수일 때는 오프셋 링크를 사용해야 한다.

답— 6.① 7.③

8 체인 전동에 대한 설명 중 옳지 않은 것은?

① 속도비가 일정하여 미끄럼이 없다.

② 큰 동력을 전달할 수 있으며 효율은 90% 이상이 된다.

③ 체인의 탄성에 의하여 어느 정도의 충격에 견딘다.

④ 고속회전이 필요한 곳에 사용하면 적합하다.

9 다음 중 체인 전동의 동력을 바르게 나타낸 식은? [단, 체인의 긴장측 장력 : T(N), 체인의 평균속도 : V_m (m/s)]

① $H = \dfrac{Tv_m}{750 \times 60}$

② $H = \dfrac{Tv_m}{750}$

③ $H = \dfrac{Tv_m}{750 \times 60} \cdot \dfrac{e^{\mu\theta} - 1}{e^{\mu\theta}}$

④ $H = \dfrac{v}{750} \cdot T_t \cdot \left(\dfrac{e^{\mu\theta} - 1}{e^{\mu\theta}} \right)$

10 다음 중 가장 큰 동력을 전달할 수 있는 장치는?

① V 벨트

② 체인

③ 로프

④ 평 벨트

Answer

8 체인 전동

  ㉠ 장점

- 베어링에 하중이 가해지지 않고 미끄럼없이 일정 속도비를 유지할 수 있다.
- 다축 전동이 가능하고 유지 및 수리가 용이해 수명이 매우 길다.
- 체인의 충격흡수로 인해 충격 하중을 줄일 수 있다.
- 초기 장력이 필요없고 운전이 멈춘 상태에서도 장력이 걸리지 않는다.
- 전동효율이 95% 이상이다.

  ㉡ 단점

- 고속 동력전달이 힘들다.
- 소음과 진동이 발생하기 쉽고 마모가 갈수록 심해진다.

9 체인 전동의 동력전달 … 체인의 회전력은 긴장측 장력만으로 구한다.

$H = \dfrac{Tv_m}{750}$ (단, 1PS = 75kgf · m/s = 750N · m/s)

10 전달동력의 크기 … 체인 > 로프 > V 벨트 > 평 벨트

답 8.④ 9.② 10.②

11 다음 로프에 대한 설명 중 옳지 않은 것은?

① 큰 동력을 전달하는 데에는 로프보다 벨트가 유리하다.

② 로프는 섬유 로프와 와이어 로프가 있다.

③ 로프의 크기는 스트랜드의 크기로 나타낸다.

④ 와이어 로프는 랭 꼬임과 보통 꼬임이 있다.

12 체인 전동의 특징을 설명한 것으로 옳은 것은?

① 체인의 피치가 늘어나도 소음, 진동이 발생하지 않는다.

② 속도비를 1 ~ 3 : 1 이상은 할 수 없다.

③ 체인의 길이는 피치의 정수배로 한다.

④ 4m 이상의 축간거리에만 사용한다.

13 체인 휠의 회전수가 600rpm, 잇수가 25, 피치는 16mm일 때 체인의 평균속도는 얼마인가?

① 0.004m/s ② 0.002m/s

③ 0.20m/s ④ 4m/s

Answer

11 ① 큰 동력을 전달하는 데에는 평 벨트, V 벨트보다 로프가 유리하다.

※ 로프의 장점

㉠ 큰 동력을 전달할 수 있다.

㉡ 전동의 경로가 직선이 아닌 경우도 가능하다.

㉢ 장거리 전송이 가능하다.

12 ① 소음과 진동이 발생하기 쉽고 마모가 갈수록 심해진다.

② 베어링에 하중이 가해지지 않고, 미끄럼 없이 일정 속도비를 유지할 수 있다.

④ 축간거리는 최대 40m까지 가능하다.

13 체인의 평균속도

$$v = \frac{\pi D_1 N_1}{60 \times 1,000} = \frac{p \cdot Z_1 N_1}{60 \times 1,000} = \frac{16 \times 25 \times 600}{60 \times 1,000} = 4\text{m/s}$$

답— 11.① 12.③ 13.④

14 어떤 롤러 체인의 파단 강도가 75,000N이라면 체인 평균속도 1m/s, 안전율 10을 사용할 때 이 체인이 안전하게 전달할 수 있는 동력은?

① 10PS

② 50PS

③ 75PS

④ 100PS

15 다음 중 사일런트 체인의 속도로 가장 적합한 범위는?

① 1~3m/s

② 4~6m/s

③ 7~10m/s

④ 10~12m/s

16 로프를 거는 방법 중 병렬식에 대한 설명으로 옳은 것은?

① 진동이 작다.

② 장력의 조정이 곤란하다.

③ 로프의 교체 또는 수리시간이 길다.

④ 한두 개의 로프가 끊어지면 전동을 중지시켜야 한다.

Answer

14 $H = \dfrac{P \cdot v}{750} = \dfrac{P_B \cdot v}{750 \cdot S} = \dfrac{75{,}000 \times 1}{750 \times 10} = 10\text{PS}$

(단, 1PS = 75kgf · m/s = 750N · m/s)

15 사일런트 체인의 속도sms 7m/s 이하로 하되 보통 4~6m/s가 적당하다.

16 로프를 거는 방법

㉠ 병렬식 : 2개의 로프 풀리 사이에 로프를 병렬시켜 몇 개의 서로 독립된 로프를 걸어 감는 방식이다. 이는 각 로프의 장력이 고르지 못하고, 이음 부분에서 진동이 발생하는 단점이 있다.

㉡ 연속식 : 하나의 긴 로프를 양 로프 풀리에 여러 번 걸어 감는 방식이다. 운전 중 진동발생이 적고 장력의 조절이 쉽지만 로프가 한 곳이라도 절단되면 운전을 중단해야 하는 단점이 있다.

답 14.① 15.② 16.②

17 로프의 마멸을 방지하기 위해 홈 밑부분에 끼워 넣는 재료로 옳지 않은 것은?

① 고무　　　　　　　　　　　　② 나무
③ 강철판　　　　　　　　　　　④ 가죽

18 와이어 로프에 대한 설명 중 옳지 않은 것은?

① 질 좋은 강선을 열처리한 후 아연도금을 하여 여러 개를 꼬아 만든다.
② 로프는 중심에 심을 놓아 만든다.
③ 꼬는 방법에 따라 보통 꼬임, 랭 꼬임으로 분류한다.
④ 강도가 작기 때문에 큰 동력전달이 불가능하다.

19 벨트 전동과 비교할 때 체인 전동장치의 장점으로 옳지 않은 것은?

① 미끄럼이 없다.　　　　　　　② 내열, 내습, 내유성이 있다.
③ 유지와 수리가 간단하다.　　　④ 고속회전이 가능하다.

20 피치가 13mm, 잇수가 25인 체인에 600rpm으로 회전하고 있다면 이때 평균속도는?

① 3.25m/s　　　　　　　　　　② 3.95m/s
③ 4.25m/s　　　　　　　　　　④ 4.95m/s

Answer

17 로프의 마멸을 방지하기 위해 홈 밑부분에 고무, 나무, 가죽 등을 사용한다.

18 ④ 강도가 크고 내구성이 좋기 때문에 큰 동력전달이 가능하다.

19 ④ 체인 전동장치는 고속 동력전달이 어렵다.

20 $v = \dfrac{\pi D_1 N_1}{60 \times 1,000} = \dfrac{p \cdot Z_1 N_1}{60 \times 1,000} = \dfrac{13 \times 25 \times 600}{60 \times 1,000} = 3.25\text{m/s}$

답— 17.③　18.④　19.④　20.①

21 다음은 여러 종류의 체인에 관한 설명이다. 이 중 바르지 않은 것은?

① 롤러체인은 구조가 간단하며 고속동력 전동용으로 사용된다.
② 부시드체인은 롤러체인의 롤러가 생략된 것이다.
③ 핀틀체인은 링과 부시를 일체로 주조하여 만든 것으로 강도와 정밀도가 우수하다.
④ 오프셋체인은 링플레이트를 오프셋형으로 만든 것으로 큰 하중에 견딜 수 있다.

22 로프 전동장치에 대한 설명으로 옳지 않은 것은?

① 섬유나 와이어로 만든 로프를 2개의 바퀴에 감아 이들 사이에 마찰력을 이용하여 동력을 전달하는 장치이다.
② 로프 전동장치는 원거리, 많은 동력전달에 경제적이다.
③ 로프의 속도가 낮고 풀리에 홈이 패여 있어 조립의 정확성을 필요로 한다.
④ 크레인, 엘리베이터 등의 전동장치에 사용한다.

23 링, 플레이트, 부시, 롤러, 핀 등으로 구성되어 있으며 구조가 가장 간단한 체인은?

① 롤러 체인   ② 부시드 체인
③ 핀틀 체인   ④ 스터드 체인

Answer

21 핀틀체인은 핀으로 연결되어 있어 강도와 정밀도가 낮으며 주로 운반용으로 사용된다.

22 ③ 로프의 속도는 매우 높아 경제적이며, 풀리에 홈이 패여 있어 조립의 정확성을 필요로 하지 않는다.

23 ② 롤러 체인에서 롤러를 생략한 것으로 구조는 간단하다.
③ 링, 부시를 일체로 한 주조로 만든 것으로 핀으로 연결되어 있다.
④ 링 플레이트를 핀으로 연결한 것으로 강도가 크다.

답 — 21.③ 22.③ 23.①

24 로프의 장점으로 옳지 않은 것은?

① 큰 동력을 전달할 수 있다.

② 장거리 전동이 가능하다.

③ 전동의 경로가 직선이 아닌 경우에도 동력전달이 가능하다.

④ 동력전달시 소음발생이 없다.

25 섬유 로프에 대한 설명으로 옳지 않은 것은?

① 면 혹은 마로 실을 만든 다음 3 ~ 4번 꼬아서 만든다.

② 바람이나 습기에 약해 실내 전동에 많이 사용한다.

③ 마 로프는 강도는 크고 바람 및 습기에 강해 실외 전동에 쓰인다.

④ 마 로프는 유연성이 좋아 작은 풀리에 사용한다.

26 피치가 30.6mm인 롤러 체인에서 잇수가 30개일 경우 피치원의 지름은?

① 195mm   ② 293mm

③ 290mm   ④ 233mm

**Answer**____

24 로프의 장 · 단점

　㉠ 장점
- 큰 동력을 전달할 수 있다.
- 전동의 경로가 직선이 아닌 경우에도 전동이 가능하다.
- 장거리 전동이 가능하다.

　㉡ 단점
- 전동시 소음과 진동이 크게 발생한다.
- 로프의 절단시 수리가 어렵다.
- 시설설비가 복잡하다.

25 ④ 마 로프는 유연성이 좋지 않기 때문에 작은 풀리에는 부적합하다.

26 피치원의 지름$(D_1) = \dfrac{p}{\sin\dfrac{180°}{Z}} = \dfrac{30.6}{\sin\dfrac{180°}{30}}$

$\qquad\qquad = 292.74 \fallingdotseq 293\text{mm}$

답 — 24.④ 25.④ 26.②

27 로프를 걸어 감는 방법에 대한 설명으로 옳지 않은 것은?

① 2개의 로프 풀리 사이에 로프를 병렬시켜 몇 개의 서로 독립된 로프를 걸어 감는 방식이 병렬식이다.

② 연속식은 운전 중 진동발생이 적고 장력의 조절이 쉽다.

③ 병렬식은 로프가 한곳이라도 절단되면 운전을 중단해야 하는 단점이 있다.

④ 하나의 긴 로프를 양 로프 풀리에 여러 번 걸어 감는 방식이 연속식이다.

28 로프 풀리의 직경이 100mm, 축간거리가 1m, 로프의 처짐량이 10mm라고 하면 로프의 전체 길이는 얼마인가?

① 1.3m   ② 2.3m

③ 3.3m   ④ 4.3m

29 롤러 체인의 평균 속도가 10m/s이고 300rpm으로 회전하고 있다. 이때 피치가 20mm라고 하면 스프로킷의 잇수는 몇 개인가?

① 80개   ② 90개

③ 100개   ④ 110개

**Answer**

27 ③ 연속식에 대한 설명이다.

※ 병렬식은 각 로프의 장력이 고르지 못하고 이음 부분에서 진동이 발생하는 단점이 있다.

28 로프의 전체길이

$$L = \pi D + 2l \cdot \left(1 + \frac{2h^2}{3l^2}\right)$$

$$= (\pi \times 100) + (2 \times 1,000) \times \left(1 + \frac{2 \times 10^2}{3 \times 1,000^2}\right)$$

$$= 2,314.3\text{mm} \fallingdotseq 2.3\text{m}$$

29 스프로킷의 잇수

$$Z = \frac{60 \times 1,000 \times v}{N \cdot p} = \frac{60 \times 1,000 \times 10}{300 \times 20} = 100$$

답 — 27.③ 28.② 30.③

30 피치(p)가 20mm, 중심거리(C)가 900mm, 잇수가 각각 $Z_1 = 20$, $Z_2 = 40$일 때 링크 수는?

① 100개
② 110개
③ 120개
④ 130개

31 사일런트 체인에서 링크의 양 끝 경사면이 맺는 각을 면각이라고 할 때 사용하지 않는 각은?

① 52°
② 60°
③ 65°
④ 80°

32 롤러 체인의 파단 하중(P_B) = 80kN, 평균 속도(v) = 3m/s, 안전율(S) = 10을 사용할 때 체인의 동력은? (단, 1PS = 75kgf · m/s = 750N · m/s)

① 24PS
② 28PS
③ 32PS
④ 36PS

Answer

30 링크 수$(L_n) = \dfrac{Z_2 + Z_1}{2} + \dfrac{2C}{p} + \dfrac{(Z_2 - Z_1)^2 \cdot p}{4 \cdot C \cdot \pi^2}$

$\qquad = \dfrac{40 + 20}{2} + \dfrac{2 \times 900}{20} + \dfrac{20^2 \times 20}{4 \times 900 \times \pi^2}$

$\qquad = \dfrac{60}{2} + \dfrac{1800}{20} + \dfrac{400 \times 20}{3600 \times \pi^2}$

$\qquad = 120.2 ≒ 120$개

31 사일런트 체인의 사용면각 … 52°, 60°, 70°, 80°

32 허용 하중$(P) = \dfrac{P_B}{S} = \dfrac{80,000}{10} = 8,000\text{N}$

$\quad$ 동력$(H) = \dfrac{P \cdot v}{750} = \dfrac{8,000 \times 3}{750} = 32\text{PS}$

답— 30.③ 31.③ 32.③

33 잇수가 64의 스프로킷 휠을 사용하여 20kW의 동력을 전달하려면 회전수는? [단, 파단 하중 (P_B) = 32kN, 안전율(S) = 16, 피치(P) = 18mm]

① 313rpm

② 468rpm

③ 531rpm

④ 635rpm

34 체인의 평균속도(v) = 4.5m/s, 전달동력(H') = 6.3kW일 때 체인에 걸리는 하중은?

① 1,335N

② 1,428N

③ 1,546N

④ 1,640N

35 로프의 꼬임에 대한 설명 중 옳지 않은 것은?

① S 꼬임을 왼 꼬임이라 한다.

② 대표적으로 섬유 로프와 와이어 로프가 있다.

③ 보통 꼬임의 경우 줄과 실의 꼬임방향이 반대로 되어 있다.

④ 로프의 꼬임에는 일반적으로 S 꼬임이 많이 사용된다.

**Answer**

33 속도$(v) = \dfrac{pZ_1N_1}{60\times1,000}$, 동력$(H') = \dfrac{P\cdot v}{1,020}$ (단, 1kW = 102kgf · m/s = 1,020N · m/s)

회전수$(N_1) = \dfrac{(60\times1,000)v}{pZ_1} = \dfrac{60,000\times v}{18\times64}$ ·················· ㉠

하중$(P) = \dfrac{P_B}{S} = \dfrac{32,000}{16} = 2,000$N

속도$(v) = \dfrac{1,020H'}{P}$ ······················ ㉡

㉠식과 ㉡식을 합하여 계산하면

$N = \dfrac{60,000}{18\times64}\times\dfrac{1,020\times20}{2,000} = 531.25 ≒ 531$rpm

34 전달동력$(H') = \dfrac{P\cdot v}{1,020}$ (단, 1kW = 102kgf · m/s = 1,020N · m/s)

하중$(P) = \dfrac{1,020H'}{v} = \dfrac{1,020\times6.3}{4.5} = 1,428$N

35 ④ 일반적으로 S 꼬임(왼 꼬임)보다는 Z 꼬임(오른 꼬임)을 많이 사용한다.

답— 33.③ 34.② 35.④

36 롤러 체인의 스프로킷 구조에 대한 설명으로 옳지 않은 것은?

① 스프로킷 휠의 이 개수는 10 ~ 70개가 좋다.

② 스프로킷의 마모를 균일하게 하기 위해 홀수 개가 좋다.

③ 바깥 지름이 작은 휠은 단조강을 사용하고 큰 것은 주철을 사용한다.

④ 잇수가 작으면 굴곡 각도가 증가하여 원활한 운전을 할 수 있다.

37 롤러 체인의 구조에 대한 설명으로 옳지 않은 것은?

① 핀 이음이나 링크 이음은 보통 이음 또는 오프셋 링크를 사용한다.

② 부시는 링크의 간격을 일정하게 유지하기 위하여 사용한다.

③ 링크는 두 종류의 링크를 번갈아 연결하여 긴 체인을 만든다.

④ 링과 부시를 일체로 하여 핀으로 연결한 것이다.

38 피치(p) = 22.5mm인 롤러 체인에서 잇수(Z) = 30일 때 바깥지름은?

① 269.15mm   ② 127.32mm

③ 227.57mm   ④ 295.13mm

Answer

36 ④ 잇수가 작으면 굴곡 각도가 증가하여 원활한 운전을 할 수 없고, 진동 발생의 원인이 되어 수명을 단축시키게 된다.

37 ④ 핀틀 체인에 대한 설명이고, 롤러 체인은 핀, 링크, 부시, 롤러를 조합한 것이다.

38 바깥지름$(D_0) = p \cdot \left(0.6 + \cot\dfrac{180°}{Z}\right) = 22.5\left(0.6 + \cot\dfrac{180°}{30}\right) = 227.57\text{mm}$

답 — 36.④ 37.④ 38.③

39 사일런트 체인의 전달마력이 5PS, 1인치당 전달마력이 3PS, 안전율이 3일 때 체인의 폭은?

① 3inch

② 4inch

③ 5inch

④ 6inch

40 피치(p) = 25.8mm, 속도(v) = 10m/s, 잇수가 56인 스프로킷 휠의 회전수는?

① 275rpm

② 415rpm

③ 550rpm

④ 365rpm

41 피치(p) = 15.8mm, 잇수(Z) = 32인 스프로킷 휠의 최대 홈 지름은?

① 121mm

② 144mm

③ 169mm

④ 196mm

42 사일런트 체인의 특성에 대한 설명으로 옳지 않은 것은?

① 스프로킷 휠과 접촉하는 면적이 커서 운전이 원활하다.

② 모양·치수에 높은 정밀도가 요구되어 가공이 어렵다.

③ 전동효율은 98% 이상까지도 가능하다.

④ 고속 회전시 소음 발생이 심하다.

Answer

39 폭(b) = $\dfrac{H_{\mathrm{PS}} \cdot S}{H_0}$ = $\dfrac{5 \cdot 3}{3}$ = 5inch

40 스프로킷의 잇수(Z) = $\dfrac{60 \times 1{,}000 \times v}{N \cdot p}$

위 공식을 회전수(N)에 대해서 정리하면

$N = \dfrac{60 \times 1{,}000 \times v}{Zp} = \dfrac{60 \times 1{,}000 \times 10}{25.8 \times 56}$

= 415.28 ≒ 415rpm

41 최대 홈 지름(D_H) = $p \cdot \left(\cot\dfrac{180°}{Z} - 1 \right) - 0.76$ = 143.86 ≒ 144mm

42 ④ 사일런트 체인은 고속 회전시 정숙하다.

답 — 39.③ 40.② 41.② 42.④

43 피치$(p) = 15.8$mm, 잇수가 64인 스프로킷 휠의 지름은?

① 161mm ② 214mm

③ 307mm ④ 322mm

44 사일런트 체인의 구조에 대한 설명으로 옳지 않은 것은?

① 전달동력에 따라 링크를 가로로 설치하여 적당한 너비로 만든다.

② 안내 링크 플레이트는 운전 중 미끄러짐을 방지하기 위한 것이다.

③ 두 종류의 링크를 번갈아 연결하여 긴 체인으로 만든다.

④ 링크 플레이트는 강재를 냉간압연하여 사용한다.

45 체인의 파단 하중$(P_B) = 7,000$N, 평균속도$(v) = 7$m/s, 안전율$(S) = 10$인 사일런트 체인의 전달동력은? (단, 1PS $= 75$kgf $\cdot$ m/s $= 750$N $\cdot$ m/s)

① 3PS ② 5PS

③ 7PS ④ 9PS

Answer

43 지름$(D_1) = \dfrac{p}{\sin\dfrac{180°}{Z}} = \dfrac{15.8}{\sin\dfrac{180°}{64}} = 322.0 = 322$mm

44 ③ 롤러 체인의 구조에 대한 설명이다.

45 전달동력$(H) = \dfrac{P_B \cdot v}{750 \cdot S} = \dfrac{7,000 \times 7}{750 \times 10} = 6.53 ≒ 7$PS

답 — 43.④ 44.③ 45.③

46 체인에 걸리는 하중$(P) = 1,500$N, 전달동력$(H') = 4.5$kW일 때 체인의 평균속도는?　　(단, 1kW $= 102$kgf · m/s $= 1,020$N · m/s)

① 1m/s

② 2m/s

③ 3m/s

④ 5m/s

Answer

46 전달동력$(H') = \dfrac{P \cdot v}{1,020}$ 의 공식을 v에 대해 정리하여 계산하면

$$v = \frac{1,020H'}{P} = \frac{1,020 \times 4.5}{1,500} = 3.06 \fallingdotseq 3\text{m/s}$$

답 46.③

기어

1 기어의 ㉠모듈과 ㉡지름피치에 대한 설명 중 옳은 것은?

① ㉠ : 피치원의 지름(mm)을 잇수로 나눈 값

  ㉡ : 잇수를 피치원의 지름(inch)으로 나눈 값

② ㉠ : 피치원의 지름(inch)을 잇수로 나눈 값

  ㉡ : 잇수를 피치원의 지름(mm)으로 나눈 값

③ ㉠ : 잇수를 피치원의 지름(mm)으로 나눈 값

  ㉡ : 피치원의 지름(inch)을 잇수로 나눈 값

④ ㉠ : 잇수를 피치원의 지름(inch)으로 나눈 값

  ㉡ : 피치원의 지름(mm)을 잇수로 나눈 값

2 기어에 관한 용어와 조건을 설명한 것으로 옳지 않은 것은?

① 피치원은 기어의 중심에서 피치점까지의 거리를 반지름으로 하는 원이다.

② 모듈(module)은 피치원 지름을 잇수로 나눈 값으로 표시한다.

③ 물림률은 물림길이를 법선피치로 나눈 값으로, 1보다 작아야 항상 한 쌍의 이가 작용선상에 물리게 된다.

④ 압력각은 맞물린 두 기어의 피치원의 공통접선과 작용선이 이루는 각이다.

Answer

1 ㉠ **모듈** : 기어의 치형 크기의 단위로서, 피치 서클에서 이끝(齒先)까지의 거리.

$$모듈 = \frac{피치원의\ 지름(mm)}{잇수}$$

㉡ **지름피치** : 인치 방식의 기어 이의 크기를 나타내는 값. $지름피치 = \dfrac{잇수}{피치원의\ 지름(inch)}$

2 **물림률(contact ratio)** … 물림길이를 법선피치로 제한한 값으로 물림률이 1보다 커야 물림길이가 법선피치보다 크게 되므로 한 쌍의 이가 작용선상에 물리게 된다.

답—1.① 2.③

3 잇수가 동일한 4개의 평기어(spur gear)가 있다. 이들의 이의 크기는 다음과 같다. 다음 중 지름이 가장 큰 기어는? (단, m : 모듈, p_d : 지름피치)

① $m = 5$ ② $p_d = 4$

③ $m = 6$ ④ $p_d = 7$

4 다음 중 기어의 종류에 대한 설명으로 옳지 않은 것은?

① 유성 기어는 고정되어 있는 기어의 주위를 회전하면서 동력을 전달한다.

② 차동 기어는 두 바퀴의 속도가 다를 때 사용한다.

③ 아이들 기어는 축 방향 힘을 전달하지 못한다.

④ 웜 기어는 두 축이 평행할 경우 사용한다.

5 다음 중 압력각이 커질 경우에 나타나는 현상이 아닌 것은?

① 물림률이 감소한다.

② 치면 곡률 반지름이 커지며, 미끄럼률은 감소한다.

③ 언더컷을 방지할 수 있다.

④ 하중 및 접촉 압력이 감소한다.

Answer

3 모듈과 지름의 관계는 $D = mz$ 이고, 지름피치와 지름의 관계는 $D = \dfrac{Z}{p_d}$ 이다. 잇수가 동일하므로 지름이 가장 큰 기어는 $p_d = 4$ 가 된다.

4 웜 기어 ··· 수나사 모양의 피니언인 웜과 웜휠로 구성된 스큐 기어의 종류로 두 축이 평행하지 않고 만나지도 않는 기계의 전동용 요소로 사용된다.

5 압력각이 증가할 때 나타나는 현상
  ㉠ 이의 강도가 커지며, 언더컷을 방지할 수 있다.
  ㉡ 접촉 압력 및 베어링에 걸리는 하중이 증가한다.
  ㉢ 물림률 및 미끄럼률이 감소한다.
  ㉣ 치면 곡률 반지름이 커진다.

답 3.② 4.④ 5.④

6 다음 중 기어제작에서 이의 크기를 결정하기 위한 기준이 아닌 것은?

① 지름 피치　　　　　　　　　　② 원주 피치

③ 피치원　　　　　　　　　　　④ 모듈

7 다음 중 이의 간섭이 발생하는 경우로 옳지 않은 것은?

① 잇수가 많은 경우　　　　　　　② 잇수비가 큰 경우

③ 이끝 높이가 높은 경우　　　　　④ 압력각이 작은 경우

8 잇수 25개인 원동 기어가 회전수 300rpm으로 회전할 때 종동 기어의 잇수가 75개라면 속도비는 얼마인가?

① $\dfrac{1}{3}$　　　　　　　　　　　② $\dfrac{1}{2}$

③ 2　　　　　　　　　　　　　④ 3

Answer

6 이의 크기를 결정하는 기준
  ㉠ 지름 피치 : 인치로 표시된 피치원의 지름으로 잇수를 나눈 값
  ㉡ 원주 피치 : 피치원의 원 둘레를 잇수로 나눈 값
  ㉢ 모듈 : 피치원의 지름(mm)을 잇수로 나눈 값

7 이의 간섭
  ㉠ 개념 : 기어가 서로 맞물려 회전할 때 한 쪽 기어의 이끝이 다른 기어의 이뿌리에 부딪혀서 회전할 수 없고 파고 들어가는 현상을 간섭이라고 한다.
  ㉡ 발생원인
   • 압력각이 작을 경우
   • 유효 높이가 높을 경우
   • 잇수비가 클 경우
   • 잇수가 작을 경우

8 $i = \dfrac{N_2}{N_1} = \dfrac{D_1}{D_2}$

$= \dfrac{Z_1}{Z_2} = \dfrac{25}{75} = \dfrac{1}{3}$

답— 6.③　7.①　8.①

9 원동 기어의 회전수와 피치원 지름이 각각 300rpm, 100mm, 종동 기어의 회전수가 60rpm으로 회전한다면, 종동 기어의 피치원 지름은 몇 mm인가?

① 400
② 500
③ 600
④ 700

10 다음 중 물림률을 바르게 나타낸 것은?

① 접촉호의 길이를 원주 피치로 나눈 값이다.
② 접촉호의 길이를 법선 피치로 나눈 값이다.
③ 물림길이를 원주 피치로 나눈 값이다.
④ 물림길이를 모듈로 나눈 값이다.

11 이의 간섭에 의하여 이뿌리가 파여진 현상으로 잇수가 몹시 적은 경우나 잇수비가 매우 클 경우에 생기기 쉬운 현상은?

① 이의 전위량
② 치형곡선
③ 이의 물림률
④ 언더컷

12 기어에서 공구 압력각을 크게 하면 증가하는 것은?

① 물림률
② Radial 하중
③ 접선 방향 하중
④ 허용 하중

Answer

9 $\dfrac{N_B}{N_A} = \dfrac{D_A}{D_B}$ 에서 $D_B = D_A \times \dfrac{N_A}{N_B} = 100 \times \dfrac{300}{60} = 500\text{mm}$

10 물림률 ··· 물림길이 S를 법선 피치 p_n 으로 나눈 값을 말한다.

$$\epsilon = \frac{S}{p_n} = \frac{S_a + S_r}{p_n}$$

11 언더컷 ··· 이의 간섭에 의해 이뿌리가 파여지는 현상을 말한다.

12 물림률은 물림길이 S를 법선 피치 p_n 으로 나눈 값으로 공구 압력각이 증가할수록 물림률이 좋아진다.

답 9.② 10.① 11.④ 12.①

13 다음 공식 중 옳지 않은 것은? (단, 모듈 : m, 원주 피치 : p, 지름 피치 : p_b, 기어의 피치원 지름 : D)

① $m = \dfrac{p}{\pi}$

② $m = \dfrac{D}{Z}$

③ $Z = \dfrac{\pi D}{p}$

④ $p_d = \dfrac{m}{25.4}$

14 기어에서 원주 피치를 나타내는 것은?

① $p = \dfrac{d}{\pi Z}$

② $p = \dfrac{\pi Z}{d}$

③ $p = \dfrac{Z}{\pi d}$

④ $p = \dfrac{\pi d}{Z}$

15 인벌루트 치형에서 압력각을 α 라 할 때 인벌루트 함수를 옳게 표시한 것은?

① $\tan\alpha - \alpha$

② $\cos\alpha - \alpha$

③ $\mathrm{inv}\,\alpha - \alpha$

④ $\sin\alpha - \alpha$

16 다음 중 두 축이 일정 각도를 이루고 있지 않은 것은?

① 베벨 기어

② 크라운 기어

③ 헤링본 기어

④ 마이터 기어

 **Answer**

13 지름 피치와 모듈의 관계$(p_d) = \dfrac{25.4}{m}$

14 원주 피치$(p) = \dfrac{\pi d}{Z}$

15 인벌루트 함수 … 기어 설계나 이 두께의 계산에 쓰이며 압력각이 α로 주어지면 $\tan\alpha - \alpha$로 나타낸다.

16 ③ 두 축이 평행을 이루고 있는 기어에 해당한다.

답— 13.④ 14.④ 15.① 16.①

17 다음에서 설명하고 있는 것은?

> • 마찰차 주위에 일정 간격으로 깎여진 이가 서로 맞물려 미끄럼 없이 동력을 전달하는 기계요소
> • 다른 전동장치에 비해 정확한 속도비
> • 큰 회전력, 높은 효율

① 키 ② 기어
③ 코터 ④ 베어링

18 다음 중 치형의 간섭이 생기는 이유로 옳은 것은?

① 치수비가 아주 작을 때
② 최소 치수보다 치수가 많을 때
③ 피니언의 잇수가 한계 잇수보다 많을 때
④ 큰 치차의 이끝원 반경이 한계 반경보다 클 때

19 다음 중 기어의 바깥지름의 크기가 잘못 짝지어진 것은?

① 대형 기어 − 250 ~ 1,000mm ② 소형 기어 − 10 ~ 40mm
③ 극대형 기어 − 1,000mm 이상 ④ 중형 기어 − 80 ~ 350mm

 **Answer**

17 ① 축에 기어, 커플링, 클러치 등을 고정시켜 상대적인 운동을 방지하며 회전력을 전달시키는 체결용 기계요소이다.
③ 축 방향으로 작용하는 인장력이나 압축력을 전달하기 위한 2개의 축을 연결하는 체결용 기계요소이다.
④ 회전하고 있는 축을 받쳐서 축에 작용하는 하중을 받는 기계요소이다.

18 이의 간섭
㉠ 기어가 서로 맞물려 회전할 때 한 쪽 기어의 이끝이 다른 기어의 이뿌리에 부딪혀서 회전할 수 없고 파고 들어가는 현상을 간섭이라고 한다.
㉡ 절삭 공구의 끝이 간섭점을 넘는 경우에 발생한다.
㉢ 피니언의 잇수가 적은 경우에 간섭이 쉽게 발생한다.
㉣ 표준 기어에서는 두 기어의 잇수비가 클 때 간섭이 발생한다.

19 ④ 중형 기어의 크기는 40 ~ 250mm이다.

답 ― 17.③ 18.④ 19.④

20 다음 중 두 축이 평행하지 않은 기어는?

① 크라운 기어

② 래크기어

③ 헬리컬 기어

④ 헤링본 기어

21 Camus의 정리에서 치형의 조건에 대한 설명으로 옳지 않은 것은?

① 공작이 쉬워야 한다.

② 충분한 강도를 가지고 있어야 한다.

③ 교환성이 좋아야 한다.

④ 마찰이 커야 한다.

22 중심간 거리가 약간 변하여도 속도비의 일정한 전동이 가능하고 정밀도가 커서 호환성이 좋은 치형곡선은 무엇인가?

① 크로 코이드 곡선

② 에피–사이클로이드 곡선

③ 하이포–사이클로이드 곡선

④ 인벌루트 곡선

23 다음 중 이의 크기를 결정하는 기준에 해당하지 않는 것은?

① 원주 피치

② 모듈

③ 지름 피치

④ 피치원

Answer

20 두 축이 평행한 기어 ⋯ 스퍼 기어, 랙, 헬리컬 기어, 헬리컬 랙, 헤링본 기어, 내접 기어

21 ④ 마찰이 적어야 한다.

22 인벌루트 치형
　㉠ 중심거리가 약간 틀려도 속도비가 일정하다.
　㉡ 공작이 쉽고 호환성이 좋아 일반 기어에 사용한다.
　㉢ 이뿌리 부분이 강하다.
　㉣ 이의 마멸이 쉽게 된다.

23 모듈, 원주 피치, 지름 피치가 이의 크기를 결정하는 세 가지 기준에 해당한다.

답— 20.① 21.④ 22.④ 23.④

24 절삭 기어에 대한 설명으로 옳지 않은 것은?

① 커터·바이트 등으로 절삭하여 만든 기어로 성형 절삭 기어, 창성 절삭 기어로 분류할 수 있다.

② 성형 절삭 기어의 제작 방법으로는 성형 치절법을 사용하며 하급 기어에 이용한다.

③ 창성 절삭 기어는 전문적 기계로 절삭하여 창성법에 의해 제작된다.

④ 대부분의 기어는 치절법을 사용하여 제작한다.

25 다음 중 피치원에서 이뿌리원까지의 거리를 나타내는 것은?

① 피치점 ② 이 높이
③ 이뿌리 높이 ④ 이끝 높이

26 피치원 지름$(D) = 30\text{cm}$, 잇수$(Z) = 60$인 기어의 지름 피치(p_d)는?

① 3.58mm ② 3.86mm
③ 4.51mm ④ 5.08mm

Answer

24 ④ 대부분의 기어는 정밀도가 높고 대량생산이 가능한 창성법으로 제작한다.

25 ① 두 기어가 접촉할 때 접선과 축 중심선을 연결한 선
② 이의 전체 높이로서 이끝 높이와 이뿌리 높이의 합
④ 피치원에서 이끝원까지의 거리

26 모듈$(m) = \dfrac{D}{Z} = \dfrac{300}{60} = 5$

지름 피치$(p_d) = \dfrac{25.4}{m} = \dfrac{25.4}{5} = 5.08\text{mm}$

답— 24.④ 25.③ 26.④

27 이의 간섭을 방지하는 방법으로 옳지 않은 것은?

① 유효 이의 높이를 줄여서 방지한다.

② 치형의 이끝면을 깎아 내어 방지한다.

③ 피니언 반경 방향의 이뿌리면을 파내어 방지한다.

④ 압력각을 줄여 방지한다.

28 기어의 미끄럼률에 대한 설명으로 옳지 않은 것은?

① 기어가 맞물려 회전 운동을 하는 경우 두 기어의 피치원은 구름 접촉을 하기 때문에 잇면의 피치점에서는 구름 접촉만을 한다.

② 피치점을 제외한 다른 점에서는 구름 접촉과 동시에 미끄럼 접촉을 한다.

③ 한 쪽 기어의 이끝이 다른 기어의 이뿌리에 부딪혀 회전할 수 없는 현상이다.

④ 잇면에 마찰이 발생하고 동력손실의 원인이 되며 상대 기어에 대해 미끄러지는 비율을 말한다.

29 피치원의 지름을 D, 잇수를 Z라 할 때 지름 피치를 구하는 식으로 옳은 것은?

① $p_d = \dfrac{D}{Z}$ ② $p_d = Z \cdot D$

③ $p_d = \dfrac{Z}{D}$ ④ $p_d = Z + D$

Answer

27 ④ 이의 간섭을 방지하기 위해서는 $20°$ 이상으로 압력각을 높여야 한다.

28 ③ 간섭에 대한 설명이다.

29 피치원의 지름$(p_d) = \dfrac{Z}{D} = \dfrac{\pi}{p}$

답 — 27.④ 28.③ 29.③

30 언더컷의 발생에 대한 설명으로 옳지 않은 것은?

① 절삭 공구의 끝이 간섭점을 넘는 경우에 발생한다.

② 피니언의 잇수가 적은 경우에 발생한다.

③ 이의 높이를 줄여 압력각을 증가시킬 경우 발생한다.

④ 표준 기어에서는 두 기어의 잇수비가 클 경우 발생한다.

31 원주 피치가 62.83mm인 기어의 모듈은?

① 10

② 20

③ 30

④ 40

32 기어의 특성에 대한 설명으로 옳지 않은 것은?

① 사용 범위가 넓지 않다.

② 효율이 매우 좋다.

③ 속도비가 정확하다.

④ 큰 회전력을 얻을 수 있다.

Answer

30 ③ 언더컷의 방지대책에 대한 설명이다.

※ 언더컷의 방지대책

ㄱ 이의 높이를 줄여서 압력각을 증가시킨다.

ㄴ 한계 잇수 이상으로 제작한다.

ㄷ 이의 높이가 낮은 것을 사용한다.

ㄹ 전위 기어를 제작하여 사용한다.

31 모듈$(m) = \dfrac{D}{Z} = \dfrac{p}{\pi}$

원주 피치$(p) = 62.83$을 대입하여 계산하면

$\dfrac{62.83}{\pi} = 19.9 ≒ 20$

32 기어의 장점

ㄱ 마찰차, 벨트, 체인, 로프와 같은 전동장치보다 속도비가 정확하다.

ㄴ 효율이 매우 높고, 큰 회전력을 전달할 수 있다.

ㄷ 사용범위가 매우 넓다.

답 — 30.③ 31.② 32.①

33 다음 중 기어와 기어가 서로 맞물려 회전할 때 접촉면 뒤쪽에 생기는 이 사이의 간극은?

① 틈새　　　　　　　　　　　　　② 백 래쉬

③ 언더컷　　　　　　　　　　　　④ 기초원

34 수학적으로 지름 피치와 모듈의 관계가 역수이지만 각각의 단위가 다르므로 역수라 할 수 없다. 지름 피치와 모듈의 관계로 옳은 것은?

① $p_d = \dfrac{25.4}{m + 1}$　　　　　　　　② $p_d = \dfrac{m + 1}{25.4}$

③ $p_d = \dfrac{25.4}{m}$　　　　　　　　　④ $p_d = \dfrac{m}{25.4}$

35 기어의 물림률을 ϵ 이라 할 때 물림률의 필요조건인 것은?

① $\epsilon > 1$　　　　　　　　　　　② $\epsilon > 2$

③ $\epsilon < 1$　　　　　　　　　　　④ $\epsilon < 2$

Answer

33 ① 이뿌리원에서 상대 기어의 이끝원까지의 거리
③ 기어 제작시 간섭이 일어나도록 두면 기어의 이뿌리를 깎아내어 이뿌리가 얇아지게 되는 현상
④ 피치점을 지나는 공통 법선에 접하는 원

34 지름피치와 모듈의 관계 $(p_d) = \dfrac{25.4}{m}$

35 물림률의 필요조건
㉠ 물림률의 필요조건은 $\epsilon > 1$ 이며, 보통의 경우 $\epsilon = 1.4 \sim 2.5$ 사이에 있어야 한다.
㉡ ϵ 값이 클수록 물림 잇수가 많고 전달동력을 분산시킬 수 있으며 회전이 원활해진다.
㉢ ϵ 값에 따라 기어의 소음과 진동, 마모에 큰 영향을 미치게 된다.

답— 33.② 34.③ 35.①

36 백 래쉬(Back Lash)가 있어야 하는 이유로 옳지 않은 것은?

① 기어의 원활한 전동을 위해 잇면 사이의 유막 두께가 필요하기 때문이다.

② 언더컷 발생을 억제하기 위해서이다.

③ 고속회전으로 인한 발열 때문에 기어가 팽창하기 때문이다.

④ 피치 오차, 가공 오차 등이 발생하기 때문이다.

37 피치원의 지름이 600mm이고 기어의 잇수가 30이면 원주 피치와 지름 피치는 각각 몇 mm인가?

① 10π, 0.05 ② 20π, 0.05

③ 10π, 0.25 ④ 20π, 0.25

38 다음 중 한 줄이나 그 이상의 줄수를 가지는 나사모양의 기어는?

① 헤링본 기어   ② 웜 기어

③ 직선 베벨 기어   ④ 페이스 기어

Answer

36 백 래쉬가 있어야 하는 이유
㉠ 치형 오차, 피치 오차, 가공 오차가 발생하기 때문이다.
㉡ 중 하중, 고속회전으로 인한 발열현상으로 기어가 팽창하기 때문이다.
㉢ 윤활을 위한 잇면 사이의 유막 두께가 필요하기 때문이다.

37 원주 피치와 지름 피치
㉠ 원주 피치$(p) = \dfrac{\pi \cdot D}{Z} = \dfrac{\pi \times 600}{30} = 62.83$mm

㉡ 지름 피치$(p_d) = \dfrac{Z}{D} = \dfrac{\pi}{p} = \dfrac{\pi}{20 \times \pi} = 0.05$mm

※ $20\pi = 20 \times 3.14159 = 62.8318$

38 ① 양쪽에서 나선형으로 된 기어를 조합한 기어
③ 이의 끝이 피치 원주의 모직선과 일치하는 베벨 기어
④ 스큐 기어나 헬리컬 기어와 물리는 원판상의 기어

답— 36.② 37.② 38.②

Chapter 02

스퍼 기어

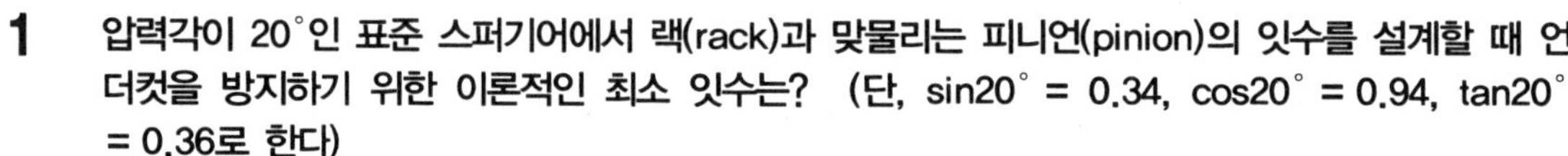

1 압력각이 20°인 표준 스퍼기어에서 랙(rack)과 맞물리는 피니언(pinion)의 잇수를 설계할 때 언더컷을 방지하기 위한 이론적인 최소 잇수는? (단, $\sin 20° = 0.34$, $\cos 20° = 0.94$, $\tan 20° = 0.36$로 한다)

① 18

② 24

③ 32

④ 48

2 모듈 4, 중심거리 200 mm인 한 쌍의 스퍼기어에서 구동기어의 잇수가 40개일 때 구동기어에 대한 피동기어의 속도비는?

① $\dfrac{1}{2}$

② 3

③ $\dfrac{2}{3}$

④ $\dfrac{3}{2}$

Answer

1 압력각(α)이 20°인 경우

㉠ 이론적 치수 : 18

㉡ 실용적 치수 : 14

2 속도비$(i) = \dfrac{N_2}{N_1} = \dfrac{D_1}{D_2} = \dfrac{Z_1}{Z_2}$

중심거리$(C) = \dfrac{D_1 + D_2}{2} = \dfrac{(Z_1 + Z_2)m}{2} = 200$이므로

$200 = \dfrac{(40 + Z_2) \cdot 4}{2} \rightarrow Z_2 = 60$

$\therefore \dfrac{40}{60} = \dfrac{2}{3}$

답—1.① 2.③

3 중심거리가 70mm이고, 피니언 잇수가 24, 기어 잇수가 46인 표준 스퍼기어가 맞물려 있다. 잇수 46인 기어의 이끝원 지름은?

① 45mm

② 48mm

③ 92mm

④ 96mm

4 A, B 기어 사이에 C 기어가 있다. A 기어의 회전수가 600rpm일 때 B 기어의 회전수는? (단, $Z_A = 18$, $Z_B = 36$, $Z_C = 40$)

① 100rpm

② 300rpm

③ 600rpm

④ 1,200rpm

5 다음 중 전위기어의 특징이 아닌 것은?

① 이의 강도를 개선시킬 수 있다.

② 중심거리를 변화시킬 수 있다.

③ 언더컷을 방지할 수 있다.

④ 교환성을 증가시킬 수 있다.

⑤ 압력각을 크게 할 수 있다.

Answer

3 중심거리 $C = \dfrac{m(Z_1 + Z_2)}{2}$ 이므로 모듈 m을 구하면 $70 = \dfrac{m(24 + 46)}{2}$, $m = 2$가 된다.

이끝원 지름 $D_o = m(Z + 2) = 2(46 + 2) = 96$

$\therefore D_o = 96\text{mm}$

4 기어 A, B의 속도비$(i_{AB}) = \dfrac{N_B}{N_A} = \dfrac{Z_A}{Z_C} \times \dfrac{Z_C}{Z_B} = \dfrac{Z_A}{Z_B} = \dfrac{18}{36}$

$N_B = 600 \times \dfrac{18}{36} = 300\text{rpm}$

5 전위기어의 특징

㉠ 간섭 및 언더컷을 방지할 수 있다.

㉡ 압력각을 크게 할 수 있다.

㉢ 이의 강도를 개선시킬 수 있다.

㉣ 중심거리를 변화시킬 수 있다.

㉤ 교환성은 없다.

답 3.④ 4.② 5.④

6 표준 스퍼 기어가 모듈이 3, 잇수가 34개인 경우, 이끝원 지름은 몇 mm인가?

① 98
② 100
③ 108
④ 115

7 기어에 대한 다음 설명 중 옳지 않은 것은?

① 웜 기어는 두 축이 교차할 경우에 사용한다.
② 베벨 기어는 두 축이 교차할 경우에 사용한다.
③ 스퍼 기어는 두 축이 평행한 경우에 사용한다.
④ 하이포이드 기어는 두 축이 만나지 않는 경우에 사용한다.

8 기어에서 중심거리가 140mm이고 모듈이 2.5, 속도비가 1/3일 때 기어의 잇수(Z_1)는 몇 개인가?

① 28
② 42
③ 56
④ 84

Answer

6 이끝원 지름
$$D_0 = D + 2 \cdot h_k = m \cdot (Z + 2) = 3 \times (34 + 2) = 108\text{mm}$$

7 기어의 사용
　㉠ 두 축이 평행한 경우 : 스퍼 기어, 랙, 헬리컬 기어, 헬리컬 랙, 헤링본 기어, 내접 기어
　㉡ 두 축이 일정 각도를 이루는 경우 : 베벨 기어, 마이터 기어, 앵귤러 베벨 기어, 크라운 기어, 직선 베벨 기어, 스파이럴 베벨 기어, 재롤 베벨 기어, 스큐 베벨 기어
　㉢ 두 축이 평행하지도 않고 만나지도 않는 경우 : 스큐 기어, 나사 기어, 하이포이드 기어, 페이스 기어, 웜 기어, 웜, 웜휠, 장고형 웜 기어

8 속도비$(i) = \dfrac{N_2}{N_1} = \dfrac{D_1}{D_2} = \dfrac{Z_1}{Z_2} = \dfrac{1}{3}$ 이므로 $Z_2 = 3Z_1$

모듈$(m) = 2.5$

중심거리$(C) = \dfrac{D_1 + D_2}{2} = \dfrac{(Z_1 + Z_2)m}{2} = 140$ 이므로

$$140 = \dfrac{(Z_1 + 3Z_1) \times 2.5}{2}$$

$Z_1 = 28$, $Z_2 = 84$

답— 6.③　7.①　8.①

9 모듈 2, 기어의 잇수가 각각 28개, 42개의 기어 전동에서 축간 거리는 몇 mm인가?

① 40mm

② 50mm

③ 60mm

④ 70mm

10 모듈 3, 기어 잇수 32의 표준 스퍼 기어를 가공하려 한다. 소재의 직경은 얼마로 가공해야 하는가?

① 92mm

② 99mm

③ 102mm

④ 108mm

11 스퍼 기어의 잇수가 각 30개, 42개이며 모듈이 3이다. 기어의 중심거리를 구하면?

① 88

② 108

③ 130

④ 216

12 기어를 전위시키는 목적에 대한 설명 중 옳지 않은 것은?

① 이의 간섭을 방지하기 위하여

② 이끝 높이를 크게 하기 위하여

③ 이의 강도를 증가시키기 위하여

④ 이뿌리를 굵게 하기 위하여

Answer

9 스퍼 기어의 중심거리

$$C = \frac{D_1 + D_2}{2} = \frac{(Z_1 + Z_2) \cdot m}{2} = \frac{(28 + 42) \times 2}{2} = 70\text{mm}$$

10 이끝원 지름

$$D_0 = D + 2 \cdot h_k = m \cdot (Z + 2) = 3 \times (32 + 2) = 102\text{mm}$$

11 스퍼 기어의 중심거리

$$C = \frac{m \cdot (Z_1 + Z_2)}{2} = \frac{3 \times (30 + 42)}{2} = 108\text{mm}$$

12 전위 기어의 사용목적은 언더컷의 방지, 중심거리의 조절기능, 물림률의 향상 등으로 인하여 이 두께가 증가함으로써 이의 강도를 증대시킨다.

답 — 9.④ 10.③ 11.② 12.②

13 작은 기어와 큰 기어의 치수가 각각 25, 50이고 모듈이 4일 때 중심거리는 얼마인가?

① 50mm　　　　　　　　　　　② 100mm

③ 150mm　　　　　　　　　　　④ 200mm

14 잇수 30, 기초원 지름 100mm의 인벌루트 스퍼 기어에서 물림길이가 7π 일 때 물림률은 얼마인가?

① 1.2　　　　　　　　　　　② 2.1

③ 2.5　　　　　　　　　　　④ 3.2

15 표준 스퍼 기어에서 언더컷을 방지하는 방법은?

① 압력각은 크게, 이끝 높이는 표준보다 높게
② 압력각은 작게, 이끝 높이는 표준보다 높게
③ 압력각은 크게, 이끝 높이는 표준보다 낮게
④ 압력각은 작게, 이끝 높이는 표준보다 낮게

Answer

13 기어의 중심거리

$$C = \frac{m \cdot (Z_1 + Z_2)}{2} = \frac{4 \times (25 + 50)}{2} = 150\text{mm}$$

14 물림률

$$\epsilon = \frac{S}{p_n} = \frac{Z \cdot S}{\pi \cdot D_g} = \frac{30 \times 7 \times \pi}{\pi \times 100} = 2.1$$

15 언더컷의 방지대책

㉠ 이의 높이를 줄여서 압력각을 증가시킨다(20° 이상).
㉡ 한계 잇수 이상으로 제작하거나 이의 높이가 낮은 것을 사용한다.
㉢ 전위 기어를 만들어 사용한다.

답— 13.③　14.②　15.③

16 모듈이 6이고 이의 수가 70인 표준 스퍼 기어의 이끝원 지름은 몇 mm인가?

① 210mm ② 330mm

③ 432mm ④ 660mm

17 동력전달시 기어에서 발생할 수 있는 결함 중 잇면의 순간 온도상승 때문에 발생하는 현상은?

① 스코링 ② 피팅

③ 언더컷 ④ 간섭

18 스퍼 기어의 회전력 3,000N, 잇수 20, 모듈 4, 회전수 500rpm인 기어의 전달마력은 몇 PS인가?

① 5.3PS ② 7.3PS

③ 8.4PS ④ 9.5PS

Answer

16 이끝원 지름

$$D_0 = D + 2 \cdot h_k = m \cdot (Z + 2) = 6 \times (70 + 2) = 432\text{mm}$$

17 스코링 현상(Scoring Effect) ··· 고속, 고부하의 경우 치면 압력이 높아짐으로 인해 유막이 파괴되어 이 표면의 온도가 순간 상승하게 된다. 이러한 현상을 스코링이라 한다.

18 스퍼 기어의 전달동력

$$H = \frac{F \cdot v}{750} = \frac{F \cdot \pi \cdot D \cdot N}{750 \times 60 \times 1,000}$$

$$= \frac{F \cdot \pi \cdot (m \cdot Z) \cdot N}{750 \times 60 \times 1,000} = \frac{3,000 \times \pi \times 4 \times 20 \times 500}{750 \times 60 \times 1,000}$$

$$= 8.37 \fallingdotseq 8.4\text{PS}$$

(단, 1PS = 75kgf · m/s = 750N · m/s)

답 — 16.③ 17.① 18.③

19 모듈 6, 잇수 $Z_1 = 40$, $Z_2 = 80$, 압력각 20°인 한 쌍의 표준 스퍼 기어가 있을 때 이끝원 지름 D_1, D_2는 각각 얼마인가?

① $D_1 = 240\text{mm}$, $D_2 = 480\text{mm}$

② $D_1 = 276\text{mm}$, $D_2 = 516\text{mm}$

③ $D_1 = 255\text{mm}$, $D_2 = 495\text{mm}$

④ $D_1 = 252\text{mm}$, $D_2 = 492\text{mm}$

20 전위치차의 특성에 대한 설명으로 옳지 않은 것은?

① 래크형 공구의 이끝선을 간섭점까지 이동시켜 언더컷을 방지하기 위한 전위치형을 사용한다.

② 전위치차를 사용함으로써 압력각을 크게 할 수 있다.

③ 이끝원 지름과 이 높이가 변화하여 기어의 물림률이 향상된다.

④ 이두께가 증가하면 이뿌리의 강도는 감소한다.

21 스퍼 기어의 물림률을 구하는 식으로 옳은 것은?

① 접촉 원호의 길이/원주 피치

② 법선 피치/접촉각

③ 접촉 원호의 길이/접촉각

④ 법선 피치/물림 길이

**Answer**____

19 이끝원 지름

$$D_1 = m \cdot (Z + 2) = 6 \times (40 + 2) = 252\text{mm}$$

$$D_2 = m \cdot (Z + 2) = 6 \times (80 + 2) = 492\text{mm}$$

20 ④ 이두께가 증가하면 이뿌리의 강도는 증가한다.

21 스퍼 기어의 물림률 $= \dfrac{\text{작용선 위에서의 물림 길이}}{\text{법선 피치}} = \dfrac{\text{접촉 원호의 길이}}{\text{원주 피치}}$

답— 19.④ 20.④ 21.①

22 표준 스퍼 기어의 잇수(Z) = 32, 피치원 지름(D) = 148mm일 때 이 기어의 기초원 지름(D_g)은? (단, 압력각(α) = 20˚)

① 139.07mm

② 148.04mm

③ 156.02mm

④ 179.42mm

23 피치원 위의 원주속도가 5m/s인 스퍼 기어가 회전력이 1,000N를 가지고 있다. 이때 스퍼 기어의 전달동력은 얼마인가? (단, 1kW = 102kgf · m/s = 1,020N · m/s)

① 1.9kW

② 2.9kW

③ 3.9kW

④ 4.9kW

24 피치원 지름(D) = 150mm, 잇수(Z) = 62인 스퍼 기어의 피치(P)는?

① 5.0mm

② 7.6mm

③ 9.1mm

④ 11.4mm

Answer

22 기초원 지름(D_g) = $D \cdot \cos\alpha$ = $m \cdot Z \cdot \cos\alpha$

$$m = \frac{D}{Z} = \frac{148}{32} = 4.625$$

$$m \cdot z \cdot \cos\alpha = 4.625 \times 32 \times \cos 20° = 139.07\text{mm}$$

23 스퍼 기어의 전달동력

$$H = \frac{F \cdot v}{1,020} = \frac{1,000 \times 5}{1,020} = 4.9\text{kW}$$

24 피치(p) = $\dfrac{\pi D}{Z} = \dfrac{\pi \cdot 150}{62} = 7.6\text{mm}$

답 — 22.① 23.④ 24.②

25 압력각(α)=14.5°, 기초원 지름(D_g)=210mm, 잇수(Z)=64인 표준 스퍼 기어의 원주 피치(p)는?

① 5.8mm

② 9.4mm

③ 10.6mm

④ 17.0mm

26 표준 스퍼 기어의 허용 굽힘 응력이 90N/mm^2, 이 폭이 52mm, 모듈이 6π mm, 치형계수가 0.186/π라 할 때 기어에 작용하는 회전력은?

① 3,333N

② 4,332N

③ 5,223N

④ 6,222N

27 다음 중 증기터빈, 송풍기, 고속기계 등에 사용하는 속도계수공식은?

① $\dfrac{3.05}{3.05 + v}$

② $\dfrac{6.1}{6.1 + v}$

③ $\dfrac{5.55}{5.55 + \sqrt{v}}$

④ $\dfrac{0.75}{1 + v} + 0.25$

Answer

25 기초원 지름(D_g)$= D \cdot \cos\alpha = m \cdot Z \cdot \cos\alpha = \dfrac{p}{\pi} Z\cos\alpha$

위 공식을 원주 피치(p)로 변형시키면

원주 피치(p)$= \dfrac{\pi D_g}{Z\cos\alpha} = \dfrac{\pi \times 210}{64 \times \cos 14.5°} = 10.647 \fallingdotseq 10.6\text{mm}$

26 기어의 회전력

$P = \sigma_b \cdot bmy = 90 \times 52 \times 6\pi \times \dfrac{0.186}{\pi} = 5,222.8\text{N}$

27 ① 크레인, 윈치 등에 사용

② 전동기, 일반기계에 사용

④ 전동기용 소형기어, 경하중용 소형기어

답 — 25.③ 26.③ 27.③

28 그림과 같은 기어 열에서 A의 기어가 750rpm으로 회전하면 B 기어의 회전수는 얼마인가?
(단, $Z_A = 37$, $Z_B = 54$, $Z_C = 29$, $Z_D = 21$)

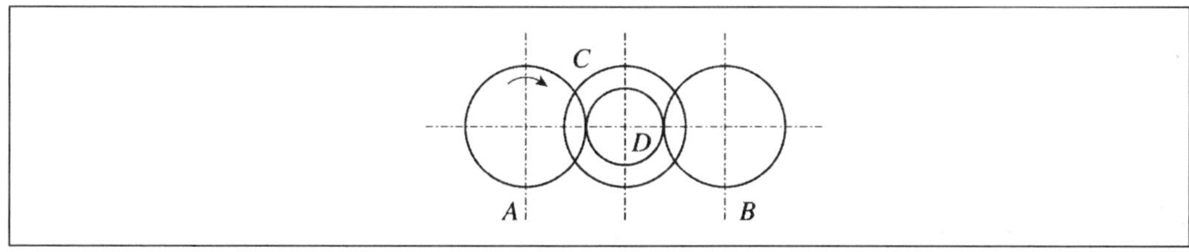

① 370rpm

② 372rpm

③ 374rpm

④ 376rpm

29 기어의 속도비가 불합리한 관계로 원활한 회전을 하기 위해 전위 기어를 사용한다. 다음 중 전위 기어의 사용목적으로 옳지 않은 것은?

① 언더컷을 방지하기 위해서 사용한다.

② 중심거리가 변할 경우 축간거리를 조정하기 위해 사용한다.

③ 베어링의 압력증가를 위하여 사용한다.

④ 이의 강도를 개선하기 위하여 사용한다.

Answer

28 $\dfrac{N_B}{N_A} = \dfrac{Z_A \cdot Z_D}{Z_C \cdot Z_B} = \dfrac{37 \times 21}{29 \times 54} = 0.496$

$\therefore N_B = 0.496 \times N_A = 0.496 \times 750 = 372\text{rpm}$

29 전위 기어

㉠ 장점
- 축간 거리를 조정하고자 할 때 사용한다.
- 유효 단면적을 증가시키기 위하여 사용한다.
- 이뿌리를 강하게 하기 위하여 사용한다.
- 물림률을 증가시키기 위하여 사용한다(미끄럼 감소).
- 언더컷을 방지하기 위하여 사용한다.

㉡ 단점
- 압력각이 증가하여 베어링에 작용하는 하중이 증가한다.
- 교환성이 없다.

답 28.② 29.③

30 스퍼 기어의 잇수(Z)가 17일 때 언더컷 방지를 위한 이끝 높이(a)는? (단, 압력각(α)$=14.5°$, 모듈(m)$=2$)

① 1.1mm

② 2.1mm

③ 3.2mm

④ 3.8mm

31 기어 열에서 속도비를 구하는 식으로 옳은 것은?

① 치차 열의 속도비$=\dfrac{\text{원동차의 잇수의 곱}}{\text{피동차의 잇수의 곱}}$

② 치차 열의 속도비$=\dfrac{\text{원동차의 잇수의 합}}{\text{피동차의 잇수의 곱}}$

③ 치차 열의 속도비$=\dfrac{\text{원동차의 잇수의 곱}}{\text{피동차의 잇수의 합}}$

④ 치차 열의 속도비$=\dfrac{\text{피동차의 잇수의 곱}}{\text{원동차의 잇수의 곱}}$

32 A기어의 잇수(Z_1)$=30$, B기어의 잇수(Z_2)$=60$인 기어가 서로 맞물려 외접하고 있다. 이 기어의 중심거리는? (단, 모듈(m)$=3$)

① 90mm

② 113mm

③ 135mm

④ 153mm

Answer

30 이끝 높이(a)$=\dfrac{m \cdot Z_g}{2} \cdot \sin^2\alpha = \dfrac{2 \cdot 17}{2}\sin^2 14.5° = 1.065 ≒ 1.1\text{mm}$

31 치차 열의 속도비$=\dfrac{\text{원동차의 잇수의 곱}}{\text{피동차의 잇수의 곱}}$

32 중심거리(C)$=\dfrac{m(Z_1+Z_2)}{2} = \dfrac{3 \cdot (30+60)}{2} = 135\text{mm}$

답— 30.① 31.① 32.③

33 래크형 공구를 사용하여 압력각(α) = 20˚, 잇수(Z) = 14, 모듈(m) = 12인 기어를 제작하려 할 때 전위량은?

   ① 1.6mm   ② 1.06mm

   ③ 1.7mm   ④ 1.2mm

34 회전력 = 3,600N, 모듈(m) = 18, 치형계수(y) = 0.095, 허용 굽힘 응력(σ_b) = 80N/mm²인 스퍼 기어의 이의 너비는?

   ① 13mm   ② 26mm

   ③ 39mm   ④ 41mm

35 표준치차에 대한 설명 중 옳지 않은 것은?

   ① 압력각(α)은 14.5˚와 20˚가 사용한다.

   ② 표준치차의 이끝 틈새(C_k)는 0.25m 이상으로 한다.

   ③ 간섭이나 언더컷을 방지할 수 있는 장점이 있다.

   ④ 래크의 기준 피치선과 기어의 기준 피치원이 피치점에서 서로 구름 운동을 하게 되면 이의 두께가 원주 피치의 1/2이 되는 기어를 말한다.

Answer

33 전위량(xm) = 전위계수(x) × 모듈(m)

전위계수(x) $= 1 - \dfrac{Z}{2}sin^2\alpha = 1 - \dfrac{14}{2}sin^2 20° = 0.02$

x의 값은 압력각에 따라

$\alpha = 14.5° \rightarrow x \geqq 1 - \dfrac{z}{32}$

$\alpha = 20° \rightarrow x \geqq 1 - \dfrac{z}{17}$

$\alpha = 27° \rightarrow x \geqq 1 - \dfrac{z}{10}$

전위량(xm) $= x \cdot m = 12 \times 0.02 = 1.6mm$

34 회전력(P) $= \sigma_b \cdot bmy$을 너비(b)에 대해서 정리하면

너비(b) $= \dfrac{P}{\sigma_b my} = \dfrac{3,600}{80 \times 18 \times 0.095} = 26.3 \fallingdotseq 26mm$

35 ③ 전위치차에 대한 설명이다.

답— 33.①   34.②   35.③

36 기어 설계시 이의 너비를 크게 할 경우 나타나는 현상으로 옳지 않은 것은?

① 기어의 회전이 원활하고 물림률이 향상된다.

② 이의 크기를 크게 할 수 있다.

③ 잇면의 고른 접촉이 어려우며, 잇면 일부만 닿는 상태가 된다.

④ 기어의 정확한 가공이 어려워진다.

Answer

36 ② 기어 설계시 이의 너비를 크게 하면 이의 크기를 작게 할 수 있다.

답 — 36.②

Chapter 03

헬리컬 기어, 베벨 기어, 웜 기어

1 다음과 같은 특징을 갖는 기어는?

> ㉠ 큰 감속비를 얻는다.
> ㉡ 스러스트 하중이 발생한다.
> ㉢ 나사 기어의 일종으로 속도비는 $\frac{1}{10} \sim \frac{1}{100}$ 정도이다.

① 웜과 웜 기어   ② 베벨 기어

③ 헬리컬 기어   ④ 내접 기어

2 비틀림각 β, 치직각 모듈 m_n, 축직각 모듈 m_s, 기어의 잇수 Z_1, Z_2라 할 때 헬리컬 기어의 중심거리 C는?

① $\dfrac{m_n \cdot (Z_1 + Z_2)}{2}$ ② $\dfrac{m_s \cdot (Z_1 + Z_2)}{2\cos\beta}$

③ $\dfrac{m_s \cdot (Z_1 + Z_2)}{\cos\beta}$ ④ $\dfrac{m_n \cdot (Z_1 + Z_2)}{2\cos\beta}$

Answer

1 ② 두 축의 축선이 평행하지 않고 한 점에서 만나며, 원추 마찰차의 원추면에 이를 깎아 만든 원추형 기어로 교차되는 두 축 사이에 힘을 전달한다.
③ 이의 끝에 헬리컬 선을 가지는 원통 기어로 평행한 두 축 사이에 회전력을 전달한다.
④ 원통 또는 원추의 안쪽에 이를 형성하고 있는 기어를 말한다.

2 헬리컬 기어의 중심거리

$$C = \frac{D_{s1} + D_{s2}}{2} = \frac{Z_{s1} + Z_{s2}}{2} \cdot m_s = \frac{Z_{s1} + Z_{s2}}{2 \cdot \cos\beta} \cdot m_n$$

답 — 1.① 2.④

3 다음 중 웜 기어의 특징이 아닌 것은?

① 감속비를 크게 할 수 있다.　　② 전동시 소음이 적다.

③ 부하용량이 크다.　　④ 비교적 효율이 높은 편이다.

4 다음 중 헬리컬 기어의 특징에 대한 설명으로 옳지 않은 것은?

① 축 방향에 추력이 발생한다.

② 운전이 정숙, 원활하고 소음과 진동이 적다.

③ 물림길이가 길고 물림률이 커서 물림상태가 우수하다.

④ 큰 속도비를 얻을 수 있어 잇수가 작은 기어에는 사용할 수 없다.

Answer

3　웜 기어의 장·단점

　㉠ 장점

　　• 작은 용적으로 큰 감속비를 얻는다(1 : 8 ~ 1 : 40).

　　• 운전이 원활하다.

　　• 부하용량이 크고, 역전방지를 할 수 있다.

　　• 소음과 진동이 비교적 적다.

　㉡ 단점

　　• 잇면의 미끄럼이 크다.

　　• 진입각이 작으면 접촉면의 마찰이 커지므로 전동효율이 낮다.

　　• 웜 휠의 공작이 어려워 특수공구가 필요하다.

　　• 연삭가공이 어렵다.

　　• 웜 휠의 정밀측정이 곤란하고 가격이 비싸다.

　　• 웜과 웜 휠에 스러스트 하중이 발생한다.

4　헬리컬 기어의 특징

　㉠ 물림이 잇면을 따라 연속하고 있으므로 물림길이가 길고 이의 강도에 유리하다.

　㉡ 잇수가 작은 기어에 사용할 수 있으므로 큰 속도비를 얻을 수 있다.

　㉢ 스퍼 기어는 이가 물리기 시작하면 이 너비 전체에 선접촉을 하고 이의 접촉이 끝날 때는 선접촉이 깨지
　　므로, 이로 인해 전탄성이 갑자기 변하여 소음과 진동의 발생 원인이 되지만 헬리컬 기어는 그렇지 않다.

　㉣ 속도비는 $\dfrac{1}{10} \sim \dfrac{1}{15}$ 이상까지 가능하다.

　㉤ 스퍼 기어보다 효율이 좋고 98 ~ 99%까지 가능하다.

　㉥ 큰 동력과 고속 동력전달시 스러스트가 서로 상쇄되는 더블 헬리컬 기어를 사용한다.

답 3.④　4.④

5 큰 감속비를 받기에 적합한 것은?

① 웜 기어　　　　　　　　　② 피니언과 랙

③ 스퍼 기어　　　　　　　　④ 마이터 기어

6 감속장치로 많이 쓰이는 유성 기어의 구성요소가 아닌 것은?

① Sun Gear

② Rack Gear

③ Ring Gear

④ Carrier

7 표준 기어와 비교하여 전위 기어의 장점에 대한 설명으로 옳지 않은 것은?

① 두 기어의 중심거리를 자유롭게 변화시킬 수 있다.

② 표준 기어로는 언더컷을 피할 수 없을 때 전위 기어로 설계하면 가능하다.

③ 기어의 가공과정의 오차를 줄일 수 있다.

④ 이의 강도를 개선시킬 수 있다.

Answer

5 웜 기어의 장점
　㉠ 작은 용적으로 큰 감속비를 얻는다(1 : 8 ~ 1 : 40).
　㉡ 운전이 원활하다.
　㉢ 부하용량이 크고, 역전방지를 할 수 있다.
　㉣ 소음과 진동이 비교적 적다.

6 유성 기어의 구성 … 선 기어, 링 기어, 피니언 기어, 캐리어

7 전위 기어(전위치차)
　㉠ 언더컷을 방지하기 위해 전위치형을 사용한다.
　㉡ 전위치차를 사용함으로써 압력각을 크게 할 수 있다.
　㉢ 이끝원 지름과 이 높이가 변화하여 기어의 물림률이 향상된다.
　㉣ 이 두께가 증가하여 이뿌리의 강도가 증가한다.
　㉤ 간섭이나 언더컷을 방지할 수 있지만 호환성이 없고 베어링 압력이 커진다.
　㉥ 두 기어의 중심거리를 자유롭게 조절할 수 있다.

答— 5.① 6.② 7.③

8 다음 중 두 축이 교차하지도 나란하지도 않는 경우에 사용되는 기어는?

① 헬리컬 기어   ② 베벨 기어

③ 웜 기어   ④ 베벨 헬리컬 기어

9 다음 베벨 기어의 종류 중 그 분류가 다른 하나는?

① 마이터 기어   ② 크라운 베벨 기어

③ 헬리컬 베벨 기어   ④ 예각 베벨 기어

10 비틀림 각이 50°인 헬리컬 기어에서 축직각 모듈이 10이라면 치직각 모듈은 얼마인가?

① 1   ② 6

③ 11   ④ 16

11 헬리컬 기어의 절삭에 대한 설명으로 옳지 않은 것은?

① 헬리컬 기어의 치형 중 축직각 방식은 피니언 커터를 사용하여 절삭한다.

② 치직각 방식의 헬리컬 기어의 절삭은 래크 커터를 주로 사용한다.

③ 헬리컬 기어 절삭에 사용되는 공구는 잇줄 방향으로 절삭운동을 한다.

④ 절삭공구의 모듈과 압력각은 치직각 모듈, 치직각 압력각보다 커야 한다.

Answer

8 두 축이 평행하지도 않고 만나지도 않는 기어 … 스큐 기어, 나사 기어, 하이포이드 기어, 페이스 기어, 웜 기어, 장고형 웜 기어

9 ③ 모양에 따른 분류   ①②④ 교각에 따른 분류

10 축직각과 치직각의 관계

$$m_n = \frac{p_n}{\pi} = \frac{p_s \cdot \cos\beta}{\pi} = m_s \cdot \cos\beta = 10 \times \cos 50° = 6.43$$

11 헬리컬 기어의 절삭시 사용되는 공구의 모듈과 압력각은 치직각 모듈·압력각과 동일해야 한다.

답 — 8.③ 9.③ 10.② 11.④

12 웜 기어의 나사 줄수가 5이고 잇수가 40개이면 속도비는 얼마인가?

① 1 : 8

② 1 : 20

③ 1 : 30

④ 1 : 40

13 헬리컬 기어의 치형 방식에 대한 설명 중 옳지 않은 것은?

① 기어의 축에 직각인 단면의 치형을 축직각 치형이라 한다.

② 이와 직각인 단면의 치형을 치직각 치형이라 한다.

③ 일반적으로 축직각 치형이 많이 사용되며, 치형의 잇수는 스퍼 기어와 같다.

④ 축직각 치형은 치직각 치형에 비해 압력각, 모듈, 피치 등이 크다.

14 헬리컬 기어의 치직각 모듈(m_n) = 7, 잇수(Z) = 64, 비틀림각(β) = 30°일 때 이 기어의 피치원 지름은?

① 345mm

② 413mm

③ 517mm

④ 775mm

15 웜 기어의 사용목적 중 가장 중요한 것은?

① 고속회전을 하기 위해서

② 큰 감속비를 얻기 위해

③ 고부하에 사용하기 위해

④ 직선운동을 얻기 위해

Answer

12 웜 기어의 속도비

$$i = \frac{\text{웜 나사의 줄수}}{\text{웜 기어 잇수}} = \frac{5}{40} = \frac{1}{8}$$

13 ③ 일반적으로 헬리컬 기어의 치형으로는 치직각이 사용되며, 축직각 방식은 치형의 잇수는 스퍼 기어와 동일하나, 이의 절삭시 정밀 기계의 사용을 필요로 하는 단점이 있다.

14 피치원 지름(D_s) = $m_s \cdot Z_s = \dfrac{m_n \cdot Z_s}{\cos\beta} = \dfrac{7 \times 64}{\cos 30°} = 517.30 ≒ 517\text{mm}$

15 웜 기어를 사용하는 가장 중요한 목적은 큰 감속비를 얻기 위해서이다.

답 — 12.① 13.③ 14.③ 15.②

16 헬리컬 기어의 잇수가 각각 60, 180, 치직각 모듈이 5일 때 비틀림각(β)을 20°라 하면 중심거리는?

① 369mm

② 693mm

③ 639mm

④ 963mm

17 치직각 모듈(m_n) = 5, 잇수(Z) = 50, 비틀림각(β) = 30°인 헬리컬 기어의 이끝원 지름은?

① 199mm

② 299mm

③ 389mm

④ 431mm

18 다음은 헬리컬 기어와 웜 기어의 설명이다. 헬리컬 기어가 웜 기어에 비해 우수한 점이 아닌 것은?

① 전동효율이 높고 큰 동력전달이 가능하다.

② 운전이 원활하고 소음과 진동의 발생이 적다.

③ 축 방향으로 스러스트 하중이 생긴다.

④ 물림길이가 길고 물림률이 커서 물림상태가 우수하다.

Answer

16 중심거리$(C) = \dfrac{D_{s1} + D_{s2}}{2} = \dfrac{Z_{s1} + Z_{s2}}{2} \cdot m_s = \dfrac{Z_{s1} + Z_{s2}}{2 \cdot \cos\beta} \cdot m_n$

$= \dfrac{(60 + 180)}{2 \cdot \cos 20°} \cdot 5 = 638.50 ≒ 639\text{mm}$

17 이끝원 지름$(D_0) = D_s + 2m_n = \left(\dfrac{Z_s}{\cos\beta} + 2\right) \cdot m_n = \left(\dfrac{50}{\cos 30°} + 2\right) \cdot 5 = 298.67 ≒ 299\text{mm}$

18 ③ 헬리컬 기어는 축 방향으로 스러스트 하중이 발생하기 때문에 이를 상쇄하기 위해서는 더블 헬리컬 기어를 사용한다.

답 — 16.③ 17.② 18.③

19 잇줄에 직각인 접촉 하중$(P_n) = 2{,}000$N, 비틀림각 $30°$인 헬리컬 기어의 스러스트 하중은?

① 500N ② 1,000N

③ 1,500N ④ 2,000N

20 헬리컬 기어의 상당 스퍼 기어 피치원 지름이 400mm, 치직각 모듈이 8일 때 스퍼 기어의 잇수는?

① 25 ② 50

③ 65 ④ 95

21 헬리컬 기어의 장점에 대한 설명으로 옳은 것은?

① 운전시 소음이 적고 고속 · 큰 전력전달에 적합하다.

② 국부 접촉으로 인한 잇면의 압력이 증가한다.

③ 축 방향 스러스트가 발생한다.

④ 스퍼 기어에 비해 제작 및 검사가 어렵다.

Answer

19 피치원의 절선방향 분력$(P) = P_n \cdot \cos\beta$ ······ ㉠

스러스트 하중$(P_t) = P \cdot \tan\beta$ ···················· ㉡

㉠식에 각각의 수를 대입하면

$P = 2{,}000 \times \cos 30° = 1{,}732$N

P의 값을 ㉡식에 대입하면

$P_t = 1{,}732 \times \tan 30° = 999.9 ≒ 1{,}000$N

20 상당 스퍼 기어 잇수$(Z_e) = \dfrac{D_e}{m_n} = \dfrac{400}{8} = 50$

21 헬리컬 기어의 장점

㉠ 운전시 소음이 적고, 고속 · 큰 전력전달에 적합하다.

㉡ 물림률이 높아 물림 상태가 양호하다.

㉢ 높은 회전비를 얻을 수 있다.

㉣ 99%의 높은 전동효율을 얻을 수 있다.

답— 19.② 20.② 21.①

22 베벨 기어의 장점이 아닌 것은?

① 이의 접촉면이 크기 때문에 기어를 작게 만들 수 있다.
② 소음과 진동의 발생이 적다.
③ 헬리컬 기어에 비해 운전이 원활하다.
④ 전달동력이 크고 저속운전에 적당하다.

23 잇수가 각각 40, 120이고 축직각 모듈(m_s) = 5인 헬리컬 기어의 중심거리는?

① 200mm

② 300mm

③ 400mm

④ 500mm

24 치직각 모듈이 6인 헬리컬 기어의 전체 이 높이는? (단, 압력각 = 20°)

① 13.5mm

② 9mm

③ 20.1mm

④ 19.4mm

Answer

22 베벨 기어의 특성
㉠ 헬리컬 기어에 비하여 운전이 원활하다.
㉡ 소음과 진동의 발생이 적다.
㉢ 1 : 8의 속도비에서도 효율이 좋다.
㉣ 이의 접촉면이 크므로 기어를 작게 할 수 있다.
㉤ 전달동력이 크고 고속운전에 적당하다.

23 중심거리$(C) = \dfrac{Z_1 + Z_2}{2} \cdot 5 = \dfrac{40 + 120}{2} \cdot 5 = 400\text{mm}$

24 전체 이높이$(h) = (2 + 0.25) \cdot m_n$ (∵ 압력각이 20°이므로)
$= (2 + 0.25) \times 6 = 13.5\text{mm}$

답 — 22.④ 23.③ 24.①

25 다음 중 웜 기어의 효율을 높이기 위한 방법은?

① 웜의 줄수를 적게 한다.　　② 지름을 크게 한다.

③ 비틀림각을 크게 한다.　　④ 마찰계수를 크게 한다.

26 스파이럴 베벨 기어에 대한 설명으로 옳지 않은 것은?

① 이를 곡선에 따라 절삭한 기어이다.

② 직선 베벨 기어보다 운전이 원활하다.

③ 전달하는 힘이 크고, 고속 회전에 적합하다.

④ 진동과 소음이 큰 단점이 있다.

27 피치의 원주 속도$(v)=8\text{m/s}$, 마력$(H)=20\text{PS}$를 전달하는 헬리컬 기어에서 비틀림각$(\beta)=15°$일 때 축방향으로 작용하는 힘은?

① 100N　　② 250N

③ 500N　　④ 750N

 **Answer**

25 효율$(\eta)=\dfrac{T'}{T}=\dfrac{\tan\beta}{\tan(\beta+\rho')}$

※ 웜 기어의 효율을 높이는 방법
　㉠ 비틀림각을 크게 한다.
　㉡ 마찰계수를 작게 한다.
　㉢ 지름을 작게 한다.

26 ④ 스파이럴 베벨 기어는 직선 베벨 기어보다 진동과 소음이 적다.

27 절선방향 분변력$(P)=\dfrac{750H}{v}$　(단, 1PS＝75kgf·m/s＝750N·m/s)

$$=750\times\frac{20}{8}=1,875\text{N}$$

스러스트 하중$(P_t)=P\times\tan\beta=1,875\times\tan15°=502.4≒500\text{N}$

답— 25.③　26.④　27.③

28 베벨 기어에서 피치 원추의 외단부까지의 모선의 길이를 원추 거리라고 한다. 이 원추 거리를 바르게 나타낸 식은? (단, D : 피치원의 지름, δ : 피치 원추각)

① $L = \dfrac{2 \cdot \sin\delta}{D}$

② $L = \dfrac{D}{\sin\delta}$

③ $L = \dfrac{2 \cdot D}{\sin\delta}$

④ $L = \dfrac{D}{2 \cdot \sin\delta}$

29 웜 설계의 종류에 대한 설명으로 옳지 않은 것은?

① 1형 – 축 평면 위의 치형이 사다리꼴

② 2형 – 이홈 직각 평면 위의 치형이 사다리꼴

③ 3형 – 공구축 평면 위의 치형이 사다리꼴

④ 4형 – 축 직각 평면 위의 치형이 사다리꼴

30 헬리컬 기어에서 비틀림각이 커지게 되면 어떤 효과가 있는가?

① 베어링에 작용하는 하중이 작아진다.

② 스러스트 하중이 작아진다.

③ 물림률이 좋아진다.

④ 잇줄의 길이가 짧아진다.

Answer

28 원추 거리 … 피치 원추의 외단부까지의 모선의 길이를 의미한다.

$$L = \frac{D_1}{2 \cdot \sin\delta_1} = \frac{D_2}{2 \cdot \sin\delta_2}$$

29 ④ 4형은 축 직각 평면 위의 치형이 인벌루트 곡선이다.

30 헬리컬 기어의 비틀림각이 증가하면 기어의 물림률이 향상된다.

답 — 28.④ 29.④ 30.③

31 자동차, 전차 등에 사용되는 베벨 기어의 사용기계 계수는?

① 0.5　　　　　　　　　　② 0.75

③ 1.0　　　　　　　　　　④ 2.0

32 다음 중 교차하는 2축 사이의 각은?

① 이끝각　　　　　　　　② 이뿌리각

③ 축각　　　　　　　　　④ 뒷면 원추각

33 치직각 모듈$(m_n)=6$, 축직각 모듈$(m_s)=7$, 잇수$(Z)=38$인 헬리컬 기어의 이끝원 지름은?

① 185mm　　　　　　　　② 204mm

③ 278mm　　　　　　　　④ 286mm

Answer

31 사용기계 계수(f_s)

㉠ 0.5~0.65 : 분쇄기, 모터 직결구동 공작기계, 왕복펌프, 압연기
㉡ 0.75 : 휴대용 전기공구, 컨베이어, 광산기계, 공기 압축기
㉢ 1.0 : 항공기, 송풍기, 기중기, 벨트 구동기계, 원심 분리기
㉣ 2.0 : 전차, 자동차

32 ① 베벨 기어에 이끝 원추의 모선과 피치 원추 모선이 이루는 각
② 베벨 기어에 이뿌리 원추 모선과 피치 원추 모선이 이루는 각
④ 뒷면 원추정각의 1/2인 각

33 피치원 지름$(D_s)=m_s \cdot Z_s = \dfrac{m_n \cdot Z_s}{\cos\beta} = 7 \times 38 = 266\text{mm}$

이끝원 지름$(D_0)=D_s + 2m_n = \left(\dfrac{Z_s}{\cos\beta}+2\right) \cdot m_n = 266+(2\times6)=278\text{mm}$

답 — 31.④　32.③　33.③

브레이크, 스프링, 관

Chapter 01

브레이크

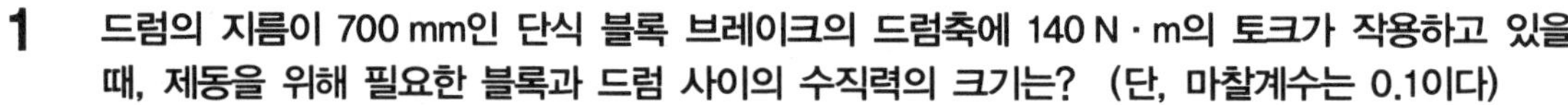

1 드럼의 지름이 700 mm인 단식 블록 브레이크의 드럼축에 140 N · m의 토크가 작용하고 있을 때, 제동을 위해 필요한 블록과 드럼 사이의 수직력의 크기는? (단, 마찰계수는 0.10이다)

① 1kN

② 2kN

③ 3kN

④ 4kN

2 브레이크 드럼의 지름이 200mm, 브레이크에 작용하는 반경방향 수직력이 100N일 때 브레이크 드럼에 작용하는 제동토크는? (단, 마찰계수 $\mu = 0.3$)

① 2,000N · mm

② 3,000N · mm

③ 4,500N · mm

④ 6,000N · mm

Answer

1 제동토크$(T) = \dfrac{\mu WD}{2}$

μ : 드럼과 블록 사이의 마찰계수
W : 드럼과 블록 사이의 수직력
D : 드럼의 지름

$140 = \dfrac{0.1 \cdot W \cdot 700}{2} = 35W$

$\therefore W = 4$

2 제동토크 $T = \mu Q \cdot \dfrac{D}{2} = 0.3 \times 100 \times \dfrac{200}{2} = 3,000\,\text{N} \cdot \text{mm}$

답—1.④ 2.③

3 다음 중 브레이크 용량을 구하는 식으로 옳은 것은? (단, μ : 마찰계수, p : 브레이크 접촉 압력, v : 브레이크 드럼의 속도)

① $\mu \times p \times v$

② $2\,(\mu \times p \times v)$

③ $\dfrac{\mu \times p \times v}{2}$

④ $(\mu \times p \times v)^2$

⑤ $\mu + p + v$

4 다음 중 자동 하중 브레이크가 아닌 것은?

① 래칫 휠 브레이크

② 웜 브레이크

③ 나사 브레이크

④ 캠 브레이크

⑤ 원심 브레이크

5 다음 중 축 방향 하중을 받는 브레이크는?

① 밴드 브레이크

② 안쪽 확장식 브레이크

③ 원판 브레이크

④ 블록 브레이크

6 브레이 드럼의 지름이 400mm인 블록 브레이크에서 제동력이 200N이면 제동토크는 몇 N · mm 인가?

① $30,000$N · mm

② $40,000$N · mm

③ $50,000$N · mm

④ $60,000$N · mm

Answer

3 브레이크 용량 = 마찰계수 × 브레이크 압력 × 속도 = $\mu \cdot p \cdot v$

4 자동 하중 브레이크의 종류 ⋯ 웜 브레이크, 나사 브레이크, 캠 브레이크, 원심 브레이크, 로프 브레이크, 코일 브레이크, 전자기 브레이크

5 축 방향 하중을 받는 브레이크 ⋯ 원판 브레이크, 원뿔 브레이크

6 제동토크$(T) = P \times \dfrac{D}{2} = 200 \times \dfrac{400}{2} = 40,000$N · mm

답 — 3.① 4.① 5.③ 6.④

7 블록 브레이크의 접촉면에 400N이 작용하는 경우 브레이크 압력은? (단, 브레이크 블록의 투영면적 = 10mm^2)

① 10N/mm^2 ② 20N/mm^2

③ 30N/mm^2 ④ 40N/mm^2

8 브레이크 드럼의 지름 100mm에 100N의 회전력이 작용한다면 제동토크는 몇 N·mm인가? (단, 브레이크 블록과 드럼 사이의 마찰력 = 0.2)

① 1,000N·mm   ② 2,000N·mm

③ 3,000N·mm   ④ 4,000N·mm

9 긴장측 장력 2,000N, 밴드 폭 20mm인 밴드 브레이크에서 밴드의 두께는? (단, 밴드의 허용 인장 응력 = 50N/mm^2)

① 1mm   ② 2mm

③ 3mm   ④ 4mm

Answer

7 블록 브레이크의 압력

$$p = \frac{Q}{A} = \frac{Q}{d \cdot e} = \frac{400}{10} = 40\text{N/mm}^2$$

8 $T = \mu P \times \dfrac{D}{2} = 0.2 \times 100 \times \dfrac{100}{2} = 1,000\text{N} \cdot \text{mm}$

9 밴드 브레이크의 폭

$$t = \frac{T_1}{\sigma_t \cdot w} = \frac{2,000}{50 \times 20} = 2\text{mm}$$

답 — 7.④ 8.① 9.②

10 브레이크 드럼 450mm에 브레이크 블록을 미는 힘 2,000N이 작용하는 제동토크는 얼마인가? (단, 마찰계수＝0.2)

① 9kN/mm   ② 90kN/mm

③ 900kN/mm   ④ 9,000kN/mm

11 동력 전달장치는 에너지 저장요소, 에너지 변환요소, 에너지 발산요소로 나눌 수 있다. 다음 중 에너지 발산요소는?

① 회전 관성 모멘트   ② 축

③ 브레이크   ④ 스프링

12 래칫 휠의 작용 중 옳지 않은 것은?

① 역전방지   ② 조속작용

③ 분할작용   ④ 완충작용

13 브레이크의 구조 중 작동부분에 속하지 않는 것은?

① 드럼   ② 유압

③ 핸들   ④ 블록

Answer

10 제동토크

$$T = \mu Q \cdot R = 0.2 \times 2,000 \times \frac{450}{2}$$

$$= 90,000\text{N/mm} = 90\text{kN/mm}$$

11 브레이크 … 기계운동 부분의 에너지를 흡수하여 그 운동을 정지시키거나, 또는 운동속도를 조절하는 데 사용하는 기계요소이다.

12 래칫 휠의 작용 … 폴을 한 방향으로 회전시켜 역전을 방지하고 조속작용, 분할작용을 한다.

13 ② 브레이크의 조작부분에 속한다.

    ※ 브레이크의 구조
       ㉠ 작동부분 : 드럼, 블록, 핸들 등
       ㉡ 조작부분 : 증기압, 진공압, 공기압, 유압, 전기력, 전기 등

답— 10.② 11.③ 12.④ 13.②

14 브레이크에 대한 설명으로 옳지 않은 것은?

① 기계운동 부분의 속도를 제어한다.
② 차량, 윈치, 크레인 등의 안전운전을 목적으로 사용한다.
③ 고체의 마찰을 이용하여 열 에너지를 운동 에너지로 변환시킨다.
④ 운동을 정지시키는 데 사용한다.

15 단식 블록 브레이크에 대한 설명으로 옳지 않은 것은?

① 큰 제동력을 얻기 어렵다.
② 브레이크 드럼에 하나의 브레이크 블록을 갖는다.
③ 블록 브레이크는 회전장치의 제동에 사용한다.
④ 큰 회전력의 제동에 적합하다.

16 다음 중 운동속도의 조절을 목적으로 하는 브레이크는?

① 체인 브레이크 ② 차량용 브레이크
③ 크레인 브레이크 ④ 원뿔 브레이크

Answer

14 ③ 브레이크는 고체의 마찰을 이용하여 운동 에너지를 열 에너지로 변환시킨다.

15 블록 브레이크의 종류
　㉠ 단식 블록 브레이크
　　• 구조가 간단하다.
　　• 제동축에 휨 모멘트가 작동하기 때문에 큰 회전력 제동에는 사용하지 않는다.
　㉡ 복식 블록 브레이크 : 축에는 휨 모멘트가 작용하지 않아 큰 회전력 제동이 가능하다.

16 ① 자동 하중에 의해 작동하는 브레이크
　③ 정지를 목적으로 하는 브레이크
　④ 축 방향으로 작동하는 브레이크

답 — 14.③ 15.④ 16.②

17 블록의 길이가 80mm, 폭이 30mm인 블록 브레이크에 450N의 하중이 작용한다면 압력은 얼마인가?

① 0.002N/mm^2 ② 0.02N/mm^2

③ 0.2N/mm^2 ④ 2.0N/mm^2

18 내확 브레이크의 특성으로 옳지 않은 것은?

① 복식 블록 브레이크의 변형이다.

② 안쪽에 마찰면이 있으므로 먼지와 기름으로부터 보호된다.

③ 드럼의 바깥면에서 열의 발산이 용이하다.

④ 일반 기계용으로 많이 사용한다.

19 밴드 브레이크에서 긴장측 장력이 8,000N이고, 두께가 2mm이면 이때 밴드의 폭은 얼마인가? (단, 허용 굽힘 응력＝100N/mm²)

① 20mm ② 30mm

③ 40mm ④ 50mm

**Answer**

17 브레이크 압력

$$p = \frac{W}{bl} = \frac{450}{80 \times 30} = 0.2\text{N/mm}^2$$

18 ④ 내확 브레이크는 자동차용으로 많이 사용한다.

19 브레이크의 밴드 폭

$$b = \frac{W}{\sigma_b t} = \frac{8,000}{100 \times 2} = 40\text{mm}$$

답― 17.③ 18.④ 19.③

20 폴 브레이크의 외측 래칫 휠에 대한 설명으로 옳지 않은 것은?

① 래칫 휠의 바깥쪽에 이를 가진 것이다.

② 래칫 휠의 정방향은 회전을 허용하고 역전은 허용하지 않는다.

③ 소형화가 가능하다.

④ 폴은 하중에 충분히 견뎌야 하고 폴이 래칫 휠에 잘 걸려야 한다.

21 마찰계수$(\mu) = 0.4$, $e^{\mu\theta} = 3.8$, 밴드 허용 인장 응력$(\sigma_b) = 90\text{N/mm}^2$, 지름$(D) = 400\text{mm}$인 밴드 브레이크에 의해 180kN·cm의 브레이크 토크를 얻으려고 할 때 밴드 두께(t)를 3mm로 하면 너비는?

① 30.1mm

② 45.2mm

③ 49.3mm

④ 67.8mm

22 플라이 휠에 대한 설명으로 옳지 않은 것은?

① 브레이크와 같은 속도조절장치이다.

② 관성 모멘트를 이용하여 운동 에너지의 흡수, 저장, 방출을 조절한다.

③ 각속도의 변동이 생기지 않도록 정상운전을 유지시키는 역할을 한다.

④ 정전시에도 사용이 가능하다.

Answer

20 ③ 내측 래칫 휠에 대한 설명이다.

21 토크$(T) = P\dfrac{D}{2} = \mu Q\dfrac{D}{2}$

$$P = \frac{2T}{D} = \frac{2 \times 1,800,000}{400} = 9,000\text{N}$$

$$T_1 = \frac{e^{\mu\theta}}{e^{\mu\theta}-1}P = \frac{3.8}{3.8-1} \times 9,000 = 12,214.2\text{N}\cdot\text{mm}$$

$$w = \frac{T_1}{\sigma_a t} = \frac{12,214.2}{90 \times 3} = 45.2\text{mm}$$

22 ④ 전자기 브레이크에 대한 설명이다.

답 — 20.③ 21.② 22.④

23 다음 중 자동 하중 브레이크에 속하는 것은?

① 원판 브레이크
② 로프 브레이크
③ 밴드 브레이크
④ 블록 브레이크

24 단식 블록 브레이크에서 $a = 600mm$, $b = 60mm$, $c = 20mm$, $\mu = 0.4$, $F = 200N$일 때 브레이크 드럼의 좌·우 회전시 브레이크 힘의 차이는?

① 365N
② 454N
③ 543N
④ 810N

Answer

23 자동 하중 브레이크의 종류
- ㉠ 웜 브레이크 : 웜 기어 회전시 발생하는 스러스트를 이용한 것이다.
- ㉡ 나사 브레이크 : 웜 브레이크의 웜 대신 나사를 사용한 것이다.
- ㉢ 캠 브레이크 : 구동판을 시계방향으로 회전시키면 구동 날개도 같이 회전한다.
- ㉣ 원심력 브레이크 : 원통은 브레이크 축과 함께 고정되어 있고 핀에 브레이크 블록의 한 끝이 끼워져 있어 보스의 핀에 꽂혀 고정되어 있다.
- ㉤ 로프 브레이크 : 감김 드럼에 래칫 휠이 설치되어 드럼을 시계 반대 방향으로 회전시키며 하중을 걸어 올리게 된다.
- ㉥ 코일 브레이크 : 기어가 움직일 때 코일이 비틀어져 그 지름이 크게 되면 원통의 내면에 밀착되어 원통이 회전하게 된다.
- ㉦ 전자기 브레이크 : 마찰력을 발생시키는 작동부분과 힘을 주는 조작부분으로 구성되며 운동 에너지를 전기 에너지로 바꾼다.

24 레버조작력$(F) = \dfrac{Q}{a}(b - \mu c)$ 〈좌회전〉

$\qquad\qquad\quad = \dfrac{Q}{a}(b + \mu c)$ 〈우회전〉 $\Big]$ 이 두 식을 구하는 식으로 변형하면

드럼과 블록 사이의 압력$(Q) = \dfrac{Fa}{b - \mu c}$ 〈좌회전〉 ········ ㉠

$\qquad\qquad\qquad\qquad\quad = \dfrac{Fa}{b + \mu c}$ 〈우회전〉 ········ ㉡

㉠식을 계산하면 $\dfrac{200 \times 600}{(60 - 0.4 \cdot 20)} = 2,307.6 \fallingdotseq 2,308N$ 〈좌회전〉

㉡식을 계산하면 $\dfrac{200 \times 600}{(60 + 0.4 \cdot 20)} = 1,764.7 \fallingdotseq 1,765N$ 〈우회전〉

㉠식 − ㉡식 $Q_L - Q_R = 2,308 - 1,765 = 543N$

답 — 23.② 24.③

Chapter 02

스프링

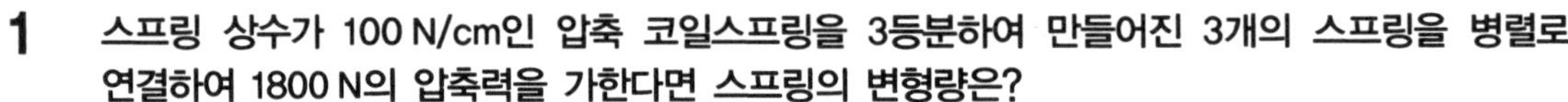

1 스프링 상수가 100 N/cm인 압축 코일스프링을 3등분하여 만들어진 3개의 스프링을 병렬로 연결하여 1800 N의 압축력을 가한다면 스프링의 변형량은?

① 2cm

② 3cm

③ 6cm

④ 1.8cm

2 비틀림 응력을 받는 스프링으로 자동차의 현가장치에 사용하는 스프링은?

① 토션바 스프링

② 겹판 스프링

③ 접시 스프링

④ 고무 스프링

Answer

1 코일스프링을 3등분하였으므로 코일의 감은수는 $\frac{1}{3}n$이 된다.

따라서 스프링 상수는 3배 증가한 300 N/cm

병렬접속이므로 스프링 상수 $K = K_1 + K_2 + K_3 = 900$

$K = \dfrac{W}{\delta}$에서 $\delta = \dfrac{W}{K} = \dfrac{1800}{900} = 2$

2 토션바 스프링

㉠ 특성

• 막대의 일단을 고정하여 하단을 비틀 때 발생하는 비틀림 응력을 받는 스프링이다.

• 경량이며 큰 에너지를 축적할 수 있다.

• 가공이 어렵고 비용이 고가이다.

㉡ 용도 : 자동차의 현가장치, 고속엔진의 밸브 스프링 등

답─ 1.① 2.①

3 다음과 같은 판스프링에 하중 P 가 작용할 때 처짐량은 1이다. 단면의 높이 h 가 두 배가 되었을 때 스프링 상수는 얼마가 되겠는가?

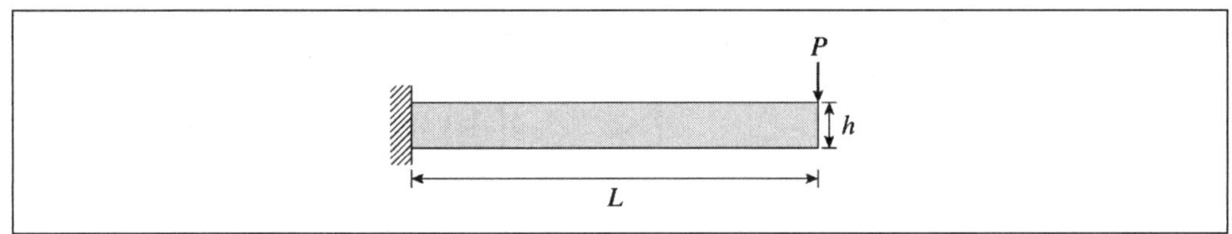

       ① $\dfrac{1}{8}P$　　　　　　　　　　　　② $8P$

1.   ③ $\dfrac{1}{2}P$　　　　　　　　　　　　④ $2P$

4 코일 스프링 소선의 평균 지름이 2배가 될 경우 처짐은 몇 배가 되는가?

       ① 4배　　　　　　　　　　　　② 2배

       ③ $\dfrac{1}{4}$ 배　　　　　　　　　　　④ $\dfrac{1}{16}$ 배

 **Answer**

3 처짐량 $\delta = \dfrac{4Pl^3}{Ebh^3} = 1$ 이므로 $4Pl^3 = Ebh^3$ 이다.

　　스프링 상수 $k = \dfrac{Ebh^3}{4l^3} = \dfrac{Eb(2h)^3}{4l^3} = \dfrac{8Ebh^3}{4l^3} = \dfrac{8 \cdot 4Pl^3}{4l^3} = 8P$

4 처짐(δ) $= \dfrac{8nPD^3}{Gd^4}$ 에서 소선의 지름 d 를 2배로 하면 $\dfrac{1}{2^4}$ 이 되므로 $\dfrac{1}{16}$ 이 된다.

답 — 3.② 4.④

5 다음 스프링의 연결에서 스프링의 처짐 δ는 몇 m인가? (단, $k_1 = k_2 = 49\text{N/m}$, $W = 980\text{N}$)

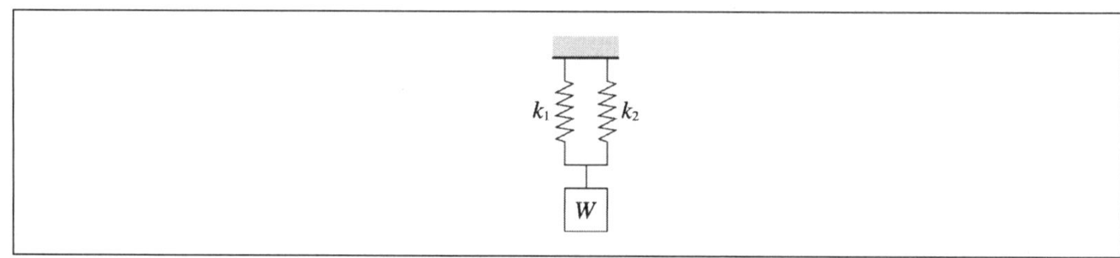

① 0.01

② 0.1

③ 1

④ 10

6 코일 스프링의 단위체적당 탄성 에너지 U는 얼마인가? (단, 스프링 상수 : k, 변형량 : δ)

① $U = \dfrac{1}{2}k\delta$

② $U = \dfrac{1}{2}k^2\delta$

③ $U = \dfrac{1}{2}k\delta^2$

④ $U = -k\delta$

Answer

5 스프링의 병렬연결

$k = k_1 + k_2 = 49 + 49 = 98\text{N/m}$

$\therefore \delta = \dfrac{W}{k} = \dfrac{980}{98} = 10\text{m}$

6 코일 스프링의 탄성 에너지 ⋯ 하중이 스프링에 대해 한 일은 스프링의 탄성 에너지로 저장되므로 오른쪽 그림의 색칠된 부분의 면적과 같다.

$U = \dfrac{1}{2} \cdot W \cdot \delta = \dfrac{1}{2} \cdot k \cdot \delta^2$

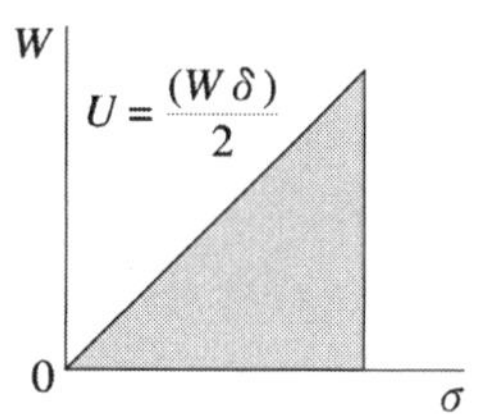

답— 5.④ 6.③

7 코일의 지름이 20mm, 소선의 지름이 4mm인 코일 스프링에 2,000N의 인장 하중이 작용하여 3mm의 처짐이 발생하였다면 가로 탄성계수 G는 얼마인가? (단, 스프링의 감김 수＝12)

① $2.0 \times 10^3 \text{N/mm}^2$　　　　　　② $2.0 \times 10^4 \text{N/mm}^2$

③ $2.0 \times 10^5 \text{N/mm}^2$　　　　　　④ $2.0 \times 10^6 \text{N/mm}^2$

8 직렬 연결된 스프링의 스프링 상수가 각각 50N/mm, 100N/mm일 때 두 스프링 상수의 합은 얼마인가?

① 1.5N/mm　　　　　　② 15N/mm

③ 3.33N/mm　　　　　　④ 33.3N/mm

9 스프링이 병렬 연결되고 각각의 스프링 상수는 30N/cm, 50N/cm이다. 하중 240N가 작용할 경우 처짐은?

① 3cm　　　　　　② 6cm

③ 45cm　　　　　　④ 90cm

Answer

7 코일의 처짐량

$$\delta = R \cdot \theta = R \cdot \frac{16 \cdot D^2 \cdot W \cdot n}{G \cdot d^4} = \frac{8 \cdot n \cdot D^3 \cdot W}{G \cdot d^4} \text{에서}$$

$$G = \frac{8 \cdot n \cdot D^3 \cdot W}{\delta \cdot d^4}$$

$$= \frac{8 \times 12 \times 20^3 \times 2,000}{3 \times 4^4}$$

$$= 2.0 \times 10^6 \text{N/mm}^2$$

8 스프링의 직렬연결

$$k = \frac{k_1 \cdot k_2}{k_1 + k_2} = \frac{50 \times 100}{50 + 100} = 33.3 \text{N/mm}$$

9 전체 스프링 계수(병렬 연결)

$$k = k_1 + k_2 = 30 + 50 = 80 \text{N/cm}$$

$$\therefore \delta = \frac{W}{k} = \frac{240}{80} = 3 \text{cm}$$

답— 7.④ 8.④ 9.①

10 스프링에 작용하는 진동수가 스프링의 고유 진동수와 같거나 공진하는 현상은?

① 스프링의 완화현상   ② 스프링의 서징현상
③ 스프링의 피로현상   ④ 스프링의 좌굴현상

11 스프링의 용도에 대한 설명으로 옳지 않은 것은?

① 진동, 충격 에너지를 흡수한다.
② 에너지를 흡수하여 동력원으로 사용할 수 있다.
③ 힘의 측정에 사용할 수 있다.
④ 기계운동의 속도제어에 사용할 수 있다.

12 다음 중 스프링의 재료에 따른 분류에 해당되지 않는 것은?

① 금속 스프링   ② 비금속 스프링
③ 원형 스프링   ④ 유체 스프링

13 스프링의 기능 중 동적 기능에 해당하지 않는 것은?

① 복원성   ② 진동완화
③ 하중조정   ④ 충격흡수

 **Answer**

10 서징(Surging)현상 … 스프링이 빠른 반복 하중을 받을 경우 반복속도가 스프링의 고유 진동수에 가까워진다. 이러한 경우 스프링은 공진을 일으켜 그 기능을 상실하게 되며, 큰 반복응력을 받아 피로 파괴에 이르게 된다. 이같은 현상을 서징(Surging)이라 한다.

11 ④ 브레이크(제동장치)에 대한 설명이다.

12 ①②④ 재료에 따른 분류
※ 스프링의 단면 형상에 따른 분류 … 원형 스프링, 정사각형 스프링, 직사각형 스프링, 사다리꼴 스프링, 타원형 스프링

13 ③ 정적 기능에 해당한다.

답— 10.② 11.④ 12.③ 13.③

14 다음 중 스프링의 특성으로 옳지 않은 것은?

① 스프링의 변형으로 인한 일을 탄성 에너지로 축적한다.

② 제작비용이 적게 든다.

③ 기능이 확실하다.

④ 경량이고 소형제작이 불가능하다.

15 강선의 지름(d) = 5mm, 평균코일의 지름(D) = 42mm, 유효 감김수(n) = 17, 가로 탄성계수 (G) = 7.0 × 10⁴(N/mm²), 하중(W) = 50N일 때 스프링 상수는?

① 2.94

② 4.34

③ 6.42

④ 3.24

16 스프링 계수가 100N/cm인 코일 스프링에 350N의 하중을 가하면 이때 처짐량은 얼마인가?

① 3.5cm

② 3.6cm

③ 3.7cm

④ 3.8cm

Answer

14 스프링의 특성
㉠ 스프링에 하중이 가해지면 하중이 가해진 만큼 변형이 생긴다.
㉡ 변형으로 인한 일을 탄성 에너지로 축적한다.
㉢ 제작비용이 적게 든다.
㉣ 기능이 확실하고 유효하다.
㉤ 경량이고 소형으로 제작이 가능하다.

15
$$스프링\ 상수(k) = \frac{W}{\delta} = \frac{G \cdot d^4}{8 \cdot D^3 \cdot n}$$

$$= \frac{G \cdot d}{8 \cdot n \cdot C^3} = \frac{G \cdot D}{8 \cdot n \cdot C^3} = \frac{G \cdot d^4}{64 \cdot n \cdot R^3}$$

$$= \frac{G \cdot d^4}{8 \cdot D^3 \cdot n} = \frac{7.0 \times 10^4 \times 5^4}{8 \times 17 \times 42^3} = 4.34$$

16
$$\delta = \frac{W}{k} = \frac{350}{100} = 3.5 \text{cm}$$

답 — 14.④ 15.② 16.①

17 강선의 지름(d) = 5mm, 코일지름(D) = 40mm, 하중(W) = 50N인 스프링의 소선에서 작용하는 전단 응력은?

① 14.8N/mm^2　　　　　　　　② 24N/mm^2

③ 48N/mm^2　　　　　　　　④ 62N/mm^2

18 코일의 평균지름을 D, 스프링의 자유높이를 H라 하면 이 둘의 비를 무엇이라 하는가?

① 스프링 계수　　　　　　　　② 스프링 지수

③ 처짐량　　　　　　　　　　④ 스프링의 종횡비

19 다음 중 고무 스프링의 장점에 대한 설명으로 옳지 않은 것은?

① 1개를 가지고 여러 축 방향의 스프링 작용을 동시에 할 수 있다.

② 방음 효과가 좋으며 소형이다.

③ 노화 현상이 없고 내유성이 우수하다.

④ 서징(surging)의 염려가 없고 높은 감쇠력을 얻을 수 있다.

**Answer**

17 스프링 지수$(C) = \dfrac{D}{d} = \dfrac{40}{5} = 8$

수정 계수$(K) = \dfrac{4C-1}{4C-4} + \dfrac{0.615}{C} = \dfrac{4\times8-1}{4\times8-4} + \dfrac{0.615}{8} = 1.18$

전단 응력$(\tau) = K\dfrac{8WD}{\pi d^3} = 1.18 \times \dfrac{8\times50\times40}{\pi\times5^3} = 48.0 \fallingdotseq 48\text{N/mm}^2$

18 스프링의 종횡비 ⋯ 압축 스프링의 자유높이 H와 평균지름 D의 비로 $\dfrac{H}{D}$를 종횡비라 하며, 압축 스프링은 압축에 의해 스프링이 휘어질 염려가 있으므로 $0.8 \sim 4$ 정도를 취한다.

19 ③ 고무 스프링의 단점에 대한 설명이다.

　※ 고무 스프링의 단점

　　㉠ 노화 현상이 나타난다.

　　㉡ 인장력이 약하다.

　　㉢ O3 접촉시 변질된다.

답 — 17.③　18.④　19.③

20 하중(W)이 40N이고, 강선지름(d) = 6mm, 평균지름(D) = 42mm, 유효 감김수(n) = 17, 가로 탄성계수(G) = 7.0 × 10^4(N/mm^2)일 때 변형량은?

① 4.44mm
② 2.96mm
③ 5.92mm
④ 1.78mm

21 스프링 상수가 각각 30N/cm, 530N/cm, 730N/cm인 스프링이 세 개 있다. 직렬로 연결한다면 전체 스프링 상수는?

① 9.4N/cm
② 14.8N/cm
③ 11.4N/cm
④ 27.3N/cm

22 토션바 스프링의 특징에 대한 설명으로 옳지 않은 것은?

① 협소한 곳에 설치가 가능하다.
② 큰 에너지를 저축할 수 있다.
③ 제작 비용이 저렴하다.
④ 형상이 간단하며 경량이다.

 **Answer**

20 변형량(δ) $= \dfrac{W}{k}$ 에서 k는 스프링 상수이므로 우선 k를 구해야 한다.

스프링 상수(k) $= \dfrac{W}{\delta} = \dfrac{G \cdot d^4}{8 \cdot D^3 \cdot n} = \dfrac{7.0 \times 10^4 \times 6^4}{8 \times 42^3 \times 17} = 9$

변형량(δ) $= \dfrac{W}{k} = \dfrac{40}{9} = 4.44$mm

21 스프링의 직렬 연결

$$\frac{1}{k} = \frac{1}{k_1} + \frac{1}{k_2} + \frac{1}{k_3} = \frac{k_1 \cdot k_2 + k_2 \cdot k_3 + k_3 \cdot k_1}{k_1 \cdot k_2 \cdot k_3}$$

$$k = \frac{k_1 \cdot k_2 \cdot k_3}{k_1 \cdot k_2 + k_2 \cdot k_3 + k_3 \cdot k_1}$$

$$= \frac{30 \times 530 \times 730}{30 \times 530 + 530 \times 730 + 730 \times 30} = 27.3 \text{N/cm}$$

22 토션바 스프링은 재료를 정선해야 하는 단점이 있고 가공이 복잡하며 제작 비용이 비싸다.

답 — 20.① 21.④ 22.③

관

1 바깥지름 150mm, 두께 5mm, 길이 10m인 양 끝단이 구속된 강관의 온도를 20˚C에서 320˚C까지 상승시켰을 때 길이(축)방향으로 발생하는 응력의 크기는?　(단, 재료의 영의 계수(Young's modulus) E = 200GPa, 열팽창계수(선팽창계수)는 112×10^{-7} [1/˚C]이다)

① 692GPa

② 863MPa

③ 573GPa

④ 672MPa

2 고정되어 있지 않은 관에 온도변화가 있을 때의 신축량에 대한 설명으로 옳은 것은?

① 신축량은 관의 열팽창계수에 비례하고 길이와 온도변화에 반비례한다.

② 신축량은 관의 열팽창계수, 길이, 온도변화에 반비례한다.

③ 신축량은 관의 길이와 온도변화에 비례하고 열팽창계수에 반비례한다.

④ 신축량은 관의 열팽창계수, 길이, 온도변화에 비례한다.

 **Answer**

1 $\sigma = E\alpha(t_2 - t_1)$에서 $1\,GPa = 1000\,MPa$이므로

$= 200000 \times 112 \times 10^{-7} \times (320 - 20)$

$= 672\,MPa$

2 관의 신축량 λ를 구하는 식 $\lambda = \alpha \cdot (T - T_o) \cdot l$에서 신축량이 관의 길이($l$), 열팽창계수($\alpha$), 온도변화($T - T_o$)에 비례함을 알 수 있다.

답—1.④ 2.④

3 가격이 저렴하고 내식성이 풍부하여 수도, 가스, 배수 등의 매설용 관으로 사용되는 것은?

① 주철관   ② 강관

③ 황동관   ④ 알루미늄관

4 압력 용기의 설계에서 원주방향 응력과 길이방향 응력은 어떤 관계를 가지는가?

① 원주방향 응력은 길이방향 응력의 0.5배이다.

② 길이방향 응력은 원주방향 응력의 0.5배이다.

③ 길이방향 응력은 원주방향 응력의 2배이다.

④ 원주방향 응력은 길이방향 응력과 동일하다.

5 관 이음에서 열팽창을 고려하는 경우 어떤 것을 사용해야 하는가?

① 나사식 관 이음   ② 플랜지 관 이음

③ 플렉시블 관 이음   ④ 신축 이음

Answer

3 주철관

ㄱ 무겁고 약하다.

ㄴ 내식성이 좋다.

ㄷ 값이 저렴하다.

ㄹ 수도관, 배수관, 가스 수송관, 저압 증기관, 케이블 매설관 등으로 사용한다.

4 원주방향 응력과 길이방향 응력

ㄱ 원주방향으로 작용하는 응력 : $\sigma_t = \dfrac{D \cdot p}{200 \cdot t}$

ㄴ 길이방향으로 작용하는 응력 : $\sigma_t = \dfrac{D \cdot p}{4 \cdot t \times 100}$

5 신축 이음 ··· 관내에 고온의 증기가 흐를 경우 열팽창으로 인한 압축응력이 발생하는 곳의 신축량을 조절할 목적으로 사용한다.

답 ― 3.①   4.②   5.④

6 유량 $Q(\text{m}^3/\text{s})$, 평균유속 $v(\text{m/s})$일 때 관의 안지름 $D(\text{m})$를 구하는 식은?

① $D = 1{,}128 \cdot \sqrt{\dfrac{Q}{v}}$

② $D = 112.8 \cdot \sqrt{\dfrac{Q}{v}}$

③ $D = 11.3 \cdot \sqrt{\dfrac{Q}{v}}$

④ $D = 1.13 \cdot \sqrt{\dfrac{Q}{v}}$

7 관 내의 평균유속 2m/s, 유량은 $4\text{m}^3/\text{s}$로 흐르는 파이프의 단면적은 몇 mm^2인가?

① 1,000

② 2,000

③ 3,000

④ 4,000

8 양수량 $0.3\text{m}^3/\text{s}$, 압력 250N/cm^2, 평균유속 3m/s를 배출시키는 펌프의 배출관의 지름은 몇 mm인가?

① 75

② 357

③ 1,130

④ 1,955

**Answer**

6 관의 직경

$$Q = A \cdot v = \frac{\pi \cdot d^2}{4} \cdot v$$

$$= \frac{\pi \times (d \times 10^{-3})^2}{4} \cdot v$$

$$\therefore d = \sqrt{\frac{4 \times Q}{\pi \times 10^{-6} \times v}}$$

$$= 1{,}128.4 \cdot \sqrt{\frac{Q}{v}} \ (\text{m})$$

7 $Q = A \cdot v$ 에서 $A = \dfrac{Q}{v} = \dfrac{4}{2} = 2\text{m}^2 = 2{,}000\text{mm}^2$

8 관의 지름

$$D = 1{,}128 \cdot \sqrt{\frac{Q}{v}} = 1{,}128 \cdot \sqrt{\frac{0.3}{3}} = 356.7 \fallingdotseq 357\text{mm}$$

답— 6.① 7.② 8.②

9 냉간, 인발로 제작되며, 내식성, 굴곡성이 우수하고 전기와 열의 전달성이 좋아 열교환기, 급수관 등으로 사용되는 관은?

① 강관
② 황동관
③ 플렉시블관
④ 납관

10 어느 수력 원동기에서 안지름 1.8m, 평균유속 3m/s의 수도관을 2개 사용할 때 전체 유량은 몇 m^3/s인가?

① 15.3
② 30.6
③ 42.5
④ 61.2

11 파이프의 안지름이 1,000mm, 평균유속이 1m/s이면 유량(m^3/s)은 얼마인가?

① $\dfrac{\pi}{4}$
② $\dfrac{\pi}{4} \times 1,000$
③ $\dfrac{\pi}{4} \times 100$
④ $\dfrac{\pi}{4} \times 10$

 **Answer**

9 황동관
- ㉠ 냉간, 인발 등으로 만든다.
- ㉡ 이음이 없는 관이다.
- ㉢ 직경이 작은 것이 많고, 주로 열교환기에 사용한다.

10 $Q = A \cdot v = \dfrac{\pi d^2}{4} \times v = \dfrac{\pi \times 1.8^2}{4} \times 3 = 7.63 m^3/s$

$\therefore 7.63 \times 2 = 15.27 \fallingdotseq 15.3 m^3/s$

11 유량 계산

$Q = A \cdot v = \dfrac{\pi \times d^2}{4} \cdot v = \dfrac{\pi \times (1,000 \times 10^{-3})^2}{4} \times 1 = \dfrac{\pi}{4} m^3/s$

답 9.② 10.① 11.①

12 연관에 대한 설명으로 옳지 않은 것은?

① 압출 제관기이다.
② 내산성이 크고 잘 휜다.
③ 이음이 없는 관이다.
④ 기름 수송용, 전선 보호용, 신축 이음용으로 사용한다.

13 비금속관의 종류 중 합성수지관에 대한 설명으로 옳지 않은 것은?

① 염화비닐, 폴리에틸렌을 주원료로 한 고무 호스이다.
② 내산성, 내알칼리성, 내유성, 내식성이 강하다.
③ 굴곡이 자유롭고 운반 및 이동성을 필요로 하는 경우에 사용한다.
④ 전기 절연성, 착색성이 좋고 휨이 우수하다.

14 관의 설계시 고려해야 할 사항으로 옳지 않은 것은?

① 관 내 유속과 관 지름의 관계, 보온재료의 두께 등을 알아야 한다.
② 이음을 되도록 많이 설치한다.
③ 강도, 열응력, 열손실, 저항손실, 수력학적 진동, 부식 등을 고려해야 한다.
④ 부식에 대한 성질·조립·분해 등을 쉽게 할 수 있고, 위험발생시 비상장치 등을 고려해야
　한다.

 **Answer**

12 ④ 휨관에 대한 설명이다.
　※ **휨관** … 아연, 구리, 황동, 알루미늄 박판을 굽혀 나선형으로 조합시킨 관으로 열, 가스, 증기, 물, 기름 수
　　송용, 전선 보호용, 신축 이음용으로 사용한다.

13 ③ 고무관에 대한 설명이다.
　※ **고무관** … 고무, 인조고무, 강한 천에 고무를 결합시켜 제작하며 굴곡이 자유롭고 운반 및 이동성을 필요로
　　하는 경우에 사용한다.

14 ② 이음은 되도록 적게 설치하는 것이 좋다.

답― 12.④ 13.③ 14.②

15 다음 중 관 이음의 기능으로 옳지 않은 것은?

① 관로의 연장
③ 관 접속의 탈착

② 관로의 곡절
④ 진동의 완화

16 관의 안지름이 200mm인 관의 유량이 50m³/s일 때 평균 유속은?

① 1.06m/s
③ 1.59m/s

② 1.71m/s
④ 1.41m/s

17 강관에 400℃의 과열 증기가 통과한다. 이때 강관의 탄성계수가 $2.1 \times 10^5 \text{N/mm}^2$라면 강관에 발생하는 열응력은 얼마인가? (단, 상온의 온도 = 20℃, 열팽창계수 = 112×10^{-7})

① 750N/mm^2
③ 850N/mm^2

② 800N/mm^2
④ 890N/mm^2

 **Answer**

15 ④ 스프링의 기능에 대한 설명이다.
　※ 관 이음의 기능
　　㉠ 관로의 연장
　　㉡ 관의 상호운동
　　㉢ 관로의 곡절
　　㉣ 관 접속의 탈착

16 유량$(Q) = A \cdot V_m = \dfrac{\pi}{4} \cdot \left(\dfrac{D}{1,000}\right)^2 \cdot V_m = \dfrac{\pi \cdot D^2 \cdot V_m}{4,000,000}$를 V_m에 대해 정리하면

평균유속$(V_m) = \dfrac{4,000,000 \times Q}{\pi \times D^2} = \dfrac{4,000,000 \times 50 \times 10^{-3}}{\pi \times 200^2} = 1.59\text{m/s}$

17 $\sigma_r = \alpha \cdot (T - T_0) \cdot E = 112 \times 10^{-7} \times (400 - 20) \times 2.1 \times 10^5 = 893.76 ≒ 890\text{N/mm}^2$

답 — 15.④　16.③　17.④

18 플랜지식 관 이음에 대한 설명으로 옳지 않은 것은?

① 플랜지를 리벳이나 나사로 고정하여 만든 관이다.
② 관 이음의 재료는 가단주철, 청동, 주강 등이 사용된다.
③ 관의 지름이 작거나 내압이 작은 경우에 사용한다.
④ 누수방지를 위해 개스킷을 플랜지 사이에 끼워 사용한다.

19 관의 안지름(D)이 8m인 원통에 최고압력(p)이 200N/cm^{2}의 가스를 저장시키려 할 때 관의 이음효율(y) = 95%, 허용 인장 응력(σ) = 90N/mm^2, 부식에 대한 상수(C) = 1이라면 강판의 두께(t)는?

① 63mm
② 42mm
③ 84mm
④ 95mm

20 플랜지의 접합부에 사용하는 박판 모양의 패킹으로 관에서 누수를 방지하기 위해 사용하는 것은?

① 개스킷
② 밸브
③ 나사
④ 리벳

Answer

18 플랜지식 관 이음
㉠ 플랜지를 관에 나사, 리벳, 열, 용접 등으로 고정하여 만든 관이다.
㉡ 이음의 재료는 주철, 가단주철, 강, 청동, 주강 등을 사용한다.
㉢ 관에서 누수를 방지하기 위해 개스킷을 플랜지 사이에 끼운 후 볼트로 체결한다.
㉣ 관의 지름이 크거나 내압이 클 경우 사용한다.

19 판의 두께(t) $= \dfrac{D \cdot p}{200 \cdot \sigma_t} = \dfrac{Dp}{200 \cdot \sigma \cdot \eta} + C$

$$= \dfrac{8,000 \times 200}{200 \times 90 \times 0.95} + 1 = 94.56 \fallingdotseq 95\text{mm}$$

20 개스킷(Gasket)
㉠ 플랜지의 접합부에 사용하는 박판 모양의 패킹이다.
㉡ 관 이음시 관에서 누수를 방지하기 위해 사용한다.
㉢ 사용하는 유체에 의해 손상되지 않아야 하고 유체를 오염시켜서는 안 된다.
㉣ 사용온도, 압력에서 탄성과 유연성이 있어야 한다.
㉤ 접촉압력에 대해 충분한 내구성이 있어야 한다.

답 — 18.③ 19.④ 20.①

21 내압을 받는 얇은 관의 두께를 계산하는 식으로 옳은 것은? (단, p : 압력, D : 관의 직경, S : 안전계수, η : 관 이음효율, σ_t : 허용 인장 응력, C : 상수)

① $t = \dfrac{p \cdot D}{\sigma_t \cdot \eta} + C$

② $t = \dfrac{p \cdot D \cdot S}{4 \cdot \sigma_t \cdot \eta} + C$

③ $t = \dfrac{p \cdot D}{2 \cdot \sigma_t \cdot \eta} + C$

④ $t = \dfrac{p \cdot D \cdot S}{2 \cdot \sigma_t \cdot \eta} + C$

22 관의 수압시험과 허용 압력에 대한 설명으로 옳지 않은 것은?

① 수압시험은 상용 압력의 10배로 한다.

② 100℃ 이하의 물에서는 상용 압력을 공칭 사용 압력으로 적용한다.

③ 고온이 되면 관의 강도가 저하된다.

④ 300 ~ 400℃의 과열증기의 상용 압력은 36% 감소된 값을 허용 압력으로 한다.

23 관의 안지름(D) = 180mm, 두께(t) = 6mm인 원통의 응력(σ) = 70N/mm^{2}일 때 견딜 수 있는 내압은?

① 313N/mm^2

② 425N/mm^2

③ 467N/mm^2

④ 630N/mm^2

Answer

21 내압을 받는 관의 두께

$$t = \frac{p \cdot D \cdot S}{2 \cdot \sigma_t \cdot \eta} + C$$

22 ① 수압시험은 상용 압력의 1.25 ~ 2.5배로 한다.

23 $\sigma_t = \dfrac{D \cdot p}{200t}$

$$p = \frac{200\sigma t}{D} = \frac{200 \times 70 \times 6}{180} = 466.6 ≒ 467\text{N/mm}^2$$

답 21.④ 22.① 23.③

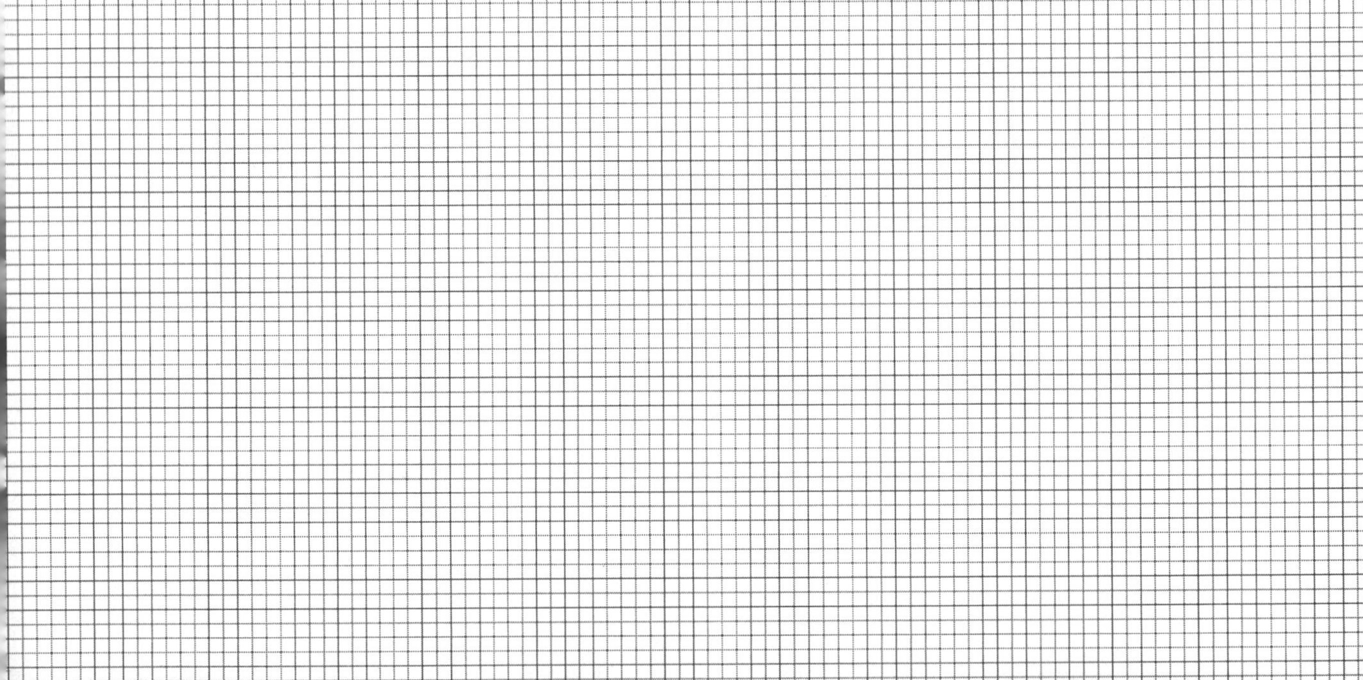

기타 기계요소

Chapter 01

밸브

1 역류 방지용 밸브를 의미하는 것은?

① 체크 밸브
② 스톱 밸브
③ 슬루스 밸브
④ 회전 밸브
⑤ 안전 밸브

2 90° 회전으로 전개폐가 이루어지며, 구조가 간단하고 전개시 저항이 작은 밸브는?

① 콕
② 슬루스 밸브
③ 안전 밸브
④ 스톱 밸브

3 다음 중 밸브의 분류 형태가 다른 것은?

① 체크 밸브
② 안전 밸브
③ 회전 밸브
④ 스톱 밸브

Answer

1 체크 밸브 … 유체를 한 방향으로만 흐르게 하고 역류를 방지하는 밸브로 밸브 무게와 밸브 양쪽에 걸리는 압력차에 의해 자동개폐 된다.

2 콕(Cock)
㉠ 유체를 똑바로 흐르게 하는 데 사용한다.
㉡ 꼭지를 1/4 회전하면 완전개폐가 되므로 개폐속도가 빠르다.
㉢ 주철, 청동으로 제작한다.
㉣ 직경이 작고 저압용으로 사용한다.

3 ①②④ 사용 목적에 따른 분류에 해당한다.
③ 유체 유동에 따른 분류에 해당한다.

답ㅡ 1.① 2.① 3.④

4 다음 중 밸브의 역할이 아닌 것은?

① 배관을 통과하는 유체의 유량을 조절한다.
② 유체가 흐르는 방향을 조절한다.
③ 유체의 흐름을 차단한다.
④ 유체의 유속을 조절한다.

5 나비형 밸브에 대한 설명으로 옳지 않은 것은?

① 밸브를 흐름과 직각인 축의 둘레에 회전시켜서 유량을 조절한다.
② 배관의 직경이 큰 경우에 사용한다.
③ 밸브의 무게와 압력 차에 의해 자동개폐된다.
④ 원판의 회전으로 유체의 흐름방향을 변화시켜 유량을 가감한다.

6 안전 밸브의 특징에 대한 설명으로 옳지 않은 것은?

① 압력이 규정 압력 이상이 될 경우 자동으로 열리고, 규정 압력 이하가 되면 자동으로 닫힌다.
② 가압된 유체의 압력을 유지시키는 데 사용한다.
③ 스프링식 · 중추식 · 레버식 안전 벨브가 있다.
④ 기밀을 위해 패킹할 필요가 없으며 금속의 부식도 없다.

Answer

4 밸브의 기능
　㉠ 유체의 흐름에 대한 유량의 제어와 단속을 목적으로 사용한다.
　㉡ 유량의 온도, 압력 등을 조절하기 위해 사용한다.
　㉢ 배관의 중간에 밸브 또는 콕을 설치하여 유체 통로의 개폐를 목적으로 한다.

5 ③ 체크 밸브에 대한 설명이다.

6 ④ 다이아프램 밸브에 대한 설명이다.

답 4.④ 5.③ 6.④

7 콕의 기능에 대한 설명으로 옳지 않은 것은?

① 유체를 똑바로 흐르게 하는 목적으로 사용한다.

② 플러그를 90° 회전하면 완전개폐가 되므로 개폐속도가 빠르다.

③ 유체흐름계통을 변화시키는 데에는 3방향 콕을 사용한다.

④ 유체를 감압하고 유체의 압력을 유지한다.

8 스톱 밸브의 특징에 대한 설명으로 옳지 않은 것은?

① 밸브의 개폐가 빠르고 원활하게 이루어진다.

② 밸브와 밸브 시트의 접촉이 용이하다.

③ 가격이 고가이다.

④ 유체의 흐름에 대한 저항 손실이 크다.

9 본체가 소형이며, 중온, 중압일 경우에 사용하는 밸브의 재료는?

① 청동   ② 주철

③ 주강   ④ 합금강

10 다음 중 밸브의 구성요소가 아닌 것은?

① 밸브 박스   ② 밸브

③ 핸들   ④ 캠

 **Answer**

7 ④ 감압 밸브에 대한 설명이다.

8 ③ 스톱 밸브는 가격이 저렴하다.

9 밸브의 재료
㉠ 본체가 소형이고 중온, 중압인 경우 청동을 고온, 고압일 경우에는 주강을 사용한다.
㉡ 본체가 대형인 경우 온도와 압력에 따라 청동, 주철, 주강, 합금강 등을 사용한다.

10 밸브는 밸브 박스, 밸브와 이를 조정하는 부분인 밸브봉, 바퀴, 핸들로 구성되어 있다.

답 — 7.④ 8.③ 9.① 10.④

11 다음 중 고압의 압력을 일정한 압력으로 유지시켜 주는 밸브는?

① 안전 밸브

② 스로틀 밸브

③ 감압 밸브

④ 슬루스 밸브

12 유체의 압력이 제한된 최고 압력을 초과했을 때 작동하는 밸브는?

① 체크 밸브

② 안전 밸브

③ 스톱 밸브

④ 스로틀 밸브

13 다음 중 슬루스 밸브에 대한 설명으로 옳지 않은 것은?

① 비승강형 밸브는 대형에 사용한다.

② 완전개폐식이기 때문에 유량조절이 불가능하다.

③ 반개폐로 밸브를 사용하게 되면 유속의 성능이 향상된다.

④ 밸브 판은 쐐기형과 평행형이 있다.

Answer

11 감압 밸브
  ㉠ 고압의 증기, 공기, 가스 등을 감압하여 일정 압력으로 유지하는 데 사용한다.
  ㉡ 일정 압력을 유지하기 위해 특정 하중, 스프링, 다이어프램 등으로 제어한다.
  ㉢ 감압측 압력이 작으면 밸브가 열리고, 크면 닫히기 때문에 자동조절이 가능하다.
  ㉣ 고압측에는 체크 밸브, 저압측에는 안전 밸브를 설치하여 사용해야 한다.

12 안전 밸브 … 유체의 압력이 제한된 최고 압력을 초과했을 때 밸브가 자동적으로 열려 유체를 방출하는 밸브이다.

13 슬루스 밸브의 특징
  ㉠ 판 모양의 밸브가 흐름에 직각으로 미끄러져 유로를 개폐한다.
  ㉡ 밸브 판은 쐐기형(1/10의 테이퍼)과 평행형이 있다.
  ㉢ 밸브 스템이 승강함과 동시에 밸브가 개폐되면 승강형이라 한다.
  ㉣ 밸브 스템은 그대로 있고 밸브만 움직이면 비승강형이라 한다.
  ㉤ 비승강형은 대형 밸브에 사용한다.
  ㉥ 완전개폐식이기 때문에 유량조절이 불가능하다.
  ㉦ 반개폐로 밸브를 사용하면 밸브에 심한 진동이 발생하게 된다.

답 11.③ 12.② 13.③

캠

1 다음 기계요소 중 회전운동을 직선운동으로 변환시킬 수 있는 것은?

① 캠과 캠기구
② 체인과 스프로킷 휠
③ 래칫 휠과 폴
④ 웜과 웜기어

2 캠의 윤곽 곡선은 어떻게 결정해야 하는가?

① 가속도 선도
② 속도 선도
③ 변위 선도
④ 등가속도 선도

3 캠의 구성요소가 아닌 것은?

① 캠
② 종동절
③ 틀
④ 콕

Answer

1 캠 … 실현하고자 하는 운동에 대응하는 윤곽을 가진 강체를 원동축에 장치하여 이 강체를 윤곽에 눌려 있는 종동절에 원하는 운동을 일으키게 하는 것으로 이 윤곽을 가진 강체를 캠이라 하며 캠 기구(cam mechanism)는 원동절에 직선운동이나 회전운동을 주어 피동절에 복잡한 왕복직선운동이나 왕복 각운동 등을 주기적으로 일으키는 기구를 말한다.

2 캠의 윤곽 곡선 … 캠의 윤곽을 결정할 때에는 캠의 각 순간에 대한 종동절의 위치, 속도, 가속도를 고려하여 변위 선도, 속도 선도, 가속도 선도 등을 이용하여 캠의 윤곽을 결정한다. 특히, 변위 선도의 변위 곡선을 기초 곡선이라 하고, 이를 토대로 캠의 윤곽 곡선을 결정한다.

3 캠은 원동절에 해당하는 캠과 종동절 및 캠과 종동절을 지지하는 틀로 구성되어 있다.

답 — 1.① 2.③ 3.④

4 캠의 운동에서 종동절의 끝점을 무엇이라 하는가?

① 압력각   ② 피치점

③ 추적점   ④ 기초원

5 다음 중 입체 캠이 아닌 것은?

① 원통 캠   ② 하트 캠

③ 구형 캠   ④ 경사판 캠

6 다음 중 윤곽 곡선을 한 변에만 가진 판 모양으로 직선 운동을 하는 캠은?

① 판 캠   ② 접선 캠

③ 직동 캠   ④ 정면 캠

**Answer**

4 **캠의 명칭**
　㉠ **압력각** : 추적점에서 피치 곡선에 세운 법선과 운동 방향과의 각이다.
　㉡ **추적점** : 종동절 끝점 또는 롤러의 중심점이다.
　㉢ **피치 곡선** : 추적점의 자취이다.
　㉣ **캠 작용면** : 롤러와 접촉되는 캠의 곡선이다.
　㉤ **기초원** : 윤곽 곡선에 내접하는 최소의 원이다.
　㉥ **최대 압력각** : 압력각이 최대인 각이다.
　㉦ **피치점** : 최대 압력각일 때의 추적점을 말한다.
　㉧ **피치원** : 캠의 중심과 피치점의 거리를 반경으로 하는 원을 말한다.

5 **입체 캠의 종류** … 단면 캠, 경사판 캠, 원통 캠, 구형 캠, 원추 캠
　※ **평면 캠의 종류** … 원판 캠, 접선 캠, 직동 캠, 하트 캠, 원호 캠

6 ① 윤곽 곡선을 평면으로 한 판 모양의 캠
　② 윤곽 곡선에 직선 부분이 있는 캠
　④ 정면에 윤곽 곡선의 홈이 있는 캠

답 4.③ 5.② 6.③

7 캠 선도 중 가속도 선도에서 가속도가 운동의 끝부분에서 급격히 변하는 선도는?

① 단순 조화 운동 선도 ② 등가속도 선도
③ 등속도 선도 ④ 등변위 선도

8 등속도 선도에 대한 설명으로 옳지 않은 것은?

① 종동절이 등속도 운동을 하는 경우를 말한다.
② 고속회전이나 하중이 큰 경우에 적합하다.
③ 변위 곡선의 양 끝을 둥글게 완화시킴으로 충격을 줄일 수 있다.
④ 변위와 회전각은 비례관계이다.

9 다음 중 접촉 부분의 모양에 따른 종동절의 분류에 해당하지 않는 것은?

① 평판 종동절 ② 왕복 종동절
③ 곡면 종동절 ④ 롤러 종동절

Answer

7 단순 조화 운동 선도 … 종동절이 단순 조화 운동을 하는 경우로서 가속도 선도에서 가속도가 운동의 끝부분에서 급격히 변한다.

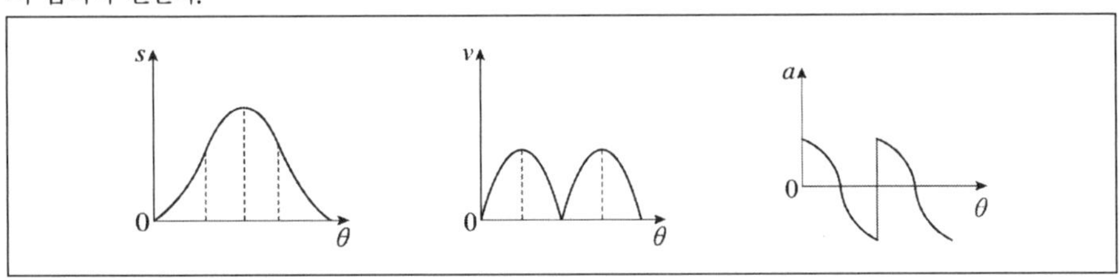

8 ② 등속도 선도는 고속회전이나 하중이 큰 경우에는 부적합하다.

9 ② 운동 방향에 따른 분류에 해당한다.

답 — 7.① 8.② 9.②

10 다음 중 캠에 대한 설명으로 옳지 않은 것은?

① 제작이 쉽고 동력전달이 확실하다.

② 형상은 간단하지만 복잡한 운동을 전달할 수 있다.

③ 캠 장치는 캠과 종동절로 구성되어 있다.

④ 마찰에 의한 동력손실이 매우 크다.

11 캠의 윤곽 곡선 작성 순서에 해당하지 않는 것은?

① 최대 변위량·압력각 결정　　　　② 피치원의 반경 계산

③ 변위 선도에 각 구간 변위 표시　　④ 피치원을 이용한 윤곽 곡선 작성

12 다음 중 판 캠의 종동절 끝에 롤러를 부착할 경우 롤러 직경의 작은 원 안쪽에 접하는 곡선은?

① 윤곽 곡선　　　　　　　　　　　② 피치 곡선

③ 완화 곡선　　　　　　　　　　　④ 엔벨로프 곡선

Answer

10 캠

㉠ 캠 장치는 원동절에 해당하는 캠과 종동절로 구성되어 있다.

㉡ 원동절로 하여금 종동절의 왕복 운동 또는 요동 운동을 하게 한다.

㉢ 회전 운동을 하는 원동축과 접하는 부분에 복잡한 운동을 시킬 때 사용한다.

㉣ 형상은 간단하지만 복잡한 운동을 얻을 수 있다.

㉤ 마찰에 의한 동력손실이 매우 적다.

㉥ 제작이 쉽고 동력전달이 확실하다.

11 윤곽 곡선 작성 순서

㉠ 최대 변위량·압력각 결정

㉡ 피치원의 반경 계산

㉢ 변위 선도 작성

㉣ 각 구간 변위 표시

㉤ 기초원을 등 구간으로 분할

㉥ 추적점 위치 결정

㉦ 각 기초원의 연결로 작성

12 ① 기초원과 압력각 사이의 관계를 나타낸 곡선

② 종동절 끝점의 자취를 나타낸 곡선

③ 기계의 동작에 방해가 되지 않는 범위 내에서 변위선도의 끝을 둥글게 만든 곡선

답 — 10.④　11.④　12.④

실력평가모의고사

제1회 실력평가모의고사

1 다음 중 동력제어 기계요소가 아닌 것은?

① 클러치 ② 스프링

③ 기어 ④ 브레이크

2 리벳작업에 대한 설명 중 옳지 않은 것은?

① 리벳의 구멍은 펀칭이나 드릴링을 사용하여 뚫는다.

② 리벳 축의 길이는 축 지름의 5배 정도로 한다.

③ 기밀성을 요하는 작업은 반드시 코킹이나 플러링 작업을 한다.

④ 모든 리벳작업에는 코킹이 필수적이다.

3 나사의 마찰계수 값이 0.005 이하로 극히 적고 효율이 90% 이상인 나사로 주로 정밀 공작기계의 이송 나사로 많이 사용하는 것은?

① 볼 나사 ② 둥근 나사

③ 톱니 나사 ④ 사다리꼴 나사

4 축의 허용 비틀림 응력이 20N/mm^2, 키의 압축 응력이 70N/mm^{2}일 때 지름 45인 축에 끼울 성크 키의 너비, 높이, 길이를 구하면?

① 15 × 10 × 56.8mm ② 12 × 8 × 56.8mm

③ 15 × 10 × 66.3mm ④ 12 × 8 × 66.3mm

5 1열 겹치기 리벳 이음에서 강판의 두께가 14mm, 리벳구멍의 지름이 22mm, 피치가 54mm이다. 여기에 13,500N의 하중이 작용할 때 강판의 인장 응력은?

① 10N/mm^2 ② 20N/mm^2

③ 30N/mm^2 ④ 40N/mm^2

6 전동축이 300rpm으로 회전하며 2.5kW의 동력을 전달한다면, 이때 전동축의 직경은 얼마인가? (단, 전단 허용 응력 = 30N/mm^2)

① 20mm ② 24mm

③ 28mm ④ 32mm

7 축의 허용 전단 응력이 40N/mm^2이고 축의 외경이 60mm인 중공축에서 400rpm, 40PS를 전달하려면 중공축의 내경은?

① 22mm ② 32mm

③ 42mm ④ 52mm

8 원판 마찰 클러치에서 D_m = 100mm, μ = 0.1, z = 2일 때 T = 13,000N · mm를 전달하기 위해 필요한 하중은 얼마인가?

① 1,300N ② 1,310N

③ 1,320N ④ 1,330N

9 칼라 베어링의 축 직경이 160mm, 칼라의 지름이 280mm, 칼라의 수가 2개라면 칼라 베어링이 지지할 수 있는 스러스트 하중은 얼마인가? (단, 칼라 베어링의 허용압력 = 0.6N/mm^2)

① 49,740N ② 47,940N

③ 4,974N ④ 49,763N

10 다음 베어링의 치수 표기 중 그 연결이 잘못 짝지어진 것은?

① 6026P6 – 등급 기호는 P6로 6급을 나타낸다.

② 6208C2P6 – 62는 지름 계열이 2인 깊은 홈 볼 베어링을 나타낸다.

③ 7206CDBP5 – C는 접촉각 기호로 15°를 나타낸다.

④ 6312ZNR – 12는 안지름으로 12mm를 나타낸다.

11 나사 M20×2를 옳게 설명한 것은?

① 미터 나사로 지름이 2mm이고 길이가 20이다.

② 미터 나사로 피치가 2mm이며, 호칭지름이 20mm이다.

③ 미터 나사로 피치가 20mm이며, 호칭지름이 2mm이다.

④ 미터 나사로 20번으로 표시하며, 호칭지름이 2mm이다.

12 원동차 지름(D)이 500mm, 폭(b)이 60mm인 원통 마찰차가 회전수(N)가 300rpm, 마찰계수(μ)가 0.4로 회전할 경우 발생하는 전달동력은?   (단, 허용압력(q) = 1.5N/mm)

① 1.39kW   ② 2.77kW

③ 1.03kW   ④ 4.15kW

13 벨트의 속도(v) = 18m/s, 긴장측 장력(T_t) = 200N, 벨트 단위 길이당 무게(w) = 1N일 경우 이 벨트의 전달마력(H_{PS})은?   (단, 장력비($e^{\mu\theta}$) = 4)

① 1PS   ② 2PS

③ 3PS   ④ 4PS

14 원동휠의 회전수(N_1) = 300rpm, 스프로킷 잇수(Z_1) = 150개, 종동휠의 회전수(N_2) = 450rpm, 스프로킷 잇수(Z_2) = 100개인 체인의 속도비(i)는?

① 1   ② 1.5

③ 2   ④ 2.5

15 롤러 체인의 스프로킷의 잇수가 각각 20개, 60개이고, 축 중심간 거리가 800mm이다. 피치가 15mm라고 하면 이 체인에서 사용된 링크의 수는?

① 147 ② 149
③ 150 ④ 151

16 다음 중 한 줄이나 그 이상의 줄수를 가지는 나사모양의 기어는?

① 헤링본 기어 ② 웜 기어
③ 직선 베벨 기어 ④ 페이스 기어

17 기초원 지름(D_g)이 각각 380mm, 450mm인 두 기어가 서로 맞물려 있다. 압력각$(\alpha) = 20°$, 원주 피치$(p) = 20$일 때 중심거리(C)는?

① 294.4mm ② 331.2mm
③ 441.6mm ④ 662.4mm

18 헬리컬 기어의 잇수는 각각 100, 200이고 모듈은 5이다. 이 기어의 중심거리는 얼마인가? (단, 비틀림각 = 30°)

① 791mm ② 806mm
③ 847mm ④ 866mm

19 브레이크 블록의 재료가 아닌 것은?

① 주철 ② 나무
③ 석면 ④ 플라스틱

20 나사식 관 이음에 대한 설명 중 옳지 않은 것은?

① 관의 양단에 나사를 절삭하여 만든 관이다.
② 페인트, 광명단, 흑연 등을 고정하여 체결한다.
③ 납, 시멘트 등으로 기밀을 유지하여 사용한다.
④ 관의 지름이나 내압이 클 경우에 사용한다.

제2회 실력평가모의고사

정답 및 해설 P. 329

1 지름이 10mm인 연강봉에 변형률이 0.9×10^{-2} 생겼을 때 가해진 인장 하중의 값은?

① 135.25kN/cm^2 ② 140.2kN/cm^2

③ 148.4kN/cm^2 ④ 150.3kN/cm^2

2 80kN의 하중이 작용하는 4각 나사의 피치가 3.17mm, 유효지름이 63.5mm이다. 이 나사에 300N의 힘을 가해 스패너로 돌릴 때 스패너의 유효길이는? (단, 마찰계수 = 0.1)

① 0.98cm   ② 9.8cm

③ 98cm   ④ 980cm

3 오목한 곳에 있는 너트를 풀고 죌 때 사용하는 스패너의 종류는?

① 박스 스패너   ② 멍키렌치

③ 막대 스패너   ④ L-렌치

4 축지름 50mm에 허용 전단 응력(τ) 30N/mm²이 발생하려면 성크 키의 길이는 얼마가 되어야 하는가? [단, 압축 응력(σ_c) = 120N/mm², 두께(t) = 10mm]

① 22.5mm   ② 24.5mm

③ 26.5mm   ④ 28.5mm

5 1열 겹치기 리벳 이음에서 강판의 두께가 14mm, 리벳구멍의 지름이 22mm, 피치가 54mm이다. 여기에 13,500N의 하중이 작용할 때, 이 리벳 이음의 강판의 효율은?

① 59%   ② 60%

③ 61%   ④ 62%

6 비틀림 모멘트만 작용하는 축에서 전달토크식으로 맞는 것은?

① $T = 7{,}162\dfrac{H}{N}(\text{N} \cdot \text{mm})$

② $T = 716{,}200\dfrac{N}{H}(\text{N} \cdot \text{mm})$

③ $T = 7{,}162{,}000\dfrac{H}{N}(\text{N} \cdot \text{mm})$

④ $T = 716{,}200\dfrac{H}{N}(\text{N} \cdot \text{mm})$

7 굽힘 모멘트 60kN · mm, 비틀림 모멘트 80kN · mm를 받는 연강축이 있다. 이 축 재료의 허용 전단 응력이 102N · mm², 허용 인장 응력이 204N · mm²이라면 이 축의 지름은?

① 20mm

② 21mm

③ 22mm

④ 23mm

8 축 방향으로 누르는 힘이 1,800N이고 마찰계수가 0.4인 단판 클러치가 2,000rpm, 40PS를 전달한다면 접촉면의 평균 직경은?

① 706mm

② 756mm

③ 796mm

④ 773mm

9 강제 엔드 저널에 20kN의 하중이 가해진다고 할 때 저널의 길이는? (단, 폭경비 = 2.5, σ_b =50N/mm²)

① 78mm

② 178mm

③ 234mm

④ 468mm

10 베어링 메탈의 재료 중 고속회전에 적합한 동합금 재료는 무엇인가?

① 켈멧 합금

② 청동

③ 황동

④ 포금

11 회전수(N) = 800rpm의 주축에서 H = 4PS를 원통마찰차에 의해 500rpm의 종동차에 전달시킬 경우 종동차 지름(D_B)을 400mm로 하면 양풀리를 밀어 붙이는 힘(P)은? (단, μ = 0.2)

① 695N

② 795N

③ 895N

④ 905N

12 원추 마찰차의 원동차의 원추각이 30°, 종동차의 원추각이 60°인 경우 마찰차의 속도비는 얼마인가?

① 0.24

② 0.58

③ 0.69

④ 0.84

13 벨트의 속도(v) = 8m/s, 긴장측 장력(T_t) = 1,800N, 이완측 장력(T_s) = 600N인 벨트의 전달동력(H)은?

① 6kW

② 9kW

③ 12kW

④ 18kW

14 체인의 종류 중 운반용으로 사용되는 것은?

① 롤러 체인

② 핀틀 체인

③ 스터드 체인

④ 사일런트 체인

15 피치(p) = 25.8mm, 잇수(Z) = 36인 롤러 체인의 피치원 지름과 바깥지름은?

① D_1 = 296.02mm, D_0 = 337.10mm

② D_1 = 296.02mm, D_0 = 310.37mm

③ D_1 = 337.01mm, D_0 = 296.02mm

④ D_1 = 269.72mm, D_0 = 310.37mm

16 기어의 피치에 대한 설명으로 옳지 않은 것은?

① 모듈이 커지면 원주 피치가 커진다.

② 원주 피치가 커지면 잇수는 적어진다.

③ 지름 피치가 커지면 모듈은 커진다.

④ 지름 피치가 커지면 원주 피치가 작아진다.

17 회전수(N)가 400rpm, 베어링 하중(P)이 1,800N, 수명시간(L_h)이 40,000시간, 하중계수(f_w)가 2.0인 단열 레이디얼 볼 베어링의 기본부하용량은?

① 1,1841N ② 28,412N

③ 35,525N ④ 56,835N

18 비틀림각(β) = 14°, 잇수가 각각 24, 60인 헬리컬 기어의 중심거리는? [단, 치직각 모듈(m_n) = 6]

① 210mm ② 260mm

③ 173mm ④ 346mm

19 나사의 효율이 최대일 때 리드각은?

① $\dfrac{\pi}{4} + \rho$ ② $\dfrac{\pi}{4} - \dfrac{\rho}{2}$

③ $\dfrac{\pi}{4} + \dfrac{\rho}{2}$ ④ $\dfrac{\pi}{4} - \rho$

20 관의 안지름 480mm, 두께 12mm인 통에 200N/mm²의 내압이 작용할 때 응력은?

① 30N/mm^2 ② 40N/mm^2

③ 50N/mm^2 ④ 60N/mm^2

제3회 실력평가모의고사

정답 및 해설 P. 333

1 단면적 180mm^{2}의 재료에 그 단면 방향으로 25kN의 전단력을 가할 경우 9.0×10^{-2}의 전단 변형률이 생겼다면 가로 탄성계수의 값은?

① 14.2kN/mm^2 ② 15.4kN/mm^2

③ 16.4kN/mm^2 ④ 17.2kN/mm^2

2 리드 9mm 2줄 나사의 수나사에 암나사가 끼워져 있을 때 이 암나사 주위를 30등분한 눈금의 이동량으로 옳은 것은?

① 0.1mm ② 0.2mm

③ 0.3mm ④ 0.4mm

3 다음 키 중 축 방향으로 움직일 수 없는 것으로 짝지어진 것은?

① 스플라인, 접선 키 ② 스플라인, 반달 키

③ 새들 키, 원추 키 ④ 미끄럼 키, 새들 키

4 다음 중 코터에 대한 설명으로 옳지 않은 것은?

① 축 방향의 힘을 전달한다.

② 로드(Rod), 소켓(Socket), 코터(Cotter) 3가지로 구성되어 있다.

③ 축의 회전력을 전달한다.

④ 인장력과 압축력을 전달한다.

5 용접 이음시 고려해야 할 사항이 아닌 것은?

① 노치효과가 생기지 않도록 한다.　　② 용접시 구속 응력이 발생하도록 한다.

③ 응력집중이 발생하지 않도록 한다.　　④ 용접 부분을 분산한다.

6 H = 20PS, N = 4,000rpm을 전달시키는 축의 길이 l = 3m일 때 비틀림각 θ = 3°로 제한하려고 할 때 축의 지름은?　(단, G = 90kN/mm^2)

① 24mm　　　　　　　　　　② 26mm

③ 36mm　　　　　　　　　　④ 22mm

7 다음은 원판 클러치에 대한 설명이다. 큰 회전력을 전달하기 위한 방법으로 옳지 않은 것은?

① 마찰판의 접촉면을 크게 한다.　　② 마찰면의 평균직경을 크게 한다.

③ 마찰면의 마찰계수가 큰 것을 사용한다.　　④ 마찰면의 원판 중앙에서 접촉해야 한다.

8 접촉면의 외경 200mm, 내경 180mm, 폭 45mm인 원추 클러치를 N = 800rpm, 압력 0.5N/mm^2 이내가 되도록 할 때 전달할 수 있는 최대 마력은?　(단, 마찰계수 = 0.4)

① 126PS　　　　　　　　　　② 216PS

③ 326PS　　　　　　　　　　④ 226PS

9 베어링 메탈의 종류 중 화이트 메탈보다 강도가 크고 내열성이 우수하여 고하중의 내연기관용 베어링에 사용하는 것은?

① 황동　　　　　　　　　　② 청동

③ 카드뮴 합금　　　　　　　　④ 알루미늄 합금

10 내경이 30mm인 레이디얼 볼 베어링에 그리스 윤활로 20,000시간의 수명을 주려고 한다. 한계 속도 계수(dN)가 150,000이고 기본 부하용량(C)이 50kN일 때 베어링 하중(P)은?

① 1,830N　　　　　　　　　　② 2,752N

③ 5,500N　　　　　　　　　　④ 7,322N

11 홈 마찰차의 종동차 피치원 지름 500mm, 원동차의 피치원 지름 100mm, 홈각 30°, 마찰계수 0.15, 종동차 회전수 300rpm일 때 5PS를 전달하기 위한 홈 마찰차에서의 힘은?

① 660N   ② 1,328N

③ 1,900N   ④ 1,988N

12 원판 마찰차의 직경이 200mm이고 80rpm으로 0.75kW의 동력을 전달하기 위해 필요한 하중은 얼마인가? (단, 마찰계수 = 0.2)

① 2,554N   ② 3,555N

③ 4,554N   ④ 5,555N

13 벨트의 속도(v) = 60m/s, 벨트 단위 길이당 무게(w) = 2N/m, 긴장측 장력(T_t) = 800N일 때 유효장력은? [단, 장력비($e^{\mu\theta}$) = 3]

① 24N   ② 44N

③ 62N   ④ 47N

14 로프 꼬는 방법에 대한 설명으로 옳지 않은 것은?

① 섬유로 만든 실을 꼬아 작은 스트랜드를 만든다.
② 3~4개의 스트랜드를 꼬아 로프를 만든다.
③ 실의 개수에 따라 3개 꼬임, 4개 꼬임이 있다.
④ 3개 꼬임은 로프 중심에 별도의 심을 넣는다.

15 강성 계수 930kN/mm², 허용 비틀림 응력 102N/mm², 비틀림 모멘트 80kN · mm를 받는 중실축의 직경과 축 길이 2m일 때 비틀림각은?

① $d = 10$mm, $\theta = 0.60°$ ② $d = 16$mm, $\theta = 1.53°$

③ $d = 30$mm, $\theta = 1.53°$ ④ $d = 42$mm, $\theta = 1.61°$

16 표준 스퍼 기어의 모듈이 4, 압력각이 20°, 이너비가 40mm, 잇수가 20, 회전수가 800rpm이라 하면 이 기어의 최대 전달동력은 얼마인가? (단, 허용 굽힘 응력 = 320N/mm², 치형계수 =0.32, 속도계수= $fv = \dfrac{3.05}{3.05 + v}$, v = 피치원의 원주속도)

① 33PS   ② 34PS

③ 35PS   ④ 36PS

17 피치원 지름(D) = 60cm, 회전수(N) = 400rpm인 기어의 속도계수는?

① $\dfrac{3.05}{3.05 + v}$ ② $\dfrac{5.55}{5.55 + \sqrt{v}}$

③ $\dfrac{6.1}{6.1 + v}$ ④ $\dfrac{0.75}{1 + v} + 0.25$

18 잇수가 64, 모듈이 4, 비틀림각(β)이 30°인 헬리컬 기어의 피치원 지름은?

① 197mm   ② 220mm

③ 296mm   ④ 236mm

19 겹판 스프링의 특징으로 옳지 않은 것은?

① 삼각형·사다리꼴 모양의 스프링을 같은 쪽으로 끊어 길이가 다른 가는 판자를 겹쳐 만든다.

② 에너지 흡수능력이 크고 구조용 부재로서의 기능도 겸한다.

③ 철도 차량, 자동차 등의 현가장치로 사용되고 있다.

④ 두께가 일정한 재료로 제작되어 응력의 분포가 고르지 못하다.

20 사이클로이드 치형에 대한 설명으로 옳지 않은 것은?

① 피치원을 기초로 하여 이 위를 작은 구름원이 미끄럼 없이 굴러갈 때 이 구름원 위의 점이 긋는 궤적을 말한다.

② 미끄럼이 크기 때문에 이뿌리 부분의 마모가 잘 된다.

③ 고정된 하나의 원 둘레를 한 개의 원이 구를 때 그 구름원의 원둘레 위의 한 점이 그리는 곡선을 에피–사이클로이드라고 한다.

④ 물림률을 크게 할 수 있다.

제4회 실력평가모의고사

정답 및 해설 P. 336

1 지름(d)이 12mm인 원형 단면계수와 극단면계수는?

① $113mm^3$, $226mm^3$　　　　② $170mm^3$, $339mm^3$

③ $226mm^3$, $452mm^3$　　　　④ $255mm^3$, $500mm^3$

2 미국 · 영국 · 캐나다의 3국 협정에 의해 정한 것으로 특히 항공기용 작은 나사에 사용되는 것은?

① 유니파이 가는 나사　　　　② 미터 나사

③ 미터 가는 나사　　　　④ 볼 나사

3 마찰각을 ρ, 경사각을 α라고 하면 양쪽 경사진 코터의 자립상태를 나타내는 식은?

① $\alpha \geqq \rho$　　　　② $\alpha \leqq \rho$

③ $2\alpha \geqq \rho$　　　　④ $\alpha \geqq 2\rho$

4 리벳 이음에서 기밀유지를 위해 리벳의 주위에 판재를 치는 것을 무엇이라 하는가?

① 플러링과 코킹　　　　② 스냅링

③ 펀칭　　　　④ 리벳팅

5 겹치기 이음에서 판의 두께가 10mm일 때 38,000N의 하중을 가하려면 용접의 길이는? (단, $\tau = 50N/mm^2$)

① 51.7mm　　　　② 53.8mm

③ 58.9mm　　　　④ 63.7mm

6 다음 중 10,000N · m의 비틀림 모멘트를 받는 축의 직경은 얼마인가? (단, 허용 비틀림 응력 $=51\text{N/mm}^2$)

① 90mm

② 100mm

③ 90m

④ 100m

7 원판 마찰 클러치는 마찰력이 클수록 전달동력이 커지게 된다. 이 원판 마찰 클러치의 마찰판 재료로 적당하지 않은 것은?

① 가죽

② 고무

③ 석면

④ PVC

8 지름 50mm의 축에 고정되어 있는 플랜지 커플링에서 직경 14mm인 볼트 4개를 사용한다. 이 때, 볼트 피치원의 지름 100mm이고 $N = 400\text{rpm}$, $H = 50\text{PS}$, $\mu = 0.4$를 전달시키면 볼트에 발생하는 전단응력은?

① 31N/mm^2

② 24N/mm^2

③ 29N/mm^2

④ 58N/mm^2

9 회전수 500rpm, 베어링 하중 14,400N를 받는 미끄럼 베어링이 있다. 허용 베어링 압력 2N/mm^2, 폭경비 2.0이라 할 때 베어링의 직경은?

① 50mm

② 60mm

③ 70mm

④ 80mm

10 기본부하용량(C)이 50kN, 베어링 하중(P)이 3,000N, 회전수(N)가 500rpm인 볼 베어링의 수명시간은?

① 265,510h

② 159,306h

③ 318,612h

④ 141,605h

11 원통차 직경(D) = 400mm, 회전수(N) = 300rpm인 원통 마찰차에 밀어주는 힘(P) = 1,500N, 마찰계수(μ) = 0.15일 때 전달동력(H_{kW})은?

① 1kW

② 1.2kW

③ 1.4kW

④ 2.8kW

12 벨트 전동장치에 대한 기본적인 설명으로 옳지 않은 것은?

① 구조가 매우 간단하고 가격이 저렴하다.

② 벨트에 하중이 갑자기 증가하는 경우에는 안전장치의 역할을 하게 된다.

③ 정확한 속도비를 요구하는 곳에는 사용할 수가 없다.

④ 벨트의 효율은 70% 정도로 다른 전동장치에 비해 낮다.

13 다음 중 축간거리가 10m일 경우 사용할 수 있는 전동장치는?

① V 벨트

② 롤러 체인

③ 사일런트 체인

④ 평 벨트

14 피치(P) = 13mm, 잇수(Z) = 46인 사일런트 체인이 매분 500rpm로 회전을 할 때 이 체인의 속도는?

① 3m/s

② 5m/s

③ 7m/s

④ 10m/s

15 그림과 같은 기어 열에서 기어 A가 650rpm으로 회전하면 B 기어의 회전수는 얼마인가? (단, Z_A = 44, Z_B = 55, Z_C = 33, Z_D = 22)

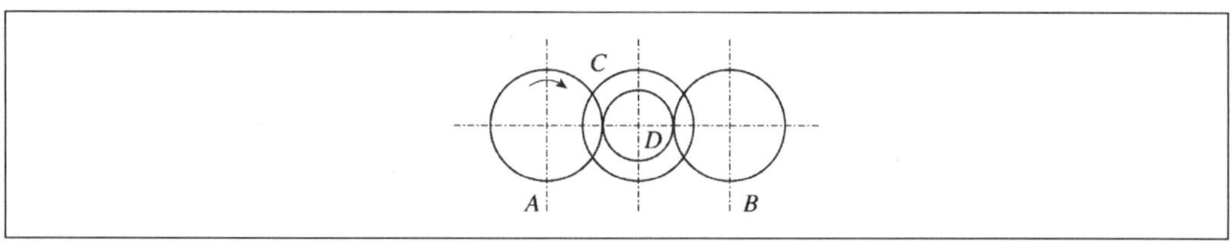

① 779rpm

② 780rpm

③ 781rpm

④ 782rpm

16 스코링 현상의 방지대책으로 옳은 것은?

① 압력각을 크게 한다.

② 한계 잇수 이상으로 기어를 제작한다.

③ 압력속도계수를 제한한다.

④ 물림률을 크게 한다.

17 모듈(m) = 13, 회전력(σ_b) = 2,500N, 너비(b) = 20mm인 스퍼기의 허용 굽힘 응력은? [단, 치형계수(y) = 0.095]

① 61,750N

② 41,120N

③ 68,610N

④ 51,460N

18 복식 블록 브레이크에 대한 설명으로 옳지 않은 것은?

① 축에 대한 대칭으로 2개의 브레이크 블록이 배치된 형태이다.

② 축에 휨 모멘트가 작용하지 않아 큰 회전력 제동이 가능하다.

③ 구조가 매우 간단하다.

④ 베어링에 하중이 걸리지 않는다.

19 강선의 지름(d) = 7mm, 코일의 반지름(R) = 18mm, 유효 감김수(n) = 19, 가로 탄성계수 (G) = 9.0×10^4N/mm², 하중(W) = 70N일 때 스프링의 변형 에너지는?

① 35.7

② 53.6

③ 64.3

④ 80.4

20 유체를 한쪽 방향으로만 흐르게 하고자 한다면 어떤 밸브가 적당한가?

① 안전 밸브

② 체크 밸브

③ 스톱 밸브

④ 게이트 밸브

제5회 실력평가모의고사

정답 및 해설 P. 339

1 하중이 60kN의 물체를 4개의 아이 볼트에 달았다. 볼트의 허용 인장 응력이 $60N/mm^2$이라면 필요한 볼트의 지름은?

① 12mm

② 22mm

③ 32mm

④ 42mm

2 피치가 3mm인 3중 나사의 리드를 구하면?

① 7mm

② 8mm

③ 9mm

④ 10mm

3 테이퍼 핀에 대한 설명으로 옳은 것은?

① 기울기가 1/50이고 축을 보스에 고정할 때 사용한다.

② 핀의 양쪽 지름이 동일한 핀이다.

③ 핀 체결 후 끝부분을 양쪽으로 분할하여 사용한다.

④ 주로 기계부품을 조립할 때 사용한다.

4 양쪽 덮개판 1줄 맞대기 리벳 이음에서 피치가 50mm, 리벳의 지름 16mm, 강판의 두께 8mm, 리벳의 허용 전단 응력은 강판의 허용 인장 응력의 90%일 때 리벳 이음의 효율은 얼마인가?

① 80%

② 81%

③ 68%

④ 78%

5 측면 필렛 용접 이음에서 허용 전단 응력이 40N/mm²이라면 몇 N의 하중을 받게 되는가?
(단, h =10, l =120)

① 16,972N

② 33,947N

③ 67,872N

④ 69,300N

6 허용 굽힘 응력이 102N/mm²이고, 축에 작용하는 하중은 5,000N이다. 축의 길이가 1m라고 하면 작용 하중을 견딜 수 있는 직경은 얼마인가?

① 50mm

② 60mm

③ 70mm

④ 80mm

7 다음 중 양면 그루브의 홈의 종류에 속하는 것이 아닌 것은?

① K형

② 양면 J형

③ X형

④ V형

8 원판 마찰 클러치에서 평균직경이 500mm, 마찰면 폭이 50mm, 접촉면 평균압력이 0.4 N/mm², 마찰계수가 0.4, 회전수가 500rpm일 때 동력은?

① 209PS

② 219PS

③ 229PS

④ 239PS

9 회전수 400rpm, 직경 80mm의 축에 8,000N의 레이디얼 하중은 받고 있는 저널 베어링의 마찰 손실 동력은?   (단, μ = 0.02)

① 0.3575PS

② 0.1787PS

③ 0.5363PS

④ 0.2681PS

10 다음 중 마찰저항이 적고 급유할 필요가 없는 베어링은?

① 복합 베어링

② 스러스트 볼 베어링

③ 미니어처 베어링

④ 레이디얼 볼 베어링

11 원동차 지름 200mm, 종동차 지름 400mm이며 회전수(N)가 각각 800rpm, 400rpm인 원통 마찰차를 서로 800N의 힘으로 강압하면 전단할 수 있는 마력은? (단, μ = 0.15)

① 0.34PS

② 1.34PS

③ 2.68PS

④ 3.68PS

12 두 축의 중심거리(C) = 8,000mm, 원동 풀리 지름(D_A) = 500mm, 종동 풀리 지름(D_B) = 1,000mm일 때 십자 걸기로 감을 경우의 길이는?

① 9,213mm

② 12,284mm

③ 18,697mm

④ 18,427mm

13 풀리와 풀리 간의 거리가 6,000mm, 각각의 지름이 400mm, 800mm인 평행 걸기로 된 V 벨트 풀리의 벨트길이는?

① 13,892mm

② 19,261mm

③ 12,348mm

④ 10,290mm

14 롤러 체인에 비해 사일런트 체인의 우수한 점으로 옳지 않은 것은?

① 이와 체인의 접촉면적이 크기 때문에 전동효율이 높다.

② 이와 체인의 접촉면적이 작아야 소리가 나지 않고 정숙한 전동이 가능하다.

③ 사용시 체인의 늘어남이 적다.

④ 고속으로 운전할 수 있다.

15 원추각 2α = 60°, 마찰면 평균 직경 200mm, 축 방향 하중이 2,000N, 마찰계수 0.4인 원추 클러치의 토크는? (단, sin30° = 0.5, cos30° = 0.87)

① 34,000N · mm

② 57,000N · mm

③ 94,000N · mm

④ 86,000N · mm

16 모듈(m) = 5, 잇수(Z) = 34, 압력각(α) = 20°일 때, 언더컷을 방지하기 위한 이끝의 높이는?

① 10mm

② 15mm

③ 20mm

④ 25mm

17 스퍼 기어의 설계에 해당하지 않는 것은?

① 제일 먼저 기어 축의 지름을 결정한다.

② 작은 기어의 피치원 지름은 축지름보다 작게 하여야 한다.

③ 기어에 사용할 재료를 선정한다.

④ 모듈과 이의 너비 등을 결정한다.

18 다음 중 단식 블록 브레이크의 설계 특성에 대한 설명으로 옳지 않은 것은?

① 브레이크 레버 치수는 a/b = 3~6이며 10을 넘지 않는다.

② 인력으로 조작을 할 경우 100~150N의 힘을 사용해야 한다.

③ 블록과 드럼 사이의 틈새는 3~6mm가 적당하다.

④ 브레이크 드럼의 회전은 우회전과 좌회전으로 나눌 수 있다.

19 길이가 10m인 강관에 400℃의 과열 증기가 통과하고 있다면 이때 열팽창으로 인해 늘어난 길이는? (단, 상온의 온도 = 20℃, 열팽창계수 = 112 × 10^{-7})

① 40.12mm

② 42.56mm

③ 44.97mm

④ 46.84mm

20 압력각에 대한 설명으로 옳지 않은 것은?

① 피치 곡선에 세운 법선과 종동절 운동 방향과의 각도를 말한다.

② 캠의 회전수가 100rpm 이상이면 45°, 100rpm 이하이면 30°까지로 제한한다.

③ 압력각이 커지면 회전이 불가능해진다.

④ 압력각은 캠의 치수결정에 영향을 주며 압력각이 작을수록 원동절의 토크값은 커진다.

정답 및 해설

1. ③	2. ④	3. ①	4. ④	5. ③	6. ②	7. ④	8. ①	9. ④	10. ④
11. ②	12. ②	13. ③	14. ②	15. ①	16. ②	17. ③	18. ④	19. ④	20. ③

1 ③ 기어는 동력전달 기계요소이다.

2 리벳작업
　　ㄱ 리벳의 구멍은 재료에 펀칭이나 드릴링을 사용하여 뚫는다.
　　ㄴ 리벳의 구멍은 리벳 지름보다 $1 \sim 1.5$(mm) 크게 뚫는다.
　　ㄷ 리벳 축의 길이는 축 지름의 5배 정도로 한다.
　　ㄹ 기밀성을 요하는 리벳작업은 코킹이나 플러링을 한다.

3 ② 큰 힘에도 견딜 수 있으므로 격렬하게 움직이는 부분에 사용한다.
　　③ 축 방향의 힘이 한 방향으로만 작용하는 프레스, 바이스에 사용한다.
　　④ 공작이 용이하고 높은 정밀도로 선반의 이송나사 등 추력을 전달하는 운동용 나사에 사용한다.

4 축이 받는 토크(T)

$$T = \frac{\pi}{16} d^3 \tau = \frac{\pi}{16} \times (45)^3 \times 20 = 357.847 \text{N} \cdot \text{mm}$$

축의 지름이 45mm이므로 KS 규격에서 키의 너비와 높이를 찾아보면
$b \times h = 12 \times 8$mm이며 키의 두께(t)는 4mm이다.

전단 강도에서 $l = \dfrac{2T}{bd\tau} = \dfrac{2 \times 357{,}847}{12 \times 45 \times 20} = 66.3$mm

굽힘 강도에서 $l = \dfrac{\pi d^2 \tau}{8t\sigma_c} = \dfrac{\pi \times (45)^2 \times 20}{8 \times 4 \times 70} = 56.8$mm

안전하게 큰 것을 택하면 $l = 66.3$mm
∴ 키의 치수 $b \times h \times l = 12 \times 8 \times 66.3$mm

5
$$\sigma_t = \frac{W}{(p-d)t} = \frac{13,500}{(54-22)\times 14} = 30.1 \fallingdotseq 30\text{N/mm}^2$$

6 축의 전달토크와 지름

㉠ 축의 전달토크$(T) = 9,740,000\frac{H'}{N} = \frac{9,740,000\times 2.5}{300} = 81,167\text{N}\cdot\text{mm}$

㉡ 축의 지름$(T) = z_p \cdot \tau = \frac{\pi d^3}{16}\tau$ 에서

$$d = \sqrt[3]{\frac{16T}{\pi\tau}} = \sqrt[3]{\frac{16\times 81,167}{\pi\times 30}} = 24\text{mm}$$

7
$$T = 7,162,000\frac{H_{\text{PS}}}{N} = \tau Z_P$$

$$T = 7,162,000\frac{40}{400} = 716,200\text{N}\cdot\text{mm}$$

$$Z_P = \frac{\pi(d_2{}^4 - d_1{}^4)}{16d_2}$$

$$d_1 = \sqrt[4]{d_2{}^4 - \frac{T}{\tau}\cdot\frac{16d_2}{\pi}} = \sqrt[4]{60^4 - \frac{716,200}{40}\cdot\frac{16\times 60}{\pi}} = 52.3 \fallingdotseq 52\text{mm}$$

8 전달토크와 마찰력

㉠ 전달토크$(T) = \mu P z \dfrac{D_m}{2}$

㉡ 마찰력$(P) = \dfrac{2T}{\mu z D_m} = \dfrac{2\times 13,000}{0.1\times 2\times 100} = 1,300\text{N}$

9
$$P = \frac{\pi(d_2{}^2 - d_1{}^2)}{4}\cdot z p_a = \frac{\pi\times(280^2 - 160^2)}{4}\cdot(2\times 0.6) = 49,762.82 \fallingdotseq 49,763\text{N}$$

10 ④ 안지름은 12×5로 60mm이다.

※ 베어링 치수 표기 … 예 6208C2P6

㉠ 62 : 지름 계열 2인 깊은 홈 볼 베어링

㉡ 08 : 안지름 08×5 = 40mm

㉢ C2 : 클리어런스 기호(보통급보다 작음)

㉣ P6 : 6급의 정밀도 등급

11 M20×2

㉠ 미터 나사

㉡ 나사의 외경(호칭지름) : 20mm

㉢ 나사의 피치 : 2mm

12 속도$(v) = \dfrac{\pi DN}{60 \times 1{,}000} = \dfrac{\pi \times 500 \times 300}{60 \times 1{,}000} = 7.85\text{m/s}$

힘$(P) = bq = 60 \times 15 = 900\text{N}$

마력$(H_{\text{kW}}) = \dfrac{\mu Pv}{1{,}020} = \dfrac{0.4 \times 900 \times 7.85}{1{,}020} = 2.77\text{kW}$

(단, $1\text{kW} = 102\text{kgf} \cdot \text{m/s} = 1{,}020\text{N} \cdot \text{m/s}$)

13 벨트 전달마력$(H_{\text{PS}}) = \dfrac{v}{750}\left(T_s - \dfrac{wv^2}{g}\right)\left(\dfrac{e^{\mu\theta}-1}{e^{\mu\theta}}\right)$ (단, $1\text{PS} = 75\text{kgf} \cdot \text{m/s} = 750\text{N} \cdot \text{m/s}$)

$$= \dfrac{18}{750}\left(200 - \dfrac{1 \times 18^2}{9.8}\right)\left(\dfrac{4-1}{4}\right) = 3.00 \fallingdotseq 3\text{PS}$$

14 속도비$(i) = \dfrac{N_2}{N_1} = \dfrac{Z_1}{Z_2} = \dfrac{450}{300} = \dfrac{150}{100} = 1.5$

15 체인의 링크 수

$$L_n = \dfrac{Z_2 + Z_1}{2} + \dfrac{2 \cdot C}{p} + \dfrac{(Z_2 - Z_1)^2 \cdot p}{4 \cdot C \cdot \pi^2} = \dfrac{20+60}{2} + \dfrac{2 \times 800}{15} + \dfrac{(60-20)^2 \times 15}{4 \times 800 \times \pi^2} = 147.4$$

16 ① 양쪽으로 나선형으로 된 기어를 조합한 것

③ 이의 끝이 피치 원주의 모직선과 일치하는 베벨 기어

④ 스큐 기어나 헬리컬 기어와 물리는 원판상의 기어

17 기초원 지름$(D_g) = D \cdot \cos\alpha = m \cdot Z \cdot \cos\alpha$ ················ ㉠

모듈$(m) = \dfrac{D}{Z} = \dfrac{p}{\pi}$ ··· ㉡

중심거리$(C) = \dfrac{D_1 + D_2}{2} = \dfrac{(Z_1 + Z_2) \cdot m}{2}$ ················ ㉢

㉡에서 m 을 구하면 $\dfrac{20}{\pi} = 6.366 \fallingdotseq 6.4$ $\therefore m = 6.4$

㉠식을 잇수를 구하는 식으로 변형하면

$$Z = \frac{D_g}{m \cdot \cos\alpha}$$

$$Z_1 = \frac{D_{g1}}{m \cdot \cos\alpha} = \frac{380}{6.4 \times \cos 20°} = 63.185 \fallingdotseq 63$$

$$Z_2 = \frac{D_{g2}}{m \cdot \cos\alpha} = \frac{450}{6.4 \times \cos 20°} = 74.824 \fallingdotseq 75$$

Z_1, Z_2를 ㉢식에 대입하여 계산하면

$$C = \frac{(Z_1 + Z_2) \cdot m}{2} = \frac{(63 + 75) \cdot 6.4}{2} = 441.6\text{mm}$$

18 헬리컬 기어의 중심거리

$$C = \frac{D_{s1} + D_{s2}}{2} = \frac{Z_{s1} + Z_{s2}}{2} \cdot m_s = \frac{Z_{s1} + Z_{s2}}{2} \cdot \frac{m_n}{\cos\beta} = \frac{100 + 200}{2} \cdot \frac{5}{\cos 30°} = 866.03\text{mm}$$

19 브레이크 블록의 재료 … 주철, 주강, 나무, 가죽, 석면, 직물 등

20 ③ 소켓 관 이음에 대한 설명이다.

※ 소켓 관 이음 … 관의 끝을 차입과 소켓용으로 만들어 조립한 것으로 마, 면 등을 틈새에 패킹하여 납, 시멘트 등으로 기밀을 유지하여 사용한다.

Answer 제2회

1. ③	2. ③	3. ①	4. ②	5. ①	6. ③	7. ③	8. ③	9. ②	10. ①
11. ③	12. ②	13. ②	14. ②	15. ②	16. ③	17. ③	18. ②	19. ②	20. ②

1 응력(σ) $= \frac{W}{A}$, $E = \frac{\sigma}{\epsilon}$ 이므로 $W = A \cdot \sigma = A \cdot E \cdot \epsilon$ 된다.

연강의 탄성계수(E) $= 2.1 \times 10^7$ 이므로

$$\frac{\pi}{4}(1)^2 \times 2.1 \times 10^7 \times 0.9 \times 10^{-2} = 148,440\text{N/cm}^2 = 148.4\text{kN/cm}^2$$

2

리드각(α)를 구하면 $\tan\alpha = \dfrac{p}{\pi d_2} = \dfrac{3.17}{\pi \times 63.5} = 0.015$ $\therefore \alpha = 0.9°$

마찰각(ρ)를 구하면 $\mu = \tan\rho = 0.1$ $\therefore \rho = 5.7°$

스패너의 유효길이(l)를 구하면 $T = W\tan(\rho + \alpha)\dfrac{d_2}{2} = p_s l$

$80,000 \times \tan(0.9 + 5.7) \times \dfrac{63.5}{2} = 300 \times l$ $\therefore l = 979.6\text{mm} ≒ 98\text{cm}$

3

② 입의 나비를 다양하게 조절할 수 있다.
③ 세트 스크류나 육각, 사각 구멍 붙이 너트에 사용한다.
④ 세트 나사를 풀고 죌 때 사용한다.

4

$$l = \frac{\tau \cdot \pi d^2}{8\sigma_c \cdot t} = \frac{30 \times \pi \times (50)^2}{8 \times 120 \times 10} = 24.5\text{mm}$$

5

$$\eta_t = \left(1 - \frac{d}{p}\right) \times 100 = \left(1 - \frac{22}{54}\right) \times 100 = 59\%$$

6

비틀림 모멘트가 작용하는 경우의 전달토크

$$T = 7,162,000\frac{H}{N}(\text{N} \cdot \text{mm})$$

7

$$M_e = \frac{1}{2}\left(M + \sqrt{M^2 + T^2}\right) = \frac{1}{2}\left(60,000 + \sqrt{60,000^2 + 80,000^2}\right) = 80,000\text{N} \cdot \text{mm}$$

$$T_e = \sqrt{M^2 + T^2} = \sqrt{60,000^2 + 80,000^2} = 100,000\text{N} \cdot \text{mm}$$

$$M_e = \sigma_b Z, \ d = \sqrt[3]{\frac{5.1M_e}{\sigma}} = \sqrt[3]{\frac{5.1 \times 80,000}{204}} = 12.5 ≒ 13\text{mm}$$

$$T_e = \tau \cdot Z_P, \ d = \sqrt[3]{\frac{10.2T_e}{\tau}} = \sqrt[3]{\frac{10.2 \times 100,000}{102}} = 21.5 ≒ 22\text{mm}$$

$\therefore$ 축의 지름은 큰 값을 선택한다.

8

토크(T) $= 7,162,000\dfrac{H}{N} = 7,162,000 \times \dfrac{40}{2,000} = 143,240\text{N} \cdot \text{mm}$

직경(R_m) $= T = \mu P R_m$, $R_m = \dfrac{T}{\mu P} = \dfrac{143,240}{0.2 \times 1,800} = 397.8 ≒ 398\text{mm}$

평균직경(D_m) $= 2R_m = 2 \times 398 = 796\text{mm}$

9

$$\frac{l}{d} = \sqrt{\frac{1}{5.1} \cdot \frac{\sigma_b}{P_a}} \to 2.5 = \sqrt{\frac{1}{5.1} \times \frac{50}{P_a}} \to P_a = \frac{50}{5.1 \times 2.5^2} = 1.5686 \fallingdotseq 1.57$$

$$P_a = \frac{W}{dl}, \ W = 20{,}000\text{N} \cdot \text{mm}, \ P_a = 1.57$$

$$1.57 = \frac{20{,}000}{d \times 2.5d} \Rightarrow d = \sqrt{\frac{20{,}000}{2.5 \times 1.57}} = 71.38 \fallingdotseq 71\text{mm}$$

$$l = 2.5d = 2.5 \times 71 = 177.5 \fallingdotseq 178\text{mm}$$

10 베어링 메탈의 재료

  ㉠ **황동**(Brass) : 피로강도가 크고 저속, 고압용에 사용한다.

  ㉡ **포금**(Gun Metal) : 값이 비싸기 때문에 고급 베어링에 사용한다.

  ㉢ **청동**(Bronze) : 중속, 고압용으로 고급 베어링에 사용한다.

  ㉣ **켈멧 합금**(Kelmet)

   • Cu와 Pb(20 ~ 30%)의 합금이다.

   • 구리에서 강도를 얻고, 납은 윤활유와 유막형성을 좋게 한다.

   • 중하중, 고속회전에 적당하다.

11

$$\text{토크}(T) = \mu P \frac{D_B}{2} = 7{,}162{,}000 \frac{H}{N} = 7{,}162{,}000 \times \frac{4}{800} = 35{,}810\text{N} \cdot \text{mm}$$

$$\text{힘}(P) = \frac{2T}{\mu D_B} = \frac{2 \times 35{,}810}{0.2 \times 400} = 895.25 \fallingdotseq 895\text{N}$$

12

$$i = \frac{\omega_B}{\omega_A} = \frac{N_B}{N_A} = \frac{D_A}{D_B}$$

$$= \frac{\sin\alpha}{\sin\beta} = \frac{\sin30°}{\sin60°} = 0.58$$

13

$$\text{장력비}(e^{\mu\theta}) = \frac{T_t}{T_s} = \frac{1{,}800}{600} = 3$$

$$\text{전달동력}(H_{\text{kW}}) = \frac{v}{1{,}020} \cdot \left(T_t - \frac{\omega v^2}{g}\right) \cdot \left(\frac{e^{\mu\theta} - 1}{e^{\mu\theta}}\right) \quad (\text{단, } 1\text{kW} = 102\text{kgf} \cdot \text{m/s} = 1{,}020\text{N} \cdot \text{m/s})$$

$$= \frac{v T_t}{1{,}020} \cdot \left(\frac{e^{\mu\theta} - 1}{e^{\mu\theta}}\right) \quad (\because \text{속도가 } 10\text{m/s} \text{ 미만이면 } \frac{\omega v^2}{g} \text{ 생략})$$

$$= \frac{8 \times 1{,}800}{1{,}020} \cdot \left(\frac{3-1}{3}\right) = 9.411 \fallingdotseq 9\text{kW}$$

14 ① 고속 동력 전동용 ③ 저속 동력 전달용 ④ 고속 동력 전달용

15 피치원 지름$(D_1) = \dfrac{p}{\sin\dfrac{180°}{Z}} = \dfrac{25.8}{\sin\dfrac{180°}{36}} = 296.02\text{mm}$

바깥지름$(D_0) = p \cdot \left(0.6 + \cot\dfrac{180°}{Z}\right) = 25.8 \cdot \left(0.6 + \cot\dfrac{180°}{36}\right) = 310.37\text{mm}$

16 기어의 피치

㉠ $m = \dfrac{D}{Z} = \dfrac{p}{\pi}$ 에서 모듈이 커지면 원주 피치가 커진다.

㉡ $p = \dfrac{\pi \cdot D}{Z}$ 에서 원주 피치가 커지면 잇수는 적어진다.

㉢ $p_d = \dfrac{Z}{D} = \dfrac{\pi}{p}$ 에서 지름 피치가 커지면 원주 피치가 작아지고 따라서 모듈은 작아진다.

17 수명시간$(L_h) = 500\left(\dfrac{C}{P}\right)^r \times \dfrac{33.3}{N}$ 인 공식을 C(기본부하용량)에 대해서 정리하면

$C = P^r \sqrt{\dfrac{L_h N}{33.3 \times 500}}$ 가 된다.

하중계수 (f_w)가 2.0이므로 대입시켜 계산하면

$C = 2.0 \times 1,800 \times \sqrt[3]{\dfrac{40,000 \times 400}{33.3 \times 500}} = 35,525.2 \doteqdot 35,525\text{N}$

18 중심거리$(C) = \dfrac{D_1 + D_2}{2} = \dfrac{Z_1 + Z_2}{2} \cdot m_s = \dfrac{Z_1 + Z_2}{2 \cdot \cos\beta} \cdot m_n$

$= \dfrac{24 + 60}{2 \cdot \cos14°} \cdot 6 = 259.7 \doteqdot 260\text{mm}$

19 $\mu = \dfrac{\tan\alpha}{\tan(\rho + \alpha)}$ 이고, $\alpha = \dfrac{\pi}{4} - \dfrac{\rho}{2}$ 일 때 최대이다.

$\therefore$ 최대효율$(\eta_{\max}) = \dfrac{\tan\left(\dfrac{\pi}{4} - \dfrac{\rho}{2}\right)}{\tan\left(\dfrac{\pi}{4} + \dfrac{\rho}{2}\right)} = \tan^2\left(\dfrac{\pi}{4} - \dfrac{\rho}{2}\right)$

20 $\sigma_t = \dfrac{D \cdot p}{200 \cdot t} = \dfrac{480 \times 200}{200 \times 12} = 40\text{N/mm}^2$

| 1. ② | 2. ③ | 3. ③ | 4. ③ | 5. ② | 6. ④ | 7. ④ | 8. ② | 9. ③ | 10. ② |
| 11. ④ | 12. ③ | 13. ② | 14. ④ | 15. ② | 16. ③ | 17. ③ | 18. ③ | 19. ④ | 20. ② |

1

$\tau = \gamma G$, $G = \dfrac{\tau}{\gamma} = \dfrac{\frac{P_s}{A}}{\gamma}$ 이므로 식에 값을 대입하면

$$\frac{\frac{25,000}{180}}{0.9 \times 10^{-2}} = 15,432\,\text{N/mm}^2 \fallingdotseq 15.4\,\text{kN/mm}^2$$

2 눈금의 이동량은 $\dfrac{9}{30} = 0.3\text{mm}$가 된다.

3 미끄럼 키, 스플라인 등은 축 방향으로 이동이 가능하다.

4 코터
ㄱ 축 방향으로 작용하는 인장력이나 압축력을 전달한다.
ㄴ 2개의 축을 연결하는 체결용 요소이다.
ㄷ 로드(Rod), 소켓(Socket), 코터(Cotter) 3가지로 구성되어 있다.

5 용접 이음시 고려사항
ㄱ 용접성이 좋은 재질을 사용한다.
ㄴ 부재는 얇은 판 또는 형강을 사용하고 단면계수가 큰 것을 선택한다.
ㄷ 용접 부분을 분산한다.
ㄹ 용접시 구속 응력이 없도록 한다.
ㅁ 노치효과나 응력집중을 피하고 응력이 균일하도록 한다.

6

$$T = 7,162,000\frac{H_{\text{PS}}}{N} = 7,162,000\frac{20}{4,000} = 35,810\,\text{N}\cdot\text{mm}$$

$$\theta = \frac{Tl}{GI_P}\,(\text{rad}), \quad \theta = \frac{Tl}{GI_P} \times \frac{180}{\pi}$$

$$d = \sqrt[4]{\frac{32 \cdot T \cdot l}{G \cdot \pi \cdot \theta} \times \frac{180}{\pi}} = \sqrt[4]{\frac{32 \cdot 35,810 \cdot 3,000}{90,000 \cdot \pi \cdot 3} \times \frac{180}{\pi}} = 21.95 \fallingdotseq 22\,\text{mm}$$

7 원판 마찰 클러치

㉠ 마찰력을 이용하여 동력을 전달하는 클러치를 의미한다.

㉡ 과부하가 걸렸을 경우 마찰 부분이 미끄러져 일정 이상의 회전이 걸리지 않아 안전장치로 사용한다.

㉢ 마찰 클러치는 구동축과 종동축이 1개 이상의 원판을 접촉시켜 마찰력을 얻기 때문에 접촉면이 클수록, 또는 마찰판이 클수록 마찰력이 커진다.

8 $T = \mu Q R_m$

$Q = 2\pi R_m b p$

전달토크(T)를 구하려면 먼저 마찰면의 너비(Q)를 구해야 하므로

$$Q = 2\pi \frac{200 + 180}{2} \times 45 \times 0.5 = 26,860.6 \text{mm}$$

$$전달토크(T) = \mu Q R_m = 0.4 \times 26,860.6 \times 180 = 1,933,963.2 \text{N/mm}^2$$

$$T = 7,162,000 \frac{H_{ps}}{N} \rightarrow N_{ps} = \frac{T \cdot N}{7,162,000} = \frac{1,933,963.2 \times 800}{7,162,000} = 216.0 = 216 \text{PS}$$

9 ① 피로강도가 크고 중저속 · 고압용에 사용한다.

② 가격이 비싸고 종속 · 고압용에 사용한다.

④ 내마멸성이 크고 고속 · 고부하에 사용한다.

10 $$회전수(N) = \frac{dN}{d} = \frac{한계속도계수}{내경} = \frac{150,000}{30} = 5,000 \text{rpm}$$

$$계산수명(L_n) = \frac{60 N L_h}{10^6} = \frac{60 \times 5,000 \times 20,000}{10^6} = 6,000 \times 10^6 \text{ 회전}$$

$$베어링 하중(P) = \frac{C}{\sqrt[3]{L_n}} = \frac{50,000}{\sqrt[3]{6,000}} = 2,751.6 = 2,752 \text{N}$$

11 $$유효 마찰 계수(\mu') = \frac{\mu}{\sin\alpha - \mu\cos\alpha} = \frac{0.15}{\sin30° + 0.15 \times \cos30°}$$

$$= \frac{0.15}{0.5 + (0.15 \times 0.866)} = 0.2381 = 0.24$$

$$속도(v) = \frac{\pi DN}{60 \times 1,000} = \frac{\pi \times 500 \times 300}{60 \times 1,000} = 7.8539 = 7.86 \text{m/s}$$

$$밀어붙이는 힘(P) = \frac{750H}{\mu' v} = \frac{750 \times 5}{0.24 \times 7.86} = 1,987.9 = 1,988 \text{N}$$

(단, 1PS = 75kgf · m/s = 750N · m/s)

12
$$v = \frac{\pi D N}{60 \times 1,000} = \frac{\pi \times 200 \times 80}{60 \times 1,000} = 0.84\text{m/s}$$

$$H' = \frac{\mu P v}{1,020} \quad (\text{단, } 1\text{kW} = 102\text{kgf} \cdot \text{m/s} = 1,020\text{N} \cdot \text{m/s})$$

$$P = \frac{1,020 \cdot H'}{\mu v} = \frac{1,020 \times 0.75}{0.2 \times 0.84} = 4,553.5 \fallingdotseq 4,554\text{N}$$

13
$$\text{유효장력}(P_e) = \left(T_t - \frac{\omega v^2}{g} \right)\left(\frac{e^{\mu\theta} - 1}{e^{\mu\theta}} \right) = \left(800 - \frac{2 \times 60^2}{9.8} \right)\left(\frac{3 - 1}{3} \right) = 43.53 \fallingdotseq 44\text{N}$$

14 로프 중심에 별도의 심을 넣어 만드는 것은 4개 꼬임이다.

15
$$\text{직경}(d) = \sqrt[3]{\frac{5.1 T}{\tau}} = \sqrt[3]{\frac{5.1 \times 80,000}{102}} = 15.8 \fallingdotseq 16\text{mm}$$

$$\text{비틀림각}(\theta) = \frac{32 Tl}{\pi d^4 G} \times \frac{180}{\pi} = \frac{32 \times 80,000 \times 2,000}{\pi \times 930,000 \times 16^4} \times \frac{180}{\pi} = 1.53°$$

16 스퍼 기어의 전달동력

㉠ 원주속도$(v) = \dfrac{\pi \cdot m \cdot Z \cdot N}{60 \times 1,000} = \dfrac{\pi \times 4 \times 20 \times 800}{60 \times 1,000} = 3.35\text{m/s}$

㉡ 속도계수$(f_v) = \dfrac{3.05}{3.05 + 3.35} = 0.477$

㉢ 회전력$(F) = f_v \cdot \sigma_b \cdot b \cdot m \cdot y = 0.477 \times 320 \times 40 \times 4 \times 0.32 = 7,815.16 \fallingdotseq 7,815$

㉣ 전달동력$(H) = \dfrac{F \cdot v}{750} = \dfrac{7,815 \times 3.35}{750} = 34.9\text{PS}$

　　(단, $1\text{PS} = 75\text{kgf} \cdot \text{m/s} = 750\text{N} \cdot \text{m/s}$)

17
$$\text{속도}(v) = \frac{\pi D N}{60 \times 1,000} = \frac{\pi \times 600 \times 400}{60 \times 1,000} = 12.56 \fallingdotseq 13\text{m/s}$$

v가 13m/s이므로 $5 \sim 20$m/s(중속용)에 해당되는 식인 $\dfrac{6.1}{6.1 + v}$에 해당된다.

18
$$\text{피치원 지름}(D_g) = \frac{Z_g \cdot m_n}{\cos \beta} = \frac{64 \cdot 4}{\cos 30°} = 295.60 \fallingdotseq 296\text{mm}$$

19 ④ 접시 스프링에 대한 설명이다.

※ **접시 스프링** … 중심에 구멍이 뚫린 원판을 원추형 모양으로 가공시킨 스프링으로 응력분포가 고르지 못하고 정하중의 기계요소로 사용된다.

20 ② 인벌루트 치형에 대한 설명이다.

※ 사이클로이드 치형은 인벌루트 치형에 비해 미끄럼이 작고 최소 잇수도 작다.

Answer 제4회

1. ②	2. ①	3. ②	4. ①	5. ②	6. ②	7. ④	8. ③	9. ②	10. ②
11. ③	12. ④	13. ④	14. ②	15. ②	16. ③	17. ①	18. ③	19. ④	20. ②

1

$$단면계수(Z) = \frac{\pi d^3}{32} = \frac{\pi \times 12^3}{32} = 169.64 ≒ 170\text{mm}^3$$

$$극단면계수(Z_p) = \frac{\pi d^3}{16} = \frac{\pi \times 12^3}{16} = 339.29 ≒ 339\text{mm}^3$$

2 유니파이 나사에는 유니파이 보통 나사와 유니파이 가는 나사가 있는데 항공기용 작은 나사에는 유니파이 가는 나사가 사용된다.

3 양쪽 기울기를 갖는 코터의 자립조건 … $\rho \geq \alpha$(경사각은 마찰각보다 작아야 한다)

4 **플러링과 코킹** … 기밀을 필요로 하는 경우 리벳작업이 끝난 뒤에 리벳머리의 주위와 강판의 가장자리를 정과 같은 공구로 때리는 작업을 의미한다.

5

$$면적(A) = 2(0.707t)l = 1.414tl$$

$$\tau = \frac{P}{A} = \frac{P}{1.414tl}$$

$$l = \frac{P}{1.414t\tau} = \frac{38,000}{1.414 \times 10 \times 50} = 53.75 ≒ 53.8\text{mm}$$

6
$$d = \sqrt[3]{\frac{5.1T}{\tau}} = \sqrt[3]{\frac{5.1 \times 10,000,000}{51}} = 100\text{mm}$$

7 마찰판의 재료로는 내마멸성이 우수하고 고온에 잘 견뎌야 하므로 가죽, 고무, 직물, 석면, 목재 등을 많이 사용한다.

8
$$\text{토크}(T) = 7,162,000\frac{H}{N} = 7,162,000 \times \frac{50}{400}$$
$$= 895,250\text{N} \cdot \text{mm}$$

$T = \tau\frac{\pi d_1^{\,2}}{4}z \times \frac{D_B}{2}$ 를 τ 구하는 식으로 변형하면

$$\text{전단응력}(\tau) = \frac{8T}{\pi\delta^2 zD_B} = \frac{8 \times 895,250}{\pi \times 14^2 \times 4 \times 100}$$
$$= 29\text{N/mm}^2$$

9
$$p = \frac{P}{dl}, \ l = 2d$$
$$\therefore \ p = \frac{P}{2d^2}$$
$$d = \sqrt{\frac{P}{2p}} = \sqrt{\frac{14,400}{2 \times 2}} = 60\text{mm}$$

10 볼 베어링의 경우 계산공식
$$\text{속도계수}(f_n) = \left(\frac{33.3}{N}\right)^{\frac{1}{3}} = \left(\frac{33.3}{500}\right)^{\frac{1}{3}} = 0.405 \fallingdotseq 0.41$$
$$\text{수명계수}(f_h) = f_n\frac{C}{P} = 6.833 \fallingdotseq 6.83$$
$$\text{수명시간}(L_h) = 500f_h^{\,3} = 159,305.9 \fallingdotseq 159,306\text{h}$$

11
$$\text{원주속도}(v) = \frac{\pi DN}{60 \times 1,000} = \frac{\pi \times 400 \times 300}{60 \times 1,000} = 6.283 \fallingdotseq 6.28\text{m/s}$$
$$\text{전달동력}(H_{\text{kW}}) = \frac{\mu Pv}{1,020} = \frac{0.15 \times 1,500 \times 6.28}{1,020} = 1.385 \fallingdotseq 1.4\text{kW}$$
$$(\text{단}, \ 1\text{kW} = 102\text{kgf} \cdot \text{m/s} = 1,020\text{N} \cdot \text{m/s})$$

12 벨트의 특성
　㉠ 축간 거리가 길어도 사용이 가능하다.
　㉡ 벨트의 미끄럼으로 인해 두 축간 각속도 비가 일정하지 않다.
　㉢ 기어 전동과 같이 정확한 회전비를 얻을 수 없다.
　㉣ 벨트와 로프에 의한 동력전달은 벨트나 로프의 충격흡수로 인해 기계에 무리가 가지 않고 정숙한 운동을 한다.
　㉤ 벨트의 효율은 96 ~ 98%이다.

13 ① 5m 이하　②③ 4m 이하일 경우 사용한다.

14 $속도(v) = \dfrac{\pi \cdot D_1 \cdot N_1}{60 \times 1,000} = \dfrac{p \cdot Z_1 \cdot N_1}{60 \times 1,000} = \dfrac{13 \times 46 \times 500}{60 \times 1,000} = 4.98 ≒ 5\text{m/s}$

15 $\dfrac{N_B}{N_A} = \dfrac{Z_A \cdot Z_C}{Z_D \cdot Z_B} = \dfrac{44 \times 33}{22 \times 55} = 1.2$

　$\therefore N_B = 1.2 \times N_A = 1.2 \times 650 = 780\text{rpm}$

16 스코링 방지 대책 … 압력속도계수와 잇면의 최고 온도를 제한한다.

17 $허용 \ 굽힘 \ 응력(\sigma) = \sigma_b \cdot bmy = 2,500 \times 13 \times 20 \times 0.095 = 61,750\text{N}$

18 ③ 단식 블록 브레이크에 대한 설명이다.

19 $스프링의 \ 변형 \ 에너지(U) = \dfrac{32 \cdot n \cdot R^3 \cdot W^2}{G \cdot d^4} = \dfrac{32 \times 19 \times 18^3 \times 70^2}{9.0 \times 10^4 \times 7^4} = 80.4$

20 체크 밸브 … 유체를 한 방향으로만 흐르게 하고 역류를 방지한다.

| 1. ② | 2. ③ | 3. ① | 4. ③ | 5. ③ | 6. ① | 7. ④ | 8. ② | 9. ① | 10. ③ |
| 11. ② | 12. ④ | 13. ① | 14. ② | 15. ③ | 16. ① | 17. ② | 18. ③ | 19. ② | 20. ② |

1

$d = \sqrt{\dfrac{2W}{\sigma_a}}$ 이므로

$\sqrt{\dfrac{2 \times 60,000}{4 \times 60}} = 22.4 \fallingdotseq 22\text{mm}$

2 리드 = 줄수 × 피치이므로 $3 \times 3 = 9\text{mm}$

3 핀의 종류

㉠ 테이퍼 핀(Taper Pin)

- 핀의 양쪽 지름이 다른 원추형 핀이다.
- 기울기는 1/50이고 축을 보스에 고정할 때 사용한다.

㉡ 평행 핀(Dowel Pin) : 기계부품을 조립할 때 사용한다.

㉢ 분할 핀(Split Pin)

- 너트의 풀림방지나 바퀴가 축에서 빠지는 것을 방지할 때 사용한다.
- 핀 구멍에 핀을 넣은 후 끝을 양쪽으로 구부려서 사용한다.

4 판의 효율$(\eta_1) = \dfrac{p-d}{p} = \dfrac{50-16}{50} \times 100 = 0.68 \times 100 = 68\%$

리벳의 효율$(\eta_2) = \dfrac{1.8\dfrac{\pi}{4}d^2\tau}{pt\sigma} = \dfrac{1.8 \times \dfrac{\pi}{4} \times 16^2 \times 0.9}{50 \times 8 \times 1} \times 100 = 0.81 \times 100 = 81\%$

∴ 작은 쪽의 효율이 리벳 이음 효율이다.

5 $\tau = \dfrac{P}{2al} = \dfrac{P}{2 \times 0.707 \times h \times l}$

$P = 2 \times 0.707 \times h \times l \times \tau = 2 \times 0.707 \times 10 \times 120 \times 40 = 67,872\text{N}$

6 축의 굽힘 모멘트와 직경

   ㉠ 축의 굽힘 모멘트$(M) = \dfrac{Pl}{4} = \dfrac{5,000 \times 1,000}{4} = 1,250,000\text{N} \cdot \text{mm}$

   ㉡ 축의 직경$(d) = \sqrt[3]{\dfrac{10.2M}{\sigma_a}} = \sqrt[3]{\dfrac{10.2 \times 1,250,000}{102}} = 50\text{mm}$

7 양면 그루브 홈의 종류 … K형, 양면 J형, X형, H형

   ※ 단면 그루브 홈의 종류 … I형, J형, U형, V형

8 전달토크$(T_1) = 7,162,000\dfrac{H}{N} = 7,162,000 \times \dfrac{H}{500} = 14,324H(\text{N} \cdot \text{mm})$

   마찰토크$(T_2) = \mu\pi b\dfrac{D_m}{2}\,^2 q = 0.4 \times \pi \times 50 \times \dfrac{500^2}{2} \times 0.4 = 3,141,592.6 \fallingdotseq 3,141,593\text{N} \cdot \text{mm}$

   $T_1 = T_2,\ 14,324H = 3,141,593$

   $H = 219.3 \fallingdotseq 219\text{PS}$

9 동력손실$(H_f) = \dfrac{\mu W_v}{750}$ (단, $1\text{PS} = 75\text{kgf} \cdot \text{m/s} = 750\text{N} \cdot \text{m/s}$)

   속도$(v) = \dfrac{\pi dN}{1,000 \times 60} = \dfrac{\pi \times 80 \times 400}{1,000 \times 60} = 1.6755 \fallingdotseq 1.676\text{m/s}$

   $H_f = \dfrac{0.02 \times 8,000 \times 1.676}{750} = 0.3575\text{PS}$

10 ① 한 벌은 축 방향 하중을 다른 한 벌은 축 직각방향 하중을 받은 베어링

   ② 축 방향 하중을 받는 볼 베어링

   ④ 축 직각 방향 하중을 받는 볼 베어링

11 원동차 속도$(v) = \dfrac{\pi D_A N_A}{60 \times 1,000} = 8.377 \fallingdotseq 8.38\text{m/s}$

   마력$(H_{\text{PS}}) = \dfrac{\mu P v}{750} = \dfrac{0.15 \times 800 \times 8.38}{750} = 1.34\text{PS}$ (단, $1\text{PS} = 75\text{kgf} \cdot \text{m/s} = 750\text{N} \cdot \text{m/s}$)

   종동차 속도$(v) = \dfrac{\pi D_B N_B}{60 \times 1,000} = 8.377 \fallingdotseq 8.38\text{m/s}$

   마력$(H_{\text{PS}}) = \dfrac{\mu P v}{750} = \dfrac{0.15 \times 800 \times 8.38}{750} = 1.34\text{PS}$

   종동차, 원동차 어느 것으로 풀어도 답은 동일하다.

12

$$L = \frac{\pi}{2}(D_B + D_A) + 2 \cdot C\cos\phi + \phi(D_B + D_A)$$

$$= \frac{\pi}{2}(D_B + D_A) + 2C + \frac{(D_B + D_A)^2}{4C}$$

$$= \frac{\pi}{2}(1{,}000 + 500) + 2 \times 8{,}000 + \frac{(1{,}000 + 500)^2}{4 \times 8{,}000}$$

$$= 18{,}426.50 \fallingdotseq 18{,}427\text{mm}$$

13

$$길이(L) = \frac{\pi}{2}(D_A + D_B) + 2C + \frac{(D_B - D_A)^2}{4C}$$

$$= \frac{\pi}{2}(400 + 800) + 2 \times 6{,}000 + \frac{(800 - 400)^2}{4 \times 6{,}000}$$

$$= 13{,}891.6 \fallingdotseq 13{,}892\text{mm}$$

14 ② 사일런트 체인은 이와 체인의 접촉면적이 커야 정숙운전이 가능하다.

15

$$상당마찰계수(\mu') = \frac{\mu}{\sin\alpha + \mu\cos\alpha} = \frac{0.4}{\sin30° + 0.4\cos30°} = \frac{0.4}{0.5 + 0.4 \times 0.87} = 0.47$$

$$전달토크(T) = \mu QR_m = \mu' QR_m = 0.47 \times 2{,}000 \times 100 = 94{,}000\text{N} \cdot \text{mm}$$

16

$$이끝높이(a) = \frac{m \cdot Z_g}{2} \cdot \sin^2\alpha = \frac{5 \times 34}{2}\sin^2 20° = 9.94 \fallingdotseq 10\text{mm}$$

17 ② 작은 기어의 피치원 지름은 축 지름보다 크게 설정하여야 한다.

18 ③ 블록과 드럼 사이의 틈새는 2 ~ 3mm가 적당하다.

19 $\lambda = \alpha \cdot (T - T_0) \cdot l = 112 \times 10^{-7}(400 - 20) \times 10 = 0.04256\text{m} = 42.56\text{mm}$

20 캠의 회전수가 100rpm 이상일 경우 30° 이하, 100rpm 이하일 경우에는 45°까지로 제한한다.

최근기출문제분석

1 나사의 호칭 기호에 대한 설명으로 옳지 않은 것은?

① M은 미터나사이다.
② G는 관용 평행나사이다.
③ UNF는 유니파이 보통나사이다.
④ Tr은 미터 사다리꼴나사이다.

> **TIP** ‖ UNF는 유니파이 가는나사이다.

2 베벨기어의 모듈이 4mm, 피치원추각이 60°, 잇수가 40일 때, 베벨기어의 대단부 바깥지름 [mm]은? (단, 이끝높이와 모듈은 같다고 가정한다)

① 164
② 168
③ 172
④ 174

> **TIP** ‖ $D_o = mZ + 2m\cos\gamma = 4 \cdot 40 + 2 \cdot 4 \cdot \dfrac{1}{2} = 164$

3 볼 베어링의 처음 정격 수명이 L_n인 경우, 동일 조건에서 베어링의 하중을 2배로 증가시킬 때 정격 수명은?

① $\dfrac{1}{3}L_n$
② $\dfrac{1}{4}L_n$
③ $\dfrac{1}{6}L_n$
④ $\dfrac{1}{8}L_n$

> **TIP** ‖ 볼 베어링의 경우 동일조건에서 베어링의 하중을 2배로 증가시킬 경우 다음의 식에 따라 수명은 1/8배가 된다.
>
> $L_n = \left(\dfrac{C}{P}\right)^r \cdot 10^6 [rev]$, P : 베어링의 하중
>
> C : 기본동적 부하용량
>
> L_n : 정격수명(계산수명, 수명회전수)
>
> 여기서, r : 지수(볼베어링의 경우 3, 롤러베어링은 10/3)

4 스프링의 탄성변형 에너지에 대한 설명으로 옳지 않은 것은?

① 하중이 커질수록 탄성변형 에너지는 커진다.

② 변형량이 커질수록 탄성변형 에너지는 커진다.

③ 비틀림각이 커질수록 탄성변형 에너지는 작아진다.

④ 토크가 커질수록 탄성변형 에너지는 커진다.

> ★**TIP**‖ 비틀림각이 커질수록 탄성변형 에너지는 커진다.

5 스프로켓과 롤러 체인을 이용하여 구성된 동력 전달장치의 총 전달동력을 증가시키기 위한 방법으로 옳지 않은 것은?

① 잇수가 더 많은 스프로켓을 사용한다.

② 더 큰 피치를 가지는 체인을 사용한다.

③ 지름이 더 작은 스프로켓을 사용한다.

④ 스프로켓의 회전수를 증가시킨다.

> ★**TIP**‖ 총 전달동력을 증가시키기 위해서는 지름이 큰 스프로켓을 사용해야 한다.

6 한 쪽이 고정된 지름 10mm의 중실 원형봉에 토크 T가 작용할 때 최대 비틀림응력은 τ이다. 동일한 토크 T에서 원형봉의 지름이 11mm로 되었을 때 원형봉에 발생하는 최대 비틀림응력에 가장 가까운 것은? (단, $\dfrac{1}{1.1} = 0.9$로 계산한다)

① 0.66τ ② 0.73τ

③ 0.81τ ④ 0.90τ

> ★**TIP**‖ $\tau_{max} = \dfrac{T}{\dfrac{\pi d^3}{16}}$ 이므로 동일한 크기의 토크가 작용될 경우 원형봉의 지름이 커질수록 작용하는 최대 비틀림응력은 줄어들게 된다.
>
> $\tau_{max} = \dfrac{T}{\dfrac{\pi \cdot (1.1)^3}{16}} = \dfrac{T \cdot (0.9)^3}{\dfrac{\pi}{16}} = \dfrac{T \cdot 0.729}{\dfrac{\pi}{16}}$ 가 된다.

Answer | 1.③ 2.① 3.④ 4.③ 5.③ 6.②

7 지름이 d=20mm인 회전축에 b=5mm, h=7mm, 길이=90mm인 평행키가 고정되어 있을 때, 압축응력만으로 전달할 수 있는 최대 토크[N · mm]는? (단, 키의 허용압축응력은 4MPa이다)

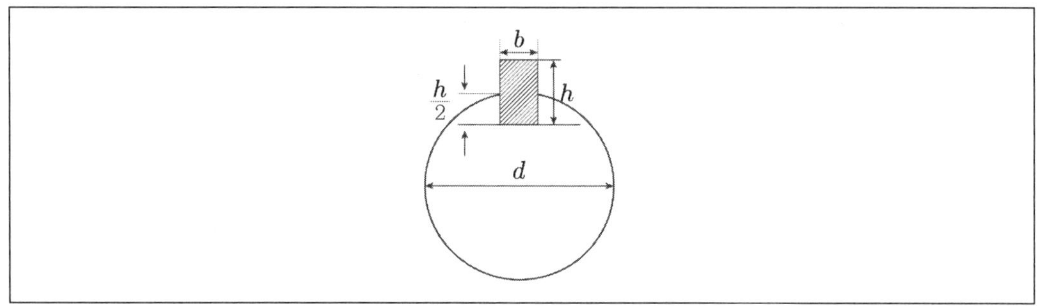

① 6,300

② 12,600

③ 18,900

④ 25,200

    TIP‖ $\sigma_c = \dfrac{4 \cdot T}{h \cdot l \cdot d} = \dfrac{4 \cdot T}{7 \cdot 90 \cdot 20} = 4$ 이므로 $T = 12,600$

8 지름이 30mm이고 허용전단응력이 80MPa인 리벳을 이용하여 두 강판을 1줄 겹치기 이음으로 연결하고자 한다. 연결된 두 강판에 100kN의 인장하중이 작용한다면 요구되는 리벳의 최소 개수는? (단, 판 사이의 마찰력을 무시하고, 전단력에 의한 파손만을 고려한다)

① 2

② 4

③ 6

④ 8

    TIP‖ 판의 두께가 주어지지 않았으므로 지압응력에 대한 고려는 무시하도록 한다.

    허용전단력은 $P_{RS} = v_a \cdot \dfrac{\pi \cdot d^2}{4} = 80 \cdot \dfrac{\pi \cdot 30^2}{4} = 56,549 N$

    최소 소요리벳수는 $n = \dfrac{100 \cdot 10^3}{56,549} = 1.77$ 이며 리벳의 수는 자연수이어야 하므로 리벳은 최소 2개 이상이어야 한다.

9 접촉면의 안지름과 바깥지름이 각각 20mm, 40mm이고, 마찰계수가 μ인 단판 클러치로 450N · mm의 토크를 전달시키는 데 필요한 접촉면압[MPa]은? (단, 힘은 균일 압력조건, 토크는 균일마모조건으로 가정한다)

① $\dfrac{1}{2\pi\mu}$ 　　　　　　　② $\dfrac{1}{4\pi\mu}$

③ $\dfrac{1}{5\pi\mu}$ 　　　　　　　④ $\dfrac{1}{10\pi\mu}$

> **TIP**‖ 단판 클러치(원판 클러치)의 전달토크는 다음과 같다.
>
> $$T = \mu W \frac{D}{2} = \mu q \pi \cdot D \cdot b \cdot \frac{D}{2}$$
>
> D : 마찰면의 평균지름 $\left(D = \dfrac{D_1 + D_2}{2}\right)$
>
> b : 마찰면의 폭 $\left(b = \dfrac{D_2 - D_1}{2}\right)$
>
> $$T = 450 = \mu W \frac{D}{2} = \mu q \pi \cdot D \cdot b \cdot \frac{D}{2} = \mu q \pi \cdot 30 \cdot 10 \cdot \frac{30}{2}$$
>
> $$\therefore q = \frac{1}{10\pi\mu}$$

10 골지름이 d_1인 수나사에 축방향 인장하중 W와 비틀림모멘트 $T = \dfrac{3}{32}Wd_1$이 복합적으로 작용한다. 이때 나사부에 생기는 최대전단응력은?

① $\dfrac{7W}{2\pi d_1^2}$ 　　　　　　　② $\dfrac{6W}{2\pi d_1^2}$

③ $\dfrac{5W}{2\pi d_1^2}$ 　　　　　　　④ $\dfrac{4W}{2\pi d_1^2}$

> **TIP**‖ 최대전단응력설에 의하면 $\tau_{\max} = \dfrac{1}{2}\sqrt{\sigma_t^2 + 4\tau^2}$
>
> $$\sigma_t = \frac{W}{\dfrac{\pi d^2}{4}}, \quad \tau = \frac{T}{\dfrac{\pi d_1^3}{16}} = \frac{\dfrac{3}{32}Wd_1}{\dfrac{\pi d_1^3}{16}} = \frac{3W}{2\pi d_1^2}$$
>
> 위의 식을 최대전단응력설 공식에 대입을 하면
>
> $$\tau_{\max} = \frac{1}{2}\sqrt{\sigma_t^2 + 4\tau^2} = \frac{1}{2}\sqrt{\frac{16W^2 + 9W^2}{\pi^2 d_1^4}} = \frac{5W}{2\pi d_1^2}$$

Answer | 7.② 8.① 9.④ 10.③

11 베어링의 윤활유 유출을 방지하기 위한 접촉형 밀봉장치는?

① 펠트 실(felt seal) ② 슬링거(slinger)

③ 라비린스 실(labyrinth seal) ④ 오일 홈(oil groove)

> **TIP**‖ 펠트 실은 베어링의 윤활유 유출을 방지하기 위한 접촉형 밀봉장치로서 그리스 윤활에 많이
> 사용되며 먼지나 이물질의 침입을 방지하기 위해서 사용된다.
> ㉠ 비접촉형 실
> - 오일 홈(oil groove) : 축과 하우징 사이의 좁은 틈새에서 밀봉효과가 발생된다. 저속 또는
>   그리스의 윤활에 적합하다.
> - 슬링거(slinger) 축에 부착된 회전체의 원심력에 의해 오일누출을 방지하거나 이물질의 침
>   입을 방지한다.
> - 라비린스 실(labyrinth seal) : 축과 하우징 사이에 작은 틈새의 미로를 만든 것으로 외부와
>   의 통로를 길게 하여 밀봉효과를 높인 것으로 밀봉효과가 우수하다.
> ㉡ 접촉형 실
> - 오일 실(oil seal) : 가장 많이 사용되는 밀봉장치로서 실과 축, 실과 하우징이 밀착되어 밀
>   봉역할을 한다. (실은 윤활유의 유출을 억제하고 이물질과 습기의 침투를 방지한다.)
> - 펠트 실(felt seal) : 베어링의 윤활유 유출을 방지하기 위한 접촉형 밀봉장치로서 그리스
>   윤활에 많이 사용되며 먼지나 이물질의 침입을 방지하기 위해서 사용된다.

12 단면적이 1,000mm^{2}인 봉에 1,000N의 추를 달았더니 이 봉에 발생한 응력이 설계 허용인장응
력에 도달하였다. 이 봉재의 항복점 1,000N/cm^{2}가 기준강도이면 안전율은?

① 5 ② 10

③ 15 ④ 20

> **TIP**‖ 단면적이 1,000mm^{2}인 봉에 1,000N의 추를 달았을 때 발생한 응력의 크기는 설계 허용인장응
> 력이며 그 크기는 1N/mm^{2}이 된다.
> 10,000N/cm^2=100N/mm^{2}이므로 봉재의 항복점은 1,000N/cm^2=10N/mm^{2}이 되며, 이는 설계
> 허용인장응력의 10배이므로 안전율은 10이 된다.

13 굽힘모멘트 M=8kN · m, 비틀림모멘트 T=6kN · m를 동시에 받고 있는 원형 단면 축의 상당
굽힘모멘트 M_e[kN · m]와 상당 비틀림모멘트 T_e[kN · m]는?

① $M_e = 9$, $T_e = 10$ ② $M_e = 10$, $T_e = 9$

③ $M_e = 18$, $T_e = 20$ ④ $M_e = 20$, $T_e = 18$

> **TIP**‖ 다음의 식에 문제에서 주어진 조건을 대입하면 $M_e = 9$, $T_e = 10$가 산출된다.
> - 상당 굽힘모멘트 : $M_e = \frac{1}{2}(M + \sqrt{M^2 + T^2})$
> - 상당 비틀림모멘트 : $T_e = \sqrt{M^2 + T^2}$

14 풀리 피치원의 큰쪽 지름이 D_2, 작은쪽 지름이 D_1, 두 축 간의 중심거리가 C인 평벨트로 동력을 전달할 때, 평행걸기(바로걸기)의 벨트길이에 비하여 엇걸기(십자걸기)의 벨트길이 증가는? (단, 벨트길이 근사계산은 $\sin\phi = \phi, \cos\phi = 1 - \dfrac{1}{2}\phi^2$ 을 이용한다)

① $\dfrac{D_1 D_2}{C}$

② $\dfrac{2D_1 D_2}{C}$

③ $\dfrac{C}{D_1 D_2}$

④ $\dfrac{2C}{D_1 D_2}$

> ★TIP∥
> • 엇걸기(십자걸기)의 벨트길이 : $L \fallingdotseq 2C + \dfrac{\pi}{2}(D_1 + D_2) + \dfrac{(D_1 + D_2)^2}{4C}$
>
> • 바로걸기(평행걸기)의 벨트길이 : $L \fallingdotseq 2C + \dfrac{\pi}{2}(D_1 + D_2) + \dfrac{(D_2 - D_1)^2}{4C}$
>
> • 엇걸기 길이에서 바로걸기 길이를 뺀 값 : $\dfrac{D_1 D_2}{C}$

15 안지름이 150mm, 바깥지름이 200mm, 칼라 수가 2개인 칼라베어링이 견딜 수 있는 최대 축방향 하중[N]은? (단, 평균베어링 압력＝0.06MPa, π＝3으로 한다)

① 1,155

② 1,575

③ 2,310

④ 3,150

> ★TIP∥ $p = \dfrac{P}{AZ} = \dfrac{P}{\dfrac{\pi}{4}(d_2^2 - d_1^2)Z}$ (Z : 칼라의 수)
>
> 위의 식에 주어진 조건을 대입하면 칼라베어링이 견딜 수 있는 최대 축방향 하중은 1,575N이 된다.

16 인벌류트 기어의 작용선에 대한 설명으로 옳지 않은 것은?

① 두 기어가 맞물려 회전할 때 접촉점에서 힘이 전달되는 방향을 나타낸다.

② 두 기어가 맞물려 회전할 때 접촉점이 이동하는 궤적이 된다.

③ 두 기어 기초원의 공통접선이 된다.

④ 두 기어가 맞물려 회전할 때 치면의 접촉점에서 세운 공통 접선이다.

> **TIP** ‖ 인벌류트 기어의 작용선은 두 기어가 맞물려 회전할 때 치면의 접촉점에서 세운 공통법선으로 양쪽 기어의 기초원의 공통접선과 일치한다. 참고로 압력각은 피치원에 접하는 접선과 두 기어의 작용선이 이루는 각이다.
>
> 인벌류트 기어의 작용선은 맞물고 있는 기어 치면(齒面)의 접촉점에 세운 2개의 공통 법선(法線), 인벌류트 평기어에서는 접촉점의 궤적과 겹친다.(양 기초 원의 공통 접선)

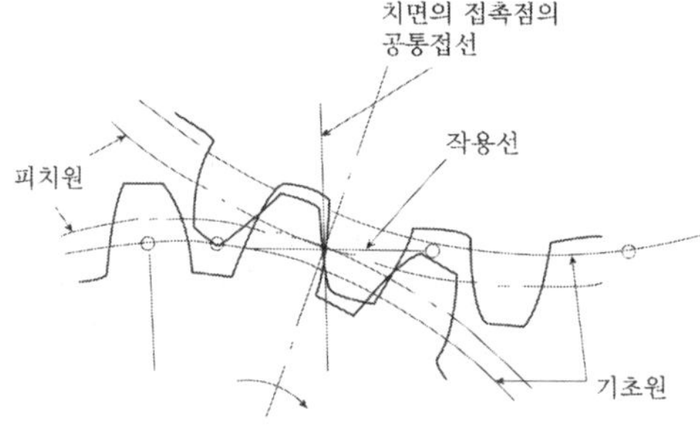

17 내경 1m, 두께 1cm의 강판으로 원통형 압력용기를 만들 경우 허용할 수 있는 압력[kPa]은? (단, 강판의 허용응력은 70MPa, 이음효율은 70%, 압력은 게이지 압력, 응력은 얇은 벽 응력으로 가정한다)

① 98

② 196

③ 980

④ 1,960

> **TIP** ‖ $\sigma_{max} \leq \dfrac{pd}{2t\eta}$ 이므로 허용압력을 계산하기 위한 식은 $70 = \dfrac{p \cdot 100}{2 \cdot 1 \cdot 0.7}$ 이며 $49 = \dfrac{p \cdot 100}{2}$ 이므로
>
> $p = 0.98[MPa] = 980[kPa]$

18 밴드 브레이크에서 드럼이 그림과 같이 우회전할 때 레버에 작용하는 힘 F는? (단, T_t와 T_s 는 장력, μ는 마찰계수, θ는 접촉각, f는 제동력이며, 원심력의 영향은 무시하고, 브레이크 작동의 기구학적 조건은 만족한다)

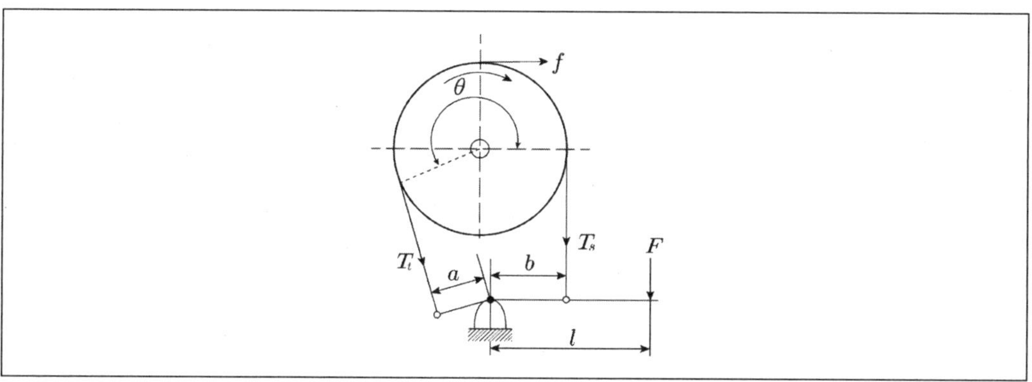

① $\dfrac{fb}{l(e^{\mu\theta}-1)}$

② $\dfrac{f(a-be^{\mu\theta})}{l(e^{\mu\theta}-1)}$

③ $\dfrac{fae^{\mu\theta}}{l(e^{\mu\theta}-1)}$

④ $\dfrac{f(b-ae^{\mu\theta})}{l(e^{\mu\theta}-1)}$

> ★**TIP**‖ 주어진 그림과 같은 밴드 브레이크는 차동식 밴드 브레이크이며 레버에 작용하는 힘은 $\dfrac{f(b-ae^{\mu\theta})}{l(e^{\mu\theta}-1)}$ 이다.
>
> 밴드 브레이크의 브레이크의 제동력(F)의 식은 다음과 같다.

형식	(a) 단동식	(b) 차동식	(c) 합동식
드럼의 회전방향			
우회전	$F=\dfrac{f}{l}\cdot\dfrac{a}{e^{\mu\theta}-1}$	$F=\dfrac{f}{l}\cdot\dfrac{(b-ae^{\mu\theta})}{(e^{\mu\theta}-1)}$	$F=\dfrac{f}{l}\cdot\dfrac{a(e^{\mu\theta}+1)}{(e^{\mu\theta}-1)}$
좌회전	$F=\dfrac{f}{l}\cdot\dfrac{ae^{\mu\theta}}{e^{\mu\theta}-1}$	$F=\dfrac{f}{l}\cdot\dfrac{(be^{\mu\theta}-a)}{(e^{\mu\theta}-1)}$	$F=\dfrac{f}{l}\cdot\dfrac{a(e^{\mu\theta}+1)}{(e^{\mu\theta}-1)}$

Answer | 16.④ 17.③ 18.④

19 안지름 d와 얇은 벽두께 t를 가진 압력용기를 설계하고자 한다. 압력 용기 내의 압력(게이지 압력)이 p이고 θZ 평면응력으로 가정할 때, 면내 최대 전단응력은? (단, $d \gg t$, 반경방향 응력은 무시한다)

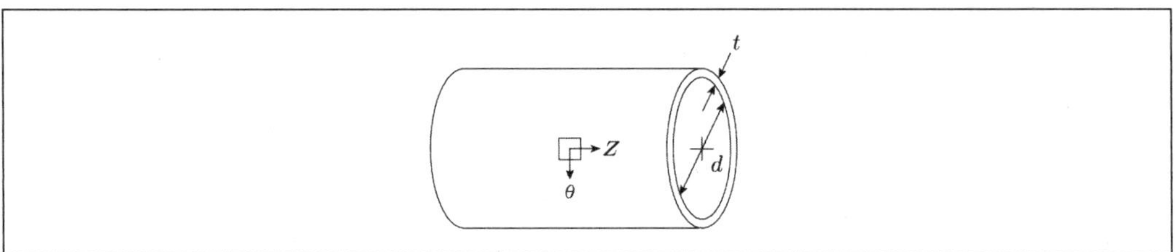

① $\dfrac{pd}{8t}$

② $\dfrac{pd}{4t}$

③ $\dfrac{pt}{8d}$

④ $\dfrac{pt}{8d}$

> **★ TIP ‖**
>
> $$\tau_{max} = \frac{\sigma_{max} - \sigma_{min}}{2} = \frac{\dfrac{pd}{2t} - \dfrac{pd}{4t}}{2} = \frac{pd}{8t}$$

20 그림과 같은 기어열에서 모터의 회전수는 9,600rpm이고 기어 d의 회전수는 100rpm일 때, 웜기어의 잇수는? (단, 웜은 1줄 나사이고, Z_a, Z_b, Z_c, Z_d는 각 스퍼기어의 잇수이다)

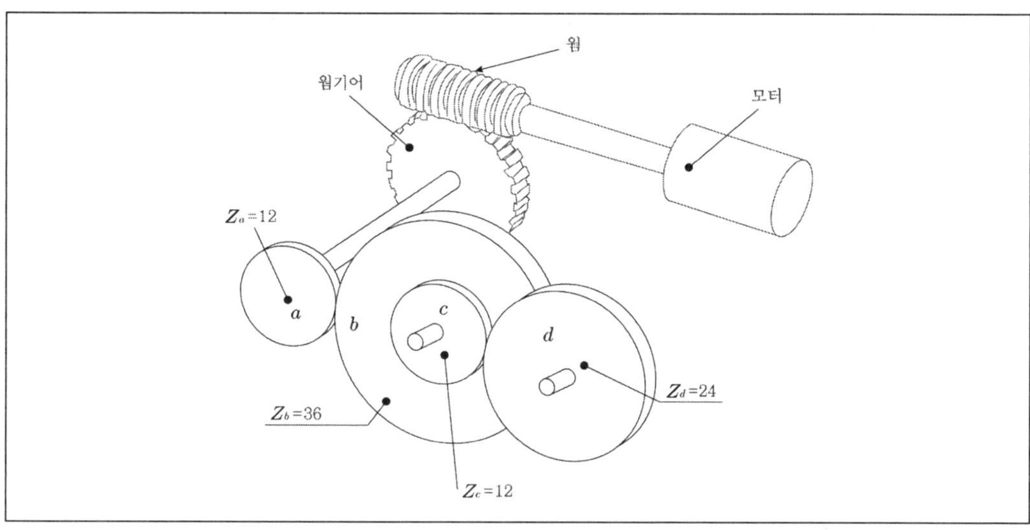

① 14

② 16

③ 18

④ 20

★TIP‖ 그러므로 a-d 사이의 전체 속도비는

$$i = \frac{N_d}{N_a} = \frac{Z_a}{Z_b} \cdot \frac{Z_c}{Z_d} = \frac{12}{36} \cdot \frac{12}{24} = \frac{1}{6}$$

d의 회전수가 100rpm일 때 a의 회전수는 600rpm이 되며 이는 웜기어의 회전수를 의미한다. 기어열에서 모터의 회전수는 9600rpm이고 이는 a의 회전수의 16배가 된다. 그러므로 웜기어의 잇수는 16이 된다.

㉠ 단식기어장치 : 아래의 그림과같이 원동기어(A)와 종동기어(C) 사이에 여러 개의 기어를 사용한 것이다. 중간기어는 회전방향에는 관계가 있으나 회전수와는 무관하다.

속도비는 $i = \dfrac{N_2}{N_1} = \dfrac{Z_1}{Z_2}$

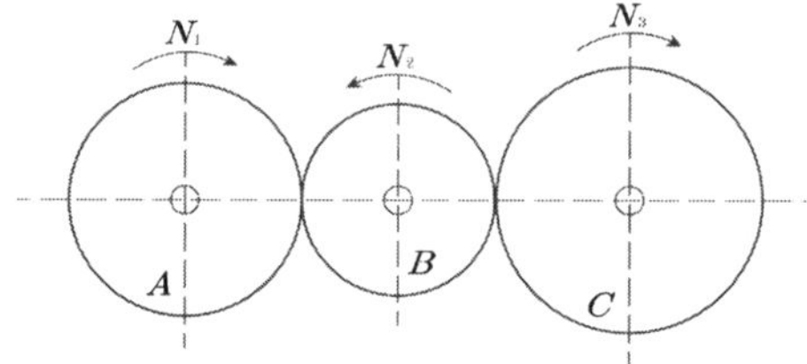

※ 기어의 속도비

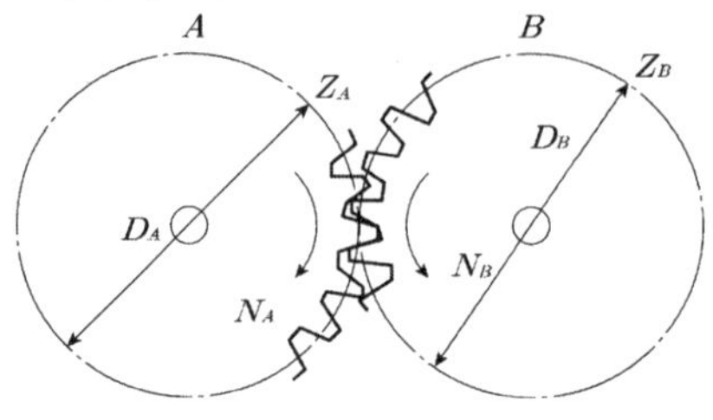

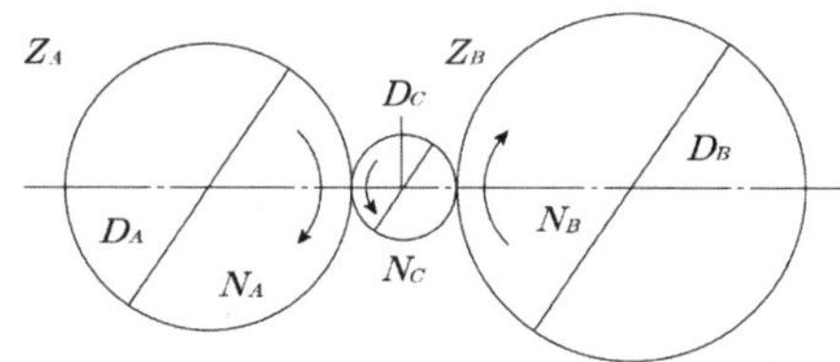

속도비는 $i = \dfrac{N_B}{N_A} = \dfrac{D_A}{D_B} = \dfrac{Z_A}{Z_B}$

$\dfrac{N_C}{N_A} = \dfrac{D_A}{D_C} = \dfrac{Z_A}{Z_C}$, $\dfrac{N_B}{N_C} = \dfrac{D_C}{D_B} = \dfrac{Z_C}{Z_B}$

ⓛ 복식기어장치

• A와 B사이의 속도비는 $i_1 = \dfrac{N_2}{N_1} = \dfrac{Z_1}{Z_2{}'}$

• B와 C사이의 속도비는 $i_2 = \dfrac{N_3}{N_2} = \dfrac{Z_2}{Z_3{}'}$

• C와 D사이의 속도비는 $i_3 = \dfrac{N_4}{N_3} = \dfrac{Z_3}{Z_4{}'}$

그러므로 A–D사이의 전체 속도비는

$i = \dfrac{N_4}{N_1} = i_1 \cdot i_2 \cdot i_3 = \dfrac{N_2}{N_1} \cdot \dfrac{N_3}{N_2} \cdot \dfrac{N_4}{N_3} = \dfrac{Z_1}{Z_2{}'} \cdot \dfrac{Z_2}{Z_3{}'} \cdot \dfrac{Z_3}{Z_4{}'}$

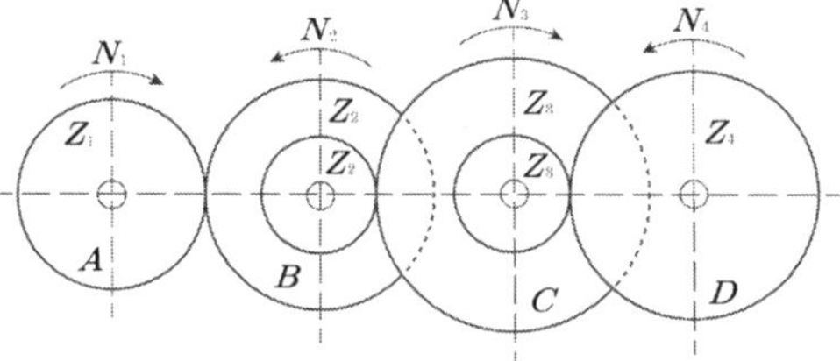

2016. 6. 18 제1회 지방직 시행

1 M18 × 2인 미터 가는 나사의 치수에 대한 설명으로 옳은 것은?

① 수나사 바깥지름 18[mm], 산수 2

② 수나사 유효지름 18[mm], 피치 2[mm]

③ 수나사 바깥지름 18[mm], 피치 2[mm]

④ 수나사 골지름 18[mm], 2줄 나사

> ★TIP‖ "M18 × 2"로 표시되는 미터 가는 나사의 경우, 수나사 바깥지름 18[mm], 피치 2[mm]를 의미한다.

2 잇수가 30개, 모듈이 4인 보통이 표준기어에서 바깥지름[mm]과 이끝 높이[mm]는?

	바깥지름	이끝 높이
①	128	4
②	120	4
③	128	8
④	120	8

> ★TIP‖ $D_o = D + 2a = mZ + 2m = 4 \cdot 30 + 2 \cdot 4 = 128$

Answer | 1.③ 2.①

3 유체의 흐름을 단절시키거나 유량, 압력 등을 조정하기 위하여 사용되는 배관 부품인 밸브에 대한 설명으로 옳지 않은 것은?

① 스톱 밸브-리프트 밸브의일종으로 밸브 디스크가 밸브대에 의하여 밸브 시트에 직각 방향으로 작동함

② 게이트 밸브-용기 내의 유체 압력이 일정압을 초과하였을 때 자동적으로 밸브가 열려서 유체의 방출 및 압력 상승을 억제함

③ 체크 밸브-역방향으로의 유체 흐름을 방지하는 기능을 가지고 있어 관 내부를 흐르는 유체를 한 방향으로만 흘러가게 함

④ 버터플라이 밸브-밸브의 몸통 안에서 밸브대를 축으로 하여 원판 모양의 밸브 디스크가 회전하면서 관을 개폐함

> ★TIP‖ 용기 내의 유체 압력이 일정압을 초과하였을 때 자동적으로 밸브가 열려서 유체의 방출 및 압력 상승을 억제하는 밸브는 안전밸브(릴리프 밸브, 이스케이프 밸브라고도 함)이다.
>
> ※ 게이트 밸브… 밸브 몸체가 문짝처럼 오르락내리락하면서 유체가 흐르는 통로를 개폐하는 구조를 가진 밸브의 총칭. 보통 완전히 열거나 닫은 상태로 사용되고 유량조절에는 잘 사용되지 않는다.

4 시계의 태엽 기구, 기중기 등에 사용되며 축의 역전 방지 기구로 널리 사용되는 브레이크는?

① 폴 브레이크
② 내확 브레이크
③ 밴드 브레이크
④ 원추 브레이크

> ★TIP‖ 폴 브레이크에 관한 설명이다.

5 축과 구멍의 공차역(tolerance zone)에 대한 설명으로 옳지 않은 것은?

① a~h 공차역에서 축의 아래치수 허용차는 위치수 허용차에 정밀도 치수공차(IT)를 뺀 값이다.

② A~H 공차역에서 구멍의 위치수 허용차는 아래치수 허용차에 정밀도 치수공차(IT)를 더한 값이다.

③ k~zc 공차역에서 축의 위치수 허용차는 기초치수 허용차가 되며 그 값은 음수(−)이다.

④ M~ZC 공차역에서 구멍의 위치수 허용차는 기초치수 허용차가 되며 그 값은 음수(−)이다.

> **★TIP** ‖ k~zc 공차역에서 축의 아래치수 허용차는 기초치수 허용차가 되며 그 값은 양수(+)이다.

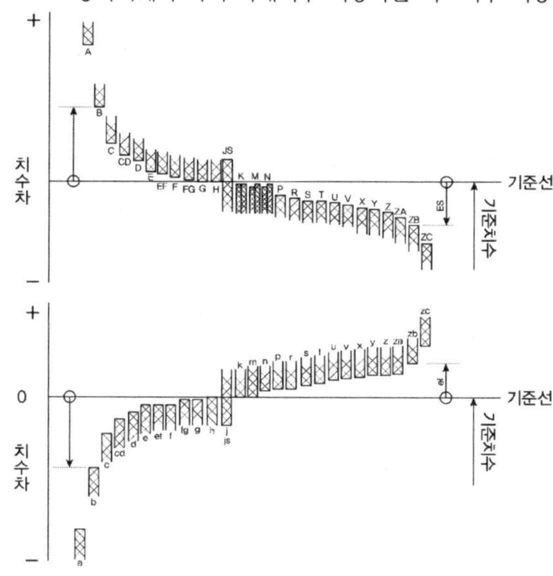

6 지름 50[mm] 원형단면봉이 80[N/mm²]의 인장응력과 30[N/mm²]의 전단응력을 동시에 받고 있을 때 최대 주응력[N/mm²]은?

① 80

② 90

③ 110

④ 140

> **★TIP** ‖
> $$\sigma_{\max} = \frac{\sigma_x + \sigma_y}{2} + \frac{1}{2}\sqrt{(\sigma_x + \sigma_y)^2 + 4\tau_{xy}^2} = 40 + \frac{1}{2}\sqrt{80^2 + 4 \cdot 30^2} = 90$$

Answer | 3.② 4.① 5.③ 6.②

7 스프링에 작용하는 하중의 진동수가 고유진동수에 가까워 스프링이 공진하는 현상은?

① 서징 현상

② 피닝 현상

③ 겹침 현상

④ 피로 현상

    ★**TIP**‖ 서징 현상에 관한 설명이다.

        ※ 밸브 서징 … 밸브 스프링의 고유진동수와 스프링에 가해지는 외력의 주기와 일치하게 되면 나타나는 공진 현상

8 그림과 같은 기어 트레인에서 가장 왼쪽 기어 A가 840[rpm]의 속도로 반시계 방향으로 회전할 때, 가장 오른쪽 기어 F의 회전수[rpm]와 회전 방향은? (단, Z는 각 기어의 잇수를 나타낸다)

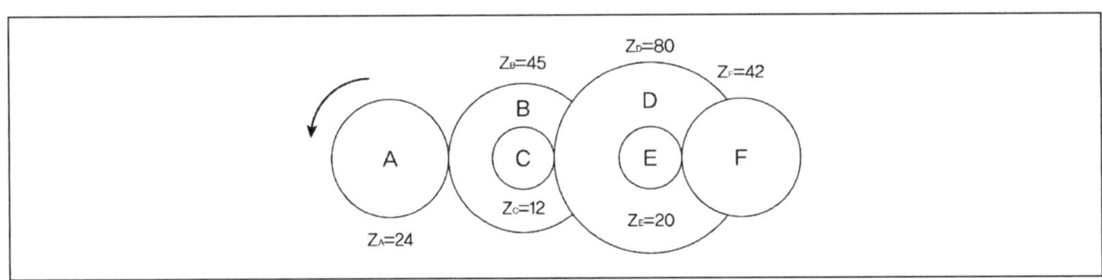

① 16, 시계 방향

② 16, 반시계 방향

③ 32, 시계 방향

④ 32, 반시계 방향

    ★**TIP**‖ 복식기어장치

    • A와 B사이의 속도비는 $i_1 = \dfrac{N_2}{N_1} = \dfrac{Z_1}{Z_2'}$

    • B와 C사이의 속도비는 $i_2 = \dfrac{N_3}{N_2} = \dfrac{Z_2}{Z_3'}$

    • C와 D사이의 속도비는 $i_3 = \dfrac{N_4}{N_3} = \dfrac{Z_3}{Z_4'}$

    그러므로 A–D사이의 전체 속도비는

$$i = \frac{N_4}{N_1} = i_1 \cdot i_2 \cdot i_3 = \frac{N_2}{N_1} \cdot \frac{N_3}{N_2} \cdot \frac{N_4}{N_3} = \frac{Z_1}{Z_2'} \cdot \frac{Z_2}{Z_3'} \cdot \frac{Z_3}{Z_4'}$$

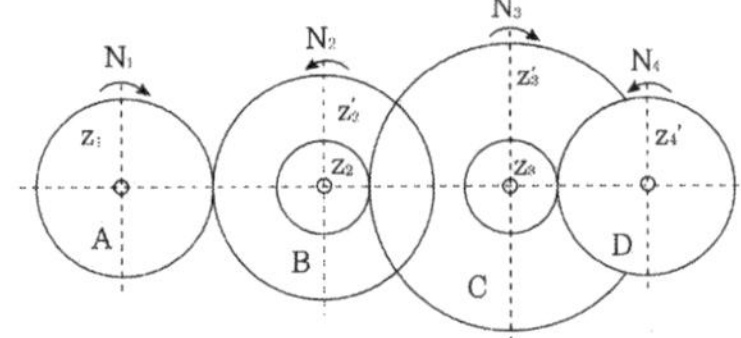

$$\frac{24}{45} \cdot \frac{12}{80} \cdot \frac{20}{42} \cdot 840 = 32$$

9 원추각(꼭지각의 1/2) α, 접촉면의 평균지름이 230[mm], 접촉너비가 50[mm], 접촉면의 허용 압력이 0.02[kg$_f$/mm^2]인 원추클러치에 160[kg$_f$]의 축방향 힘을 가할 때 전달할 수 있는 최대 토크[kg$_f \cdot$ mm]는? (단, 접촉면의 마찰계수는 0.3, $\cos\alpha \fallingdotseq 0.95$, $\sin\alpha \fallingdotseq 0.315$로 한다)

① 5520

② 7200

③ 9200

④ 9800

✺ **TIP ‖** $T = \mu \dfrac{D_m}{2} \cdot \dfrac{P}{\sin\alpha + \mu\cos\alpha}$ 이며 주어진 조건들을 식에 대입하면

$$T = 0.3 \cdot \frac{230}{2} \cdot \frac{160}{0.315 + 0.3 \cdot 0.95} = 9200$$

10 지름 100[mm] 축에 풀리를 장착하기 위한 묻힘키(sunk key)를 설계할 때 키의 최소 높이 [mm]는? (단, 축에서 키 홈의 높이는 키 높이의 1/2, 축의 허용 전단응력은 30[N/mm^2], 키의 허용 압축응력은 80[N/mm^2], 키의 길이는 축 지름의 1.5배, 키의 폭은 축 지름의 0.25배이다)

① $\dfrac{25}{4}\pi$

② $\dfrac{25}{16}\pi$

③ $\dfrac{5}{4}\pi$

④ $\dfrac{5}{16}\pi$

✺ **TIP ‖** $T = \tau_a \cdot \dfrac{\pi d^3}{16}$, $\sigma_c = \dfrac{4T}{hld}$ 이며 문제의 주어진 조건을 대입하면 $\sigma_c \cdot h = \tau_a \cdot \dfrac{\pi d^3}{4} \cdot \dfrac{1}{1.5d^2}$ 이므로

$80h = 5\pi d$ 이고 $h = \dfrac{25}{4}\pi$

11 볼베어링의 구성 요소가 아닌 것은?

① 내륜

② 외륜

③ 플랜지

④ 리테이너

✺ **TIP ‖** 베어링을 구성하는 공통부품에는 내륜, 외륜, 강구(볼) 또는 롤러, 리테이너(=케이지), 시일/시일드 등이 있다.

Answer | 7.① 8.③ 9.③ 10.① 11.③

12 그림과 같은 응력-변형률 선도에서 a, b, c에 대한 설명으로 모두 옳은 것은?

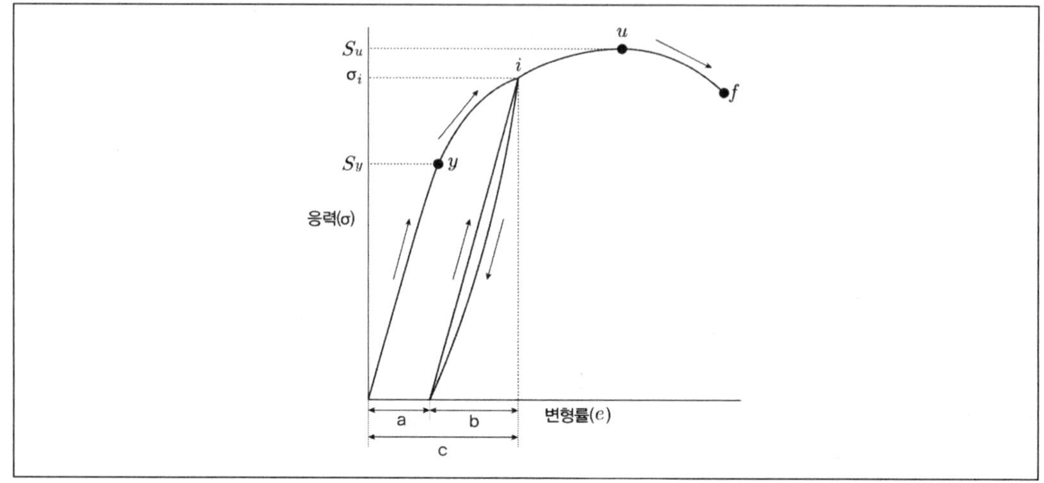

	a	b	c
①	탄성 변형률	소성 변형률	전체 변형률
②	소성 변형률	항복 변형률	영구 변형률
③	소성 변형률	탄성 변형률	전체 변형률
④	탄성 변형률	소성 변형률	영구 변형률

> **TIP**‖ a는 소성 변형률, b는 탄성 변형률, c는 전체 변형률이다.

13 두줄 나사를 두 바퀴 회전시켰을 때, 축 방향으로 12[mm] 이동하였다. 이 나사의 피치[mm]와 리드[mm]는?

	피치	리드
①	3	3
②	3	6
③	6	3
④	6	6

> **TIP**‖ 리드(한 바퀴 회전시켰을 때의 이동거리)는 피치와 줄수의 곱이다.

14 여러 개의 회전체가 포함된 축의 위험속도를 계산하는 던커레이(Dunkerley)식은? (단, 모든 회전체를 포함한 축의 위험속도는 $N_{crit}[rpm]$, 회전체를 부착하지 않고 단지 축의 자중만 고려한 위험속도는 $N_o[rpm]$, 축의 자중을 무시하고 각 회전체를 축에 설치하였을 때의 위험속도들은 $N_1[rpm]$, $N_2[rpm]$, …이다.)

① $\dfrac{1}{N_{crit}} = \sqrt{\dfrac{1}{N_0} + \dfrac{1}{N_1} + \dfrac{1}{N_2} + \cdots}$

② $\dfrac{1}{\sqrt{N_{crit}}} = \dfrac{1}{\sqrt{N_o}} + \dfrac{1}{\sqrt{N_1}} + \dfrac{1}{\sqrt{N_2}} + \cdots$

③ $\dfrac{1}{N_{crit}} = \dfrac{1}{N_0} + \dfrac{1}{N_1} + \dfrac{1}{N_2} + \cdots$

④ $\dfrac{1}{N_{crit}^2} = \dfrac{1}{N_0^2} + \dfrac{1}{N_1^2} + \dfrac{1}{N_2^2} + \cdots$

> ☆**TIP**‖ 여러 개의 회전체가 포함된 축의 위험속도를 계산하는 던커레이(Dunkerley)식은 모든 회전체를 포함한 축의 위험속도는 $N_{crit}[rpm]$, 회전체를 부착하지 않고 단지 축의 자중만 고려한 위험속도는 $N_o[rpm]$, 축의 자중을 무시하고 각 회전체를 축에 설치하였을 때의 위험속도들은 $N_1[rpm]$, $N_2[rpm]$, …인 경우
> $$\frac{1}{N_{crit}^2} = \frac{1}{N_0^2} + \frac{1}{N_1^2} + \frac{1}{N_2^2} + \cdots \; 가 \; 된다.$$

15 벨트에 작용하는 하중의 상관관계 식으로 옳은 것은? (단, 마찰계수 μ, 접촉각 β, 긴장측 장력 F_t, 이완측 장력 F_s, 원심력 F_c이다)

① $\dfrac{F_t + F_c}{F_s + F_c} = e^{\mu\beta}$

② $\dfrac{F_t + F_c}{F_s - F_c} = e^{\mu\beta}$

③ $\dfrac{F_t + F_c}{F_s + F_c} = e^{-\mu\beta}$

④ $\dfrac{F_t - F_c}{F_s - F_c} = e^{-\mu\beta}$

> ☆**TIP**‖ 벨트에 작용하는 하중의 상관관계 식은, 마찰계수 μ, 접촉각 β, 긴장측 장력 F_t, 이완측 장력 F_s, 원심력 F_c인 경우 $\dfrac{F_t + F_c}{F_s - F_c} = e^{\mu\beta}$이다.

Answer | 12.③ 13.② 14.④ 15.②

16 그림은 두 개의 원을 이용하여 만든 판캠으로, B축의 행정거리가 15[mm]일 때 큰 원과 작은 원간의 중심거리 X[mm]는?

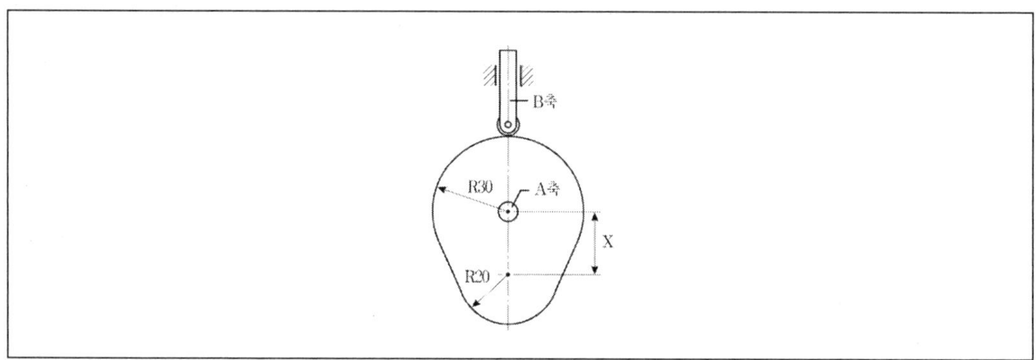

① 30

② 25

③ 20

④ 15

★ₜTIP∥ $(20 + X) - 30 = 15$ 이므로 $X = 25$ 가 된다.

17 그림과 같은 스프링 장치에 2400[N]의 하중을 아래 방향으로 가할 때 스프링의 처짐량[mm]은? (단, k_1, k_2, $k_3 = 200$[N/mm], k_4, k_5, $k_6 = 300$[N/mm]이다)

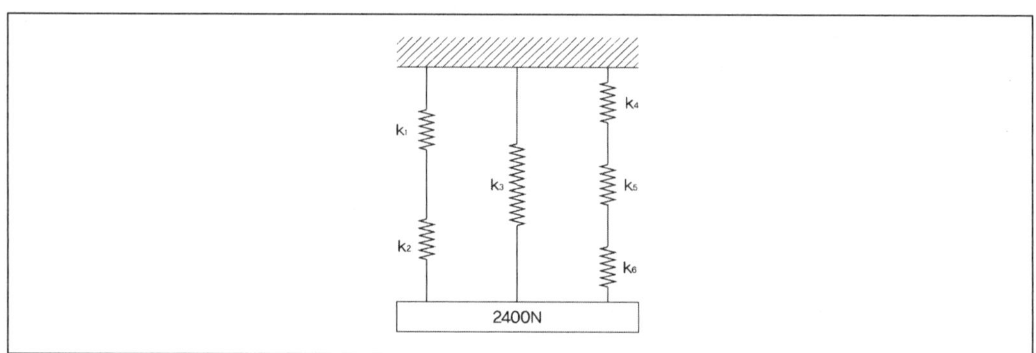

① 2

② 3

③ 6

④ 12

★ₜTIP∥ 스프링의 직렬연결시 $\dfrac{1}{k} = \dfrac{1}{k_1} + \dfrac{1}{k_2} + \cdots$

스프링의 병렬연결시 $k = k_1 + k_2 + \cdots$
위의 식에 따르면 각 스프링의 합성탄성계수를 구한 후 $2400N = 400[N/mm] \cdot \delta$ 이므로
$\delta = 6mm$

18 그림과 같이 볼트와 너트를 이용하여 세 개의 중공 실린더를 조임량 0.1[mm] 이상으로 체결하고자 한다. 각 부품의 평균치수와 공차가 다음과 같을 때, d의 치수로 적합한 것은? (단, a는 볼트 생크부의 길이, b, c, d는 중공 실린더의 길이)

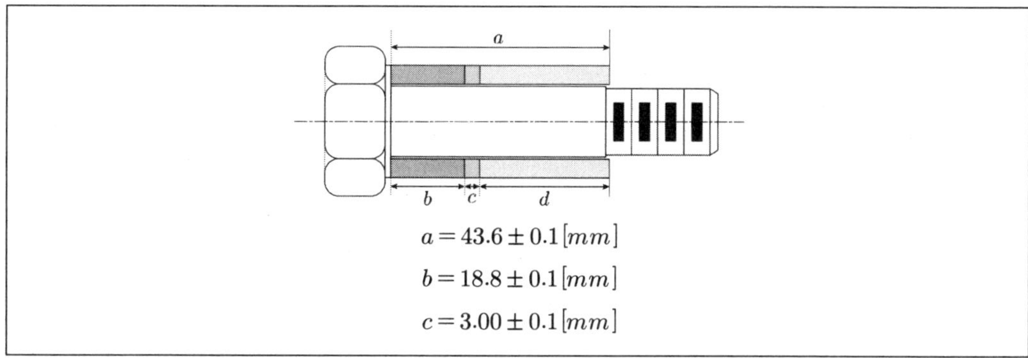

$$a = 43.6 \pm 0.1\,[mm]$$
$$b = 18.8 \pm 0.1\,[mm]$$
$$c = 3.00 \pm 0.1\,[mm]$$

① 22.0 ± 0.1 [mm]

② 22.1 ± 0.1 [mm]

③ 22.2 ± 0.1 [mm]

④ 22.3 ± 0.1 [mm]

⭐**TIP** 문제의 주어진 조건에 따르면 22.3±0.1[mm]가 가장 적합하다.

19 동력을 전달하는 단판의 원판 클러치가 있다. 클러치 디스크의 접촉면의 외경이 2d[mm], 내경이 d[mm], 전달토크가 T[N·mm]일 때 디스크 접촉면의 평균압력[MPa]은? (단, 접촉면은 균일마모조건이며 μ는 마찰계수이다)

① $\dfrac{2T}{\mu\pi d^3}$

② $\dfrac{8T}{9\mu\pi d^3}$

③ $\dfrac{12T}{4\mu\pi d^3}$

④ $\dfrac{16T}{9\mu\pi d^3}$

⭐**TIP** $q = \dfrac{P}{A} = \dfrac{P}{\dfrac{\pi}{4}(D_2^2 - D_1^2)}$ 이며 $T = \mu P \dfrac{D_m}{2}$ 이므로

$q = \dfrac{2T}{\mu\pi D_m b} = \dfrac{16T}{9\mu\pi d^3}$ 가 된다. (단, $D_m = \dfrac{D_2 + D_1}{2}$, $b = \dfrac{D_2 - D_1}{2}$)

Answer | 16.② 17.③ 18.④ 19.④

20 이음매 없는 강관에서 내부압력은 0.3[MPa], 유량이 0.3[m³/sec], 평균유속이 10[m/sec]일 때 강관의 최소 바깥지름[mm]은? (단, 강관의 허용응력은 6[MPa], 부식여유는 2[mm], 이음효율은 100%, π=3으로 한다)

① 207

② 214

③ 217

④ 234

★ TIP∥
$$d = \sqrt{\frac{4Q}{\pi v_m}} = \sqrt{\frac{4 \cdot 0.3}{3 \cdot 10}} = 0.2m = 200mm$$

$$t = \frac{pd}{2\sigma_a} + C = \frac{0.3 \cdot 0.2}{2 \cdot 6} + 0.002 = 0.007m$$

$$d_o = d + 2t = 200mm + 2 \cdot 7mm = 214mm$$

2016. 6. 25 서울특별시 시행

1 취성재료가 상온에서 정하중을 받는 경우, 허용응력을 결정하기 위한 기준강도는?

① 항복강도

② 극한강도

③ 피로한도

④ 크리프한도

> ★**TIP**‖ 취성재료의 경우 상온에서 정하중을 받는 경우 허용응력을 결정하기 위한 기준강도는 극한강
> 도이다.

2 다음 금속 구조물 중 온도변화로 인해 내부응력이 생성되는 구조물을 모두 고르면?

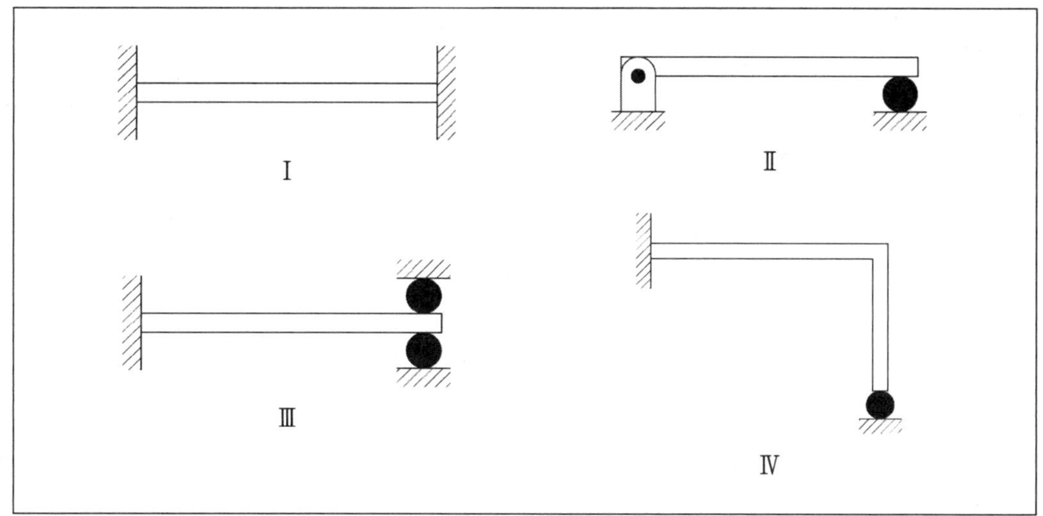

① I

② III

③ I, IV

④ II, III, IV

> ★**TIP**‖ I은 온도변화가 발생하면 축방향으로 길이가 늘어나려는 성질 때문에 양단고정일 경우 압축
> 응력이 발생하게 되며, IV는 수직부재가 온도상승으로 인해 길이가 길어질 경우 고정단 부분
> 에 모멘트가 유발된다. II, III의 경우는 길이방향에 대한 구속이 전혀 없기에 내부응력이 발생
> 하지 않는다.

Answer | 20.② / 1.② 2.③

3 다음 그림과 같이 A, B, C에 대해 같은 하중 W가 가해졌다면, 각 스프링의 변형된 길이의 비로 옳은 것은? (단, 각 스프링의 강성은 동일하고, 스프링의 무게는 무시한다.)

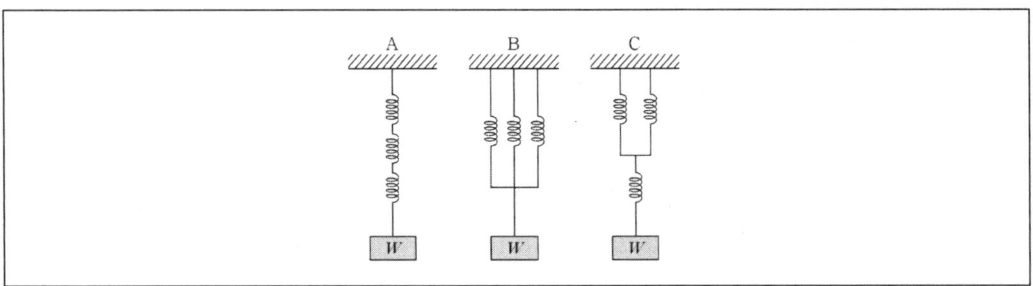

	A B C		A B C
①	9 : 1 : 3	②	12 : 2 : 9
③	18 : 2 : 9	④	24 : 4 : 9

> ★TIP‖ A의 탄성계수는 k/3, B의 탄성계수는 3k, C의 탄성계수는 $\frac{2}{3}k$이며 하중에 의한 변위는 탄성계수에 반비례하므로 변위의 비는 A : B : C = 18 : 2 : 9가 된다.

4 관성차의 각속도가 최소 w_1에서 최대 w_2로 변동한다면, 1사이클 동안에 각속도 변동계수 (coefficient of speed fluctuation)는?

① $\dfrac{2(w_2 - w_1)}{w_1 + w_2}$

② $\dfrac{w_2 - w_1}{2(w_1 + w_2)}$

③ $\dfrac{w_2 - w_1}{w_1}$

④ $\dfrac{w_2 - w_1}{w_2}$

> ★TIP‖ 1사이클 동안의 평균 각속도 $w_m = \dfrac{w_1 + w_2}{2}$
>
> 1사이클 동안의 각속도 변동계수 $\delta = \dfrac{w_2 - w_1}{w_m}$
>
> w_1 : 최소각속도, w_2 : 최대 각속도

5 스팬이 1500mm이고, 스프링 폭이 80mm, 판 두께가 10mm, 판의 수가 5개인 양단 지지형 겹판 스프링의 중앙에 80kg의 하중이 작용할 때 스프링의 중앙에 발생하는 굽힘응력은?

① 3.5kg/mm^2　　　　　　　　　　② 4kg/mm^2

③ 4.5kg/mm^2　　　　　　　　　　④ 5kg/mm^2

> **★TIP∥** $\sigma = \dfrac{3Pl}{2nbh^2} = \dfrac{3 \cdot 80 \cdot 1500}{2 \cdot 5 \cdot 80 \cdot 10^2} = 4.5$

6 다음 중 브레이크에 대한 설명으로 옳지 않은 것은?

① 단식 블록 브레이크는 축에 굽힘 모멘트를 발생시킨다.

② 냉각이 원활하지 못한 경우에는 브레이크 용량을 크게 해야 한다.

③ 밴드 브레이크는 레버 조작력이 동일해도 드럼 회전방향에 따라 제동력에 차이가 있다.

④ 밴드 브레이크의 종류로는 단동식, 합동식, 차동식이 있다.

> **★TIP∥** 냉각이 원활하지 못한 경우에는 브레이크 용량을 작게 해야 한다.

7 표준 스퍼기어에서 압력각이 β일 때 언더컷 방지를 위한 피니언의 잇수(Z)는?

① $Z \geq \dfrac{2}{\cos\beta}$　　　　　　　　　② $Z \geq \dfrac{2}{\cos^2\beta}$

③ $Z \geq \dfrac{2}{\tan^2\beta}$　　　　　　　　　④ $Z \geq \dfrac{2}{\sin^2\beta}$

> **★TIP∥** 표준 스퍼기어에서 압력각이 β일 때 언더컷 방지를 위한 피니언의 잇수(Z)는 $Z \geq \dfrac{2}{\sin^2\beta}$ 가 된다.

8 접촉면의 안지름과 바깥지름이 각각 80mm, 120mm이고, 마찰면의 수가 3개인 다판 클러치가 100kg의 축방향 하중을 받을 때, 전달토크는? (단, 마찰계수는 0.25이다.)

① $1000\text{kg} \cdot \text{mm}$　　　　　　　　② $1250\text{kg} \cdot \text{mm}$

③ $2500\text{kg} \cdot \text{mm}$　　　　　　　　④ $3750\text{kg} \cdot \text{mm}$

> **★TIP∥** $T = \mu \cdot P \cdot \dfrac{D_m}{2} = 0.25 \cdot 100 \cdot \dfrac{100}{2} = 1250$

Answer | 3.③ 4.① 5.③ 6.② 7.④ 8.②

9 축지름이 150mm, 볼트의 피치원 지름이 450mm, 볼트수가 6개인 플랜지커플링이 볼트의 전단 저항만으로 동력을 전달한다고 할 때, 필요한 볼트의 지름은? (단, 축의 재료와 볼트의 재료는 동일하다.)

① 15mm ② 20mm

③ 25mm ④ 30mm

★ TIP ‖

$$T = \tau \times Z_p = \tau \times \frac{\pi \delta_B^2}{4} \times Z \times \frac{D_B}{2}$$

$$\tau \times \frac{\pi d^3}{16} = \tau \times \frac{\pi \delta_B^2}{4} \times Z \times \frac{D_B}{2}$$

위의 식에 주어진 조건들을 대입하면

$$\frac{(0.15)^3}{16} = \frac{\delta_B^2}{4} \times 6 \times \frac{0.45}{2}$$

$$\delta_B = 0.025m = 25mm$$

10 2축 인장응력 $\sigma_x = 2kg/mm^2$, $\sigma_y = 4kg/mm^2$을 받고 있는 평판에서 유효응력(Von Mises응력)의 크기는?

① 3kg/mm^2 ② $2\sqrt{5}\text{ kg/mm}^2$

③ $2\sqrt{3}\text{ kg/mm}^2$ ④ 1kg/mm^2

★ TIP ‖

$$\sigma = \sqrt{\frac{1}{2}\left[(4)^2 + (2)^2 + (4-2)^2\right]} = 2\sqrt{3}$$

11 단일 볼 베어링(축방향 하중이 가해지지 않음)에 대해 반경 방향 하중이 75N의 하중을 받고, 100rpm으로 회전할 때의 수명이 150,000분이다. 만약 500rpm으로 회전할 때, 수명이 240,000분이 되기 위한 허용하중 값은 얼마인가?

① 12.5N ② 25N

③ 37.5N ④ 50N

★ TIP ‖

$$L_n = \left(\frac{C}{P}\right)^3 \text{이므로} \quad 150,000 \times 100 = \left(\frac{C}{75}\right)^3$$

$$240,000 \times 500 = \left(\frac{C}{P}\right)^3 \text{이므로} \quad P = 37.5N$$

12 그림과 같은 단면의 축이 전달할 수 있는 최대 비틀림 모멘트 T_a와 T_b가 동일할 때 d=15mm 이면 d。에 가장 가까운 값은 얼마인가? (단, $d_i = d_o/2$ 이고 두 축은 같은 재료이다.)

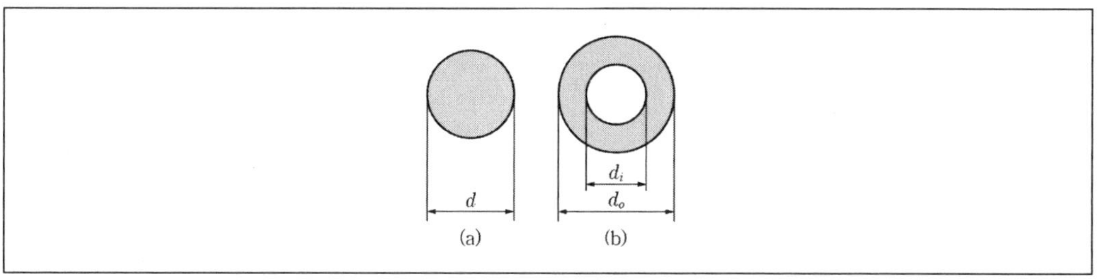

① 16mm

② 20mm

③ 24mm

④ 26mm

> **TIP**
> $$T = \tau_a \times \frac{\pi d^3}{16} = \tau_a \times \frac{\pi d_2^3(1-x^4)}{16}$$
> $$d_o = \sqrt[3]{\frac{(15mm)^3}{(1-0.5^4)}} = 15.33mm$$

13 축의 위험속도를 추정하는 던커레이(Dunkerly)식과 레이레이(Rayleigh)식에 대한 설명으로 옳지 않은 것은?

① 던커레이식은 고차의 고유진동수가 1차 고유진동수보다 상당히 크다는 사실에 착안한 식이다.

② 1차 고유진동수보다 낮은 진동수로 회전하는 기계에서는 던커레이식을 많이 쓴다.

③ 레이레이식은 운동에너지의 최댓값과 위치에너지의 최댓값이 같다는 사실을 이용한다.

④ 레이레이식으로 계산한 축의 1차 고유진동수는 정확한 계산값보다 작다.

> **TIP** 레이레이식으로 계산한 축의 1차 고유진동수는 정확한 계산값보다 크다.

14 원통마찰차에서 축간거리가 300mm, 원동축이 1200rpm, 종동축이 600rpm으로 내접하여 회전할 때, 500N의 힘으로 밀어서 접촉시킨다면, 최대 전달동력[W]은 얼마인가? (단, 마찰계수는 0.2이다.)

① 600π
② 1200π
③ 180π
④ 2400π

> ★TIP‖ 속도비 : $\dfrac{N_B}{N_A} = \dfrac{D_A}{D_B} = \dfrac{r_A}{r_B} = \dfrac{w_B}{w_A}$ 이므로 $D_B = D_A \times \dfrac{1200}{600} = 2D_A$
>
> 내접의 경우 축간거리(중심거리) : $C = \dfrac{D_B - D_A}{2} = r_B - r_A$
>
> 이고 $\dfrac{D_A}{2} = 300$ 이므로 $D_A = 600mm$
>
> $H' = \pi P v = 0.2 \times 0.5 \times \dfrac{\pi D_A N_A}{60 \cdot 1000} = 0.2 \times 0.5 \times \dfrac{\pi \cdot 600 \cdot 1200}{60 \cdot 1000} = 3.77[kW]$

15 구름 베어링의 기본 정 정격하중(basic static load rating)에 대한 설명으로 가장 옳지 않은 것은?

① 베어링이 정하중을 받거나 저속으로 회전하는 경우에 정격하중을 기준으로 베어링을 선정한다.

② 가장 큰 하중이 작용하는 접촉부에서 전동체의 변형량과 궤도륜의 영구 변형량의 합이 전동체 지름의 0.001이 되는 정지하중을 말한다.

③ 전동체 및 궤도륜의 변형을 일으키는 접촉응력은 헤르츠(Hertz)의 이론으로 계산한다.

④ 반경방향 하중을 받을 때는 주로 레이디얼 베어링을, 축방향 하중을 받을 때는 주로 스러스트 베어링을 선택한다.

> ★TIP‖ 가장 큰 하중이 작용하는 접촉부에서 전동체의 변형량과 궤도륜의 영구 변형량의 합이 전동체 지름의 0.0001이 되는 정지하중을 말한다.

16 구멍기준 상용 끼워맞춤에서 기준구멍의 공차역이 H7일 때, 죔새가 최대가 되는 축의 공차역은?

① f6

② h6

③ js6

④ s6

기준구멍	헐거운 끼워맞춤							중간 끼워맞춤				억지 끼워맞춤					
H6							g5	h5	js5	ks	m5						
					f6	g6	h6	js6	k6	m6	n6[1]	p6[1]					
H7					f6	g6	h6	js6	k6	m6	n6	p6[1]	r6[1]	s6	t6	u6	x6
				e7	f7		h7	js7									
H8					f7		h7										
			e8	f8			h8										
H9			d9	e9													
			d8	e8			h8										
H10		c9	d9	e9			h9										
	b9	c9	d9														

17 그림과 같은 리벳이음에서 세 개의 리벳에 작용하는 전단력 중 최댓값은?

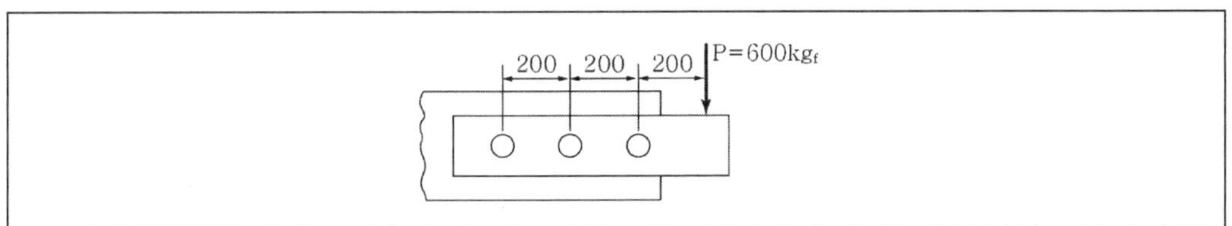

① 200kg$_f$

② 600kg$_f$

③ 800kg$_f$

④ 900kg$_f$

18 기계구조용 철강의 열처리 방법 중 가열된 금속을 급랭시켜 경화시키는 방법으로 소입(燒入)이라고도 불리는 방법은?

① 풀림(anealing)

② 뜨임(tempering)

③ 불림(normalizing)

④ 담금질(quenching)

Answer | 14.② 15.② 16.④ 17.③ 18.④

19 다음 중 레이디얼 베어링의 구성요소로만 나열된 것은?

① 내륜 – 외륜 – 전동체 – 리테이너

② 내륜 – 외륜 – 정지륜 – 세퍼레이터

③ 고정륜 – 회전륜 – 전동체 – 실드

④ 내륜 – 회전륜 – 리테이너 – 세퍼레이터

> ★**TIP**‖ 레이디얼 베어링의 구성요소 : 내륜 – 외륜 – 전동체 – 리테이너
> ※ 리테이너 … 볼(ball)을 원주 전체에 고르게 배치하여 상호간의 접촉을 피하고 마멸과 소음을 방지한다.

20 다음 중 인벌류트(involute) 치형을 갖는 기어의 특징은?

① 압력각이 일정하다.

② 미끄럼률이 일정하여 마모가 균일하다.

③ 일반적으로 언더컷이 발생하지 않는다.

④ 정밀기계에 주로 사용되며 조립이 어려운 편이다.

> ★**TIP**‖ ② 미끄럼률이 일정하지 않고 마모가 균일하지 않다.
> ③ 일반적으로 언더컷이 발생한다.
> ④ 전동용 기계에 주로 사용되며 조립이 용이한 편이다.
> ※ 사이클로이드 치형과 인벌류트 치형
>   ㉠ 사이클로이드 치형
> - 압력각이 변화한다.
> - 미끄럼률이 일정하고 마모가 균일하다.
> - 절삭공구는 사이클로이드곡선이어야 하고 구름원에 따라 여러가지 커터가 필요하다.
> - 빈 공간이라도 치수가 극히 정확해야 하고 전위절삭이 불가능하다.
> - 중심거리가 정확해야 하고 조립이 어렵다.
> - 언더컷이 발생하지 않는다.
> - 원주피치와 구름원이 모두 같아야 한다.
> - 시계, 계기류와 같은 정밀기계에 주로 사용된다.
>   ㉡ 인벌류트 치형
> - 압력각이 일정하다.
> - 미끄럼률이 변화가 많으며 마모가 불균일하다. (피치점에서 미끄럼률은 0이다.)
> - 절삭공구는 직선(사다리꼴)로서 제작이 쉽고 값이 싸다.
> - 빈 공간은 다소 치수의 오차가 있어도 된다. (전위절삭이 가능하다.)
> - 중심거리는 약간의 오차가 있어도 무방하며 조립이 쉽다.
> - 언더컷이 발생한다.
> - 압력각과 모듈이 모두 같아야 한다.
> - 전동용으로 주로 사용된다.

Answer ｜ 19.① 20.①

공무원 기출문제집

서원각 기출문제집으로 시험 출제경향 파악하자!

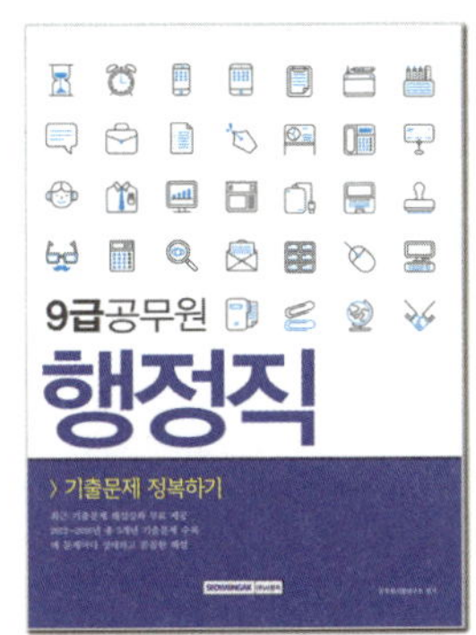

▲ 기출문제 정복하기

전 직렬 공통 필수과목
일반행정직
사회복지직
교육행정직

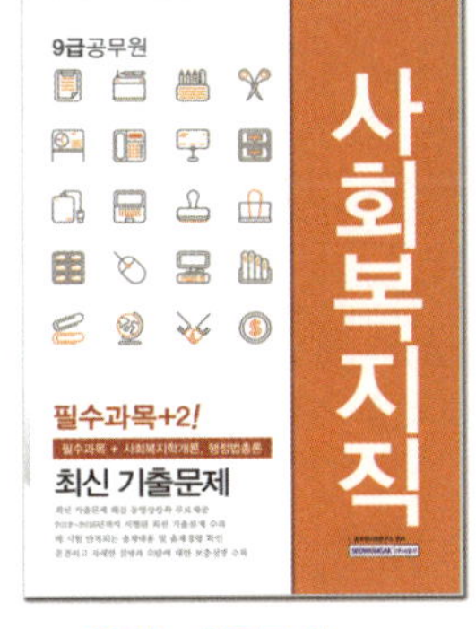

▲ 최신 기출문제

필수과목/행정직
교육행정직/사회복지직

▲ 최근 5개년 기출문제

국어/영어/한국사/사회
행정법총론/행정학개론
교육학개론

▲ 최근 10개년 기출문제

국어/영어/한국사/사회
행정법총론/행정학개론
교육학개론

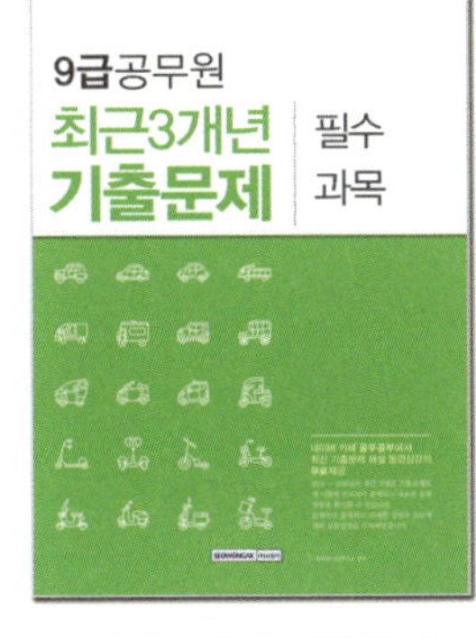

▲ 최신 3개년 기출문제

필수과목/행정직
교육행정직/사회복지직

▲ 서울시 공무원

필수과목 기출문제정복하기,
국어/영어/한국사/
행정학개론/행정법총론

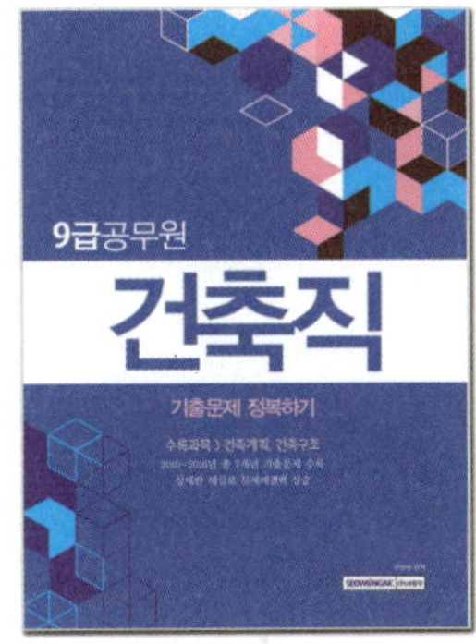

▲ 기출문제 정복하기

9급 건축직/7급 건축직/
9급 기계직/8급 간호직/
9급 보건직

네이버 카페 검색창에서 '공무공부'를 검색하셔서 네이버 카페 공무공부에 가입하시면 각종 시험 정보를 보실 수 있습니다.

상식키우기

서원각과 함께하는 상식키우기!

▲ 공사공단 일반상식

▲ 시사일반상식

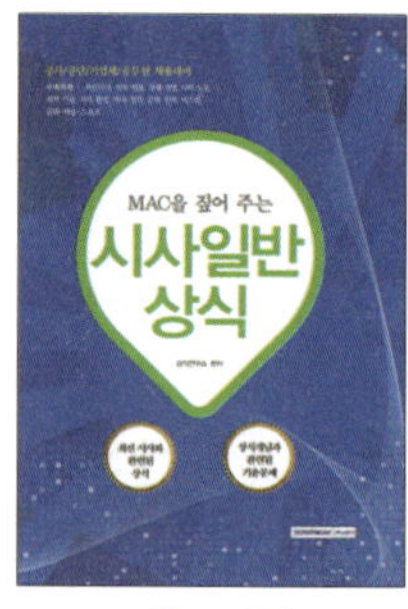

▲ MAC을 짚어 주는
시사일반상식

▼ **공사/시사 일반상식**

정치·법률, 경제·경영, 사회·노동,
과학·기술, 지리·환경, 세계사·철학,
문학·한자, 매스컴, 문화·예술·스포츠
관련 상식을 중요한 것만 모아 수록하였다.

▲ 공기업/공공기관 채용
빈출 일반상식

▼ **공기업/공공기관 채용 시리즈**

공기업과 공공기관 채용시험에 나올 법한 상식만을 모았다!
정치·법률, 경제·경영, 사회·노동, 과학·기술, 지리·환경,
세계사·철학, 문학·한자, 매스컴, 문화·예술·스포츠 관련 상식을
중요한 것만 모아 수록하였다. 또한 한국사의 기출유형문제를
정리하여 포함하였다.

빈출 일반상식 – 중요 시사상식 및 빈출용어 수록
간추린 일반상식 – 출제가 예상되는 문제와 해설 수록

▲ 경제용어사전

▲ 부동산용어사전

▼ **한눈에 쏙! 시리즈**

경제용어사전 – 단기간에 완성하는 경제용어 및 금융상식
시사용어사전 – 시사용어 및 시사 상식을 한눈에 쏙
부동산용어사전 – 부동산과 관련된 핵심 용어를 쉽고 간결하게 정리